A. RAIMONDI

MINÉRAUX DU PÉROU

CATALOGUE RAISONNÉ

D'UNE COLLECTION DES PRINCIPAUX TYPES MINÉRAUX DE LA RÉPUBLIQUE

COMPRENANT AUSSI

DES ECHANTILLONS DE GUANO ET DES DÉBRIS FOSSILISÉS

DES OISEAUX QUI L'ONT PRODUIT

Traduit de l'espagnol

PAR

J.-B. H. MARTINET

DOCTEUR ÈS SCIENCES (DE LA FACULTÉ DE PARIS), OFFICIER D'ACADÉMIE,
PROFESSEUR A L'ÉCOLE DES INGÉNIEURS CIVILS ET DES MINES DE LIMA,
DIRECTEUR DE LA « REVISTA DE AGRICULTURA »,
DÉLÉGUÉ SPÉCIAL DU GOUVERNEMENT PÉRUVIEN AU CONGRÈS INTERNATIONAL AGRICOLE DE PARIS,
COMMISSAIRE DU PÉROU ET MEMBRE DU JURY INTERNATIONAL DES RÉCOMPENSES (CLASSE 71),
A L'EXPOSITION UNIVERSELLE DE 1878.

PARIS

IMPRIMERIE CENTRALE DES CHEMINS DE FER

A. CHAIX ET Cᵉ

RUE BERGÈRE, 20, PRÈS DU BOULEVARD MONTMARTRE

1878

MINÉRAUX DU PÉROU

A. RAIMONDI

MINÉRAUX DU PÉROU

CATALOGUE RAISONNÉ

D'UNE COLLECTION DES PRINCIPAUX TYPES MINÉRAUX DE LA RÉPUBLIQUE

COMPRENANT AUSSI

DES ÉCHANTILLONS DE GUANO ET DES DÉBRIS FOSSILISÉS

DES OISEAUX QUI L'ONT PRODUIT

Traduit de l'espagnol

PAR

J.-B. H. MARTINET

DOCTEUR ÈS SCIENCES (DE LA FACULTÉ DE PARIS), OFFICIER D'ACADÉMIE,
PROFESSEUR A L'ÉCOLE DES INGÉNIEURS CIVILS ET DES MINES DE LIMA,
DIRECTEUR DE LA « REVISTA DE AGRICULTURA »,
DÉLÉGUÉ SPÉCIAL DU GOUVERNEMENT PÉRUVIEN AU CONGRÈS INTERNATIONAL AGRICOLE DE PARIS,
COMMISSAIRE DU PÉROU ET MEMBRE DU JURY INTERNATIONAL DES RÉCOMPENSES (CLASSE 74),
A L'EXPOSITION UNIVERSELLE DE 1878

PARIS

IMPRIMERIE CENTRALE DES CHEMINS DE FER

A. CHAIX ET Cie

RUE BERGÈRE, 20, PRÈS DU BOULEVARD MONTMARTRE

1878

INTRODUCTION

M'étant donné pour mission de faire connaître les importantes richesses naturelles du Pérou, j'ai cru devoir préparer une collection de tous les principaux minéraux de la République, en vue de l'Exposition universelle qui doit s'ouvrir à Paris au mois de mai prochain. Comme les minéraux du Pérou n'offrent que très-rarement la forme cristalline qui caractérise leur espèce et les fait reconnaître à première vue de ceux qui s'occupent de leur étude; comme, d'autre part, beaucoup de ces minéraux, principalement ceux d'argent, malgré leur aspect complétement terreux, qui, à lui seul, suffirait pour les faire dédaigner par n'importe quel minéralogiste qui ne serait pas familiarisé avec eux, n'en offrent pas moins une valeur considérable par le chiffre élevé de leur richesse en argent; comme, enfin, un certain nombre de minéraux du Pérou sont complétement inconnus, au point de vue scientifique, et, à la simple inspection, ne sauraient être reconnus dans une exposition, il m'a paru indispensable de rédiger un catalogue raisonné qui puisse servir de guide à ceux qui désirent connaître les minéraux de toute sorte que fournit le sol péruvien.

Considérant, d'autre part, que ce travail peut être de quelque utilité pour le pays, en attendant que se publie la partie minéralogique de mon grand ouvrage « LE PÉROU », partie qui ne paraîtra que dans quelque temps, et, en vue de rendre le dit travail plus utile à tous les Péruviens qui se consacrent à l'intéressante étude de la minéralogie, j'ai donné dans le cours de cet ouvrage les résultats des analyses d'un grand nombre de minéraux métalliques et de matières salines; j'ai signalé également le nom et la localité de quelques minéraux qui ne sont pas représentés dans la collection, et, enfin, j'ai indiqué, pour chaque minéral, les principaux endroits où on le rencontre, autres que ceux d'où proviennent les échantillons de cette collection.

Malgré mes nombreuses occupations et malgré le peu de temps qui me restait pour publier opportunément ce travail, je me suis mis résolûment à l'œuvre, et aujourd'hui, j'ai le plaisir de le voir terminé. Mes vœux seront complétement exaucés, et je ne regretterai pas les veilles que m'a coûtées ce livre, s'il peut répondre à la mission que je me suis donnée, de faire connaître les richesses naturelles de ce pays privilégié.

Lima, 20 mars 1878.

MINÉRAUX DU PÉROU

CONSIDÉRATIONS GÉNÉRALES

SUR

LES MINÉRAUX DU PÉROU

Le Pérou est, sans contredit, l'un des pays les plus riches en productions minérales, et on reste vraiment étonné en considérant l'abondance et la variété des minéraux sur tous les points du territoire de la République. Sur la côte, on trouve, sans compter le Guano, dont la valeur est bien connue, de nombreuses mines de cuivre et d'immenses dépôts de salpêtre ou nitrate de soude, de sel commun ou chlorure de sodium, de naphte ou pétrole. Dans la Cordillère et dans toutes les ramifications et contre-forts de cette grande chaîne de montagnes, les métaux sont si communs qu'il est matériellement impossible d'indiquer un point où l'on ne trouve pas quelques minéraux d'argent, de cuivre, de plomb, de fer, ou quelque dépôt de combustible minéral. Enfin, dans la région transandine, c'est-à-dire dans la partie orientale du Pérou, de nombreuses veines de quartz, contenant de l'or, se sont introduites entre les couches d'ardoises qui forment la masse principale de la Cordillère des Andes et ont donné lieu à l'établissement de nombreux *lavaderos* du précieux métal.

Bien que les minéraux soient très-abondants au Pérou, on ne les y trouve que rarement cristallisés ; plus rarement encore une espèce minérale se présente isolée : presque toujours elle est mêlée avec d'autres espèces. On est porté à croire que les divers éléments ou combinaisons qui constituent les minéraux n'ont pas eu le temps suffisant pour se séparer et affecter les formes qui leur sont propres. Il semble que les roches, aussi bien que les métaux, le plus souvent, sont sortis du sein de la terre sous forme d'un magma complexe dans la composition duquel entrent un grand nombre d'éléments.

Cette rareté de minéraux cristallisés et ces continuels mélanges, plus ou moins intimes de diverses espèces en un seul minéral, rendent l'étude de la minéralogie du Pérou beaucoup plus difficile que celle d'autres régions, attendu que, par suite de l'absence du principal caractère physique, la cristallisation, qui par elle seule permet de distinguer beaucoup de minéraux, on est obligé, dans le plus grand nombre des cas, d'avoir recours à l'analyse chimique pour connaître leur nature.

Même aidé par l'analyse, on ne parvient pas toujours facilement à résoudre la question, car si on fait l'analyse chimique de la manière ordinaire, on rencontre dans chaque minéral un grand nombre d'éléments, de sorte qu'il est fort difficile de savoir quels sont ceux qui constituent l'espèce minérale et quels sont ceux qui ne se trouvent là que d'une manière accidentelle.

Néanmoins, si on se livre pendant quelque temps à l'étude naturellement lente de ces minéraux si complexes, on arrive, peu à peu, à se familiariser avec eux, jusqu'à ce que l'on reconnaisse que, dans la plupart des cas, il existe comme de véritables associations de plusieurs minéraux en un seul; aidé alors par l'analyse quantitative et le calcul, on arrive à les distinguer, bien qu'ils se trouvent assez intimement mêlés pour former une pâte homogène.

Pour l'étude de tels minéraux, qui échappent à toute classification, j'ai été obligé de suivre une méthode analytique toute particulière qu'on pourrait appeler analyse immédiate des minéraux, à cause de l'analogie qu'elle offre avec l'analyse immédiate que l'on fait en chimie organique pour séparer les divers principes immédiats.

Cette méthode analytique est basée sur l'action dissolvante qu'exercent certaines solutions acides ou salines sur telles ou telles substances minérales. On peut ainsi reconnaître leur présence et, souvent, les isoler complétement pour les soumettre ensuite à l'analyse quantitative.

C'est surtout pour les minerais oxydés, connus au Pérou

sous le nom de *Pacos*, que cette méthode analytique devient très-nécessaire, attendu qu'un grand nombre de matières d'aspect terreux, plus ou moins rougeâtres, jaunâtres ou grises, qui ont été considérées comme des oxydes de fer, contiennent quelquefois divers minéraux de plomb, de cuivre et d'argent, tels que : carbonate, sulfate, antimoniate et chlorure de plomb, carbonate, sulfate basique, oxychlorure et oxyde de cuivre, et enfin chlorure et antimoniate d'argent.

Tous ces minéraux qui forment les Pacos ne sont que le résultat de l'oxydation des sulfures, action qui, au Pérou, s'est accomplie sur une vaste échelle et n'est pas due, comme on le croit généralement en Europe, aux agents extérieurs, mais bien à un important phénomène géologique qui a eu lieu durant la période volcanique. Ce grand phénomène d'oxydation n'a pas seulement transformé le soufre, l'arsenic et l'antimoine en acides sulfurique, arsénique et antimonique et, les métaux en oxydes, mais il a encore, quelquefois, mis en mouvement les molécules des diverses combinaisons et les a disposées d'une manière différente de celle dont elles auraient dû l'être.

On pourrait dire qu'il y a eu un véritable métamorphisme des minéraux, analogue à celui qui a modifié un grand nombre de roches. Bien que ce ne soit pas ici le lieu d'entrer dans des détails sur ce grand phénomème dont je parlerai longuement dans mon ouvrage « LE PÉROU », je dirai cependant, afin qu'on puisse s'en faire une idée sommaire que, tandis qu'en Europe le sulfate de plomb, ou Anglésite, ne forme que de petites croûtes ou cristaux sur la Galène, ou sulfure de plomb ou bien dans les veines de ce minéral, au Pérou, il forme quelquefois des dépôts de plusieurs mètres d'épaisseur ou des veines qui se continuent jusqu'à la profondeur de plus de 30 mètres avant d'arriver au sulfure ou Galène.

Un fait qui établit visiblement que la transformation de la Galène en sulfate de plomb ou Anglésite n'est pas due à l'action ordinaire des agents extérieurs, mais bien à un phénomène beaucoup plus puissant, nous est offert par la Galène antimoniale argentifère de Chilete, laquelle, en s'oxydant et se transformant en sulfate de plomb, n'a pas formé une masse homogène de ce dernier minéral, mais a donné naissance à une masse concrétionnée disposée en couches concentriques de nature et de couleur différentes, quelquefois autour d'un seul centre, d'autres fois autour de centres nombreux, formant des dessins très-capricieux, comme le montre l'échantillon qui, dans la collection, porte le numéro 273.

Ces masses d'Anglésite, par la nature différente de leurs couches concentriques, accusent visiblement une transposition des molécules du minéral, attendu qu'il n'est pas rare de voir presque tout l'argent que contenait la Galène se trouver réuni en taches ou zones de couleur noirâtre, formées de sulfate de plomb avec chlorure d'argent, tandis que l'antimoine constitue des taches ou bandes de couleur jaune, formées en grande partie d'antimoniate de plomb, mêlées avec un peu de sulfate.

Quelques masses conservent encore un nucleus de Galène et, aux points de contact de cette dernière avec le sulfate, on observe une matière de couleur grise que l'on peut considérer comme un oxysulfure de plomb.

Une certaine proportion d'eau entre comme élément constituant dans la composition d'une grande partie des minéraux métalliques oxydés que l'on comprend, au Pérou, sous la dénomination générale de pacos; et tout conduit à croire que ces minerais se sont formés sous l'influence de la vapeur d'eau et d'une grande pression.

Selon ma manière de voir, presque tous les points du Pérou où l'on trouve en abondance les minéraux métalliques oxydés se trouvaient couverts par l'eau au moment de l'oxydation de ces minéraux, en sorte que ce grand phénomène se serait accompli sous l'influence de la pression exercée, tant en haut, par l'eau qui couvrait le terrain, qu'en bas, par les vapeurs volcaniques comprimées.

Ce qui me porte à croire que l'oxydation des sulfures, pour former les Pacos, s'est effectuée durant la période volcanique, c'est la présence des roches trachitiques ou de nature volcanique dans le voisinage de la plus grande partie des gisements ou centres minéraux et, le fait que, quand presque tous les minéraux oxydés présentent quelque forme ou structure cristalline, cette structure n'est pas celle qui correspond au minéral oxydé, mais bien celle du sulfure dont il est issu, c'est-à-dire que les Pacos, ou minerais oxydés, offrent des formes ou structures cristallines pseudomorphiques ou mieux épigéniques.

Il n'est pas rare, en effet, de voir la Limonite (peroxyde de fer hydraté) conserver la forme de la Pyrite (sulfure de fer); la Stiblite (acide antimonieux ou antimoniate d'oxyde d'antimoine) offrir la structure prismatique ou fibreuse de la Stibine (sulfure d'antimoine), l'antimoniate de cuivre conserver la forme tétraédrique de la Panabase (sulfure de cuivre et antimoine), de l'oxydation de laquelle il provient, etc., etc.

Si, maintenant, on considère, d'une part, que la plus grande partie des filons ou veines métalliques du Pérou sont de formation récente, attendu qu'ils se sont introduits dans le terrain jurassique et ont, en plusieurs endroits, soulevé même les couches du terrain crétacé ; d'autre part, que, par suite de la forme épigénique des minéraux, ce grand phénomène d'oxydation a été postérieur à la formation des sulfures, desquels ont tiré leur origine les minéraux oxydés du Pérou, on déduit facilement que cette oxydation a dû s'effectuer après le soulèvement du terrain crétacé, époque qui ne peut correspondre qu'à la période volcanique.

Un phénomène analogue à celui qui a produit les Pacos a donné lieu également à la formation des divers minéraux d'argent connus sous les noms de Kérargyre, Bromite, Embolite et Iodite, c'est-à-dire, les chlorure, bromure, chlorobromure et iodure d'argent que l'on trouve dans les mines de Huantajaya, situées dans la partie sud du Pérou et, plus abondamment, au Chili. C'est encore à ce phénomène qu'il faut attribuer la formation du minéral de cuivre appelé Atacamite (oxychlorure de cuivre), que l'on trouve dans toute la région de la côte du Pérou et au Chili.

Bien que quelques personnes croient que le chlore, l'iode et le brome sont venus d'en bas, avec les veines métalliques, je n'en reste pas moins complétement convaincu que, dans la formation de ces minéraux, il y a eu intervention de l'eau de la mer et que les dits minéraux ne sont que le résultat de réactions postérieures qui ont eu lieu entre les sulfures métalliques, venus d'en bas, à l'époque du soulèvement des veines, et le chlore, l'iode et le brome contenus dans l'eau de la mer qui couvrait autrefois toute la côte du Pérou et du Chili.

Je pourrais alléguer un grand nombre d'arguments en faveur de mon opinion, mais il me suffit, pour le moment, de citer le minéral auquel j'ai donné le nom de Huantajayite, en souvenir du lieu où il fut trouvé, et qui consiste en un chlorure double de sodium et d'argent. La grande quantité de chlorure de sodium et autres sels qui accompagnent presque toujours ce minéral prouvent la relation qui existe entre la Huantajayite et les éléments de l'eau de mer; mais ce qui fait voir de la manière la plus claire que ce minéral ne peut pas non plus s'être produit à l'époque actuelle, et qu'une forte pression a dû nécessairement intervenir dans sa formation, c'est la grande quantité de chlorure d'argent que l'on trouve combiné avec le chlorure de sodium. En effet, à l'époque actuelle, c'est-à-dire sous la pression ordinaire, le chlorure de sodium ne peut dissoudre que moins d'un millième de chlorure d'argent pour former un chlorure double de sodium et d'argent, tandis que la Huantajayite contient 11 0/0 de chlorure d'argent, c'est-à-dire, une quantité plus de cent fois plus grande que celle que dissout le chlorure de sodium.

Sachant que le chlorure de sodium, à une température ou sous une pression plus élevée, dissout une plus grande quantité de chlorure d'argent qu'à la température et sous la pression ordinaire, on conçoit que, pour la formation de la Huantajayite, il a dû intervenir une température élevée ou une grande pression. Ces conditions se réalisent dans l'hypothèse que j'ai admise pour la formation des minerais appelés Pacos, c'est-à-dire sous la double action des phénomènes volcaniques et de la pression de l'eau qui couvrait la terre et qui, dans ce cas, serait l'eau de la mer.

Un autre fait, qui prouve que la Kérargyre ou chlorure d'argent provient de la chloruration de l'argent du sulfure, est fourni par l'échantillon qui, dans la collection, porte le numéro 84 et qui présente un nucleus d'Argyrose ou sulfure d'argent dans la Kéragyre.

Enfin, si l'on remarque que ces minerais d'argent sont fréquemment accompagnés par la Limonite, ou peroxyde hydraté de fer, l'Atacamite ou oxychlorure de cuivre, la Malachite ou carbonate de cuivre et le Chrysocale, ou silicate de cuivre, substances dans la composition desquelles l'eau figure constamment, on verra clairement l'influence que l'eau et la chaleur ont exercée dans leur formation.

Les minéraux métalliques les plus abondants au Pérou, et desquels on extrait presque tout l'argent que produit ce pays, ne sont pas ceux qui reconnaissent l'argent comme base principale et qui, bien que très-riches, sont relativement très-rares; mais bien les différents minerais de cuivre et de plomb argentifères, comme les diverses classes de Cuivre gris connus dans le pays sous le nom de *Pavonado*; la Bournonite argentifère appelée *Pavonado plomizo*; la Galène et les produits variés de l'oxydation de ces sulfures, produits auxquels, au Pérou, on donne indistinctement le nom général de *Pacos*.

Comme ces derniers minerais n'ont pas besoin d'être préalablement calcinés pour l'extraction de l'argent qu'ils contiennent, par la méthode américaine de l'amalgamation, ce sont ceux que l'on traite de préférence dans le pays, les autres étant exportés à l'état brut.

Un fait qui mérite de fixer l'attention du minéralogiste, c'est l'abondance des minéraux d'antimoine, au Pérou, et la presque constante association de l'antimoine avec les minéraux métalliques qui contiennent de l'argent. Ainsi, parmi les minerais à base d'argent qui renferment de l'antimoine, on remarque, au Pérou : la Chañarcillite (arsenio-antimoniure d'argent), la Pyrargyrite (sulfure d'argent et d'antimoine) connu dans le pays sous le nom vulgaire de *Rosicler*, la Psaturose ou Stéphanite (sulfo antimoniure d'argent), la Polybasite (sulfure d'argent, d'arsenic, d'antimoine et de cuivre, et quelquefois de fer et de zinc), et la Freieslébénite (sulfure d'argent, d'antimoine et de plomb). Parmi les minerais de cuivre argentifère qui contiennent de l'antimoine, le Pérou offre la Panabase (sulfure de cuivre, d'antimoine et d'arsenic avec argent), la Malinowskite (sulfure de cuivre, d'argent, de plomb, de fer et de zinc), la Dürfeldtite (sulfure multiple dans lequel entre une notable proportion de manganèse). Parmi les minerais de plomb argentifère qui contiennent de l'antimoine, nous pouvons citer la

Bournonite (sulfure de plomb, de cuivre, et d'antimoine avec argent), la Boulangérite (sulfure de plomb et d'antimoine avec argent). Quant aux minerais argentifères qui ont pour base l'antimoine, nous citerons l'Antimoine natif, qui quelquefois contient de l'argent, la Stibine argentifère (sulfure d'antimoine avec argent), la Berthiérite (sulfure d'antimoine et de fer), la Jamesonite argentifère (sulfure d'antimoine et de plomb avec argent). Enfin, le Pérou possède plusieurs antimoniates qui sont le résultat de l'oxydation naturelle des minéraux que nous venons de citer, et parmi lesquels on peut signaler comme type la Stiblite (acide antimonieux ou antimoniate d'oxyde d'antimoine.)

Un pays qui, comme le Pérou, est si riche en minéraux et qui, en même temps, est si peu connu, devait naturellement offrir quelques espèces nouvelles. Les études auxquelles, jusqu'à présent, je me suis livré sur plus de 4,000 échantillons de minéraux, tous du Pérou, m'ont permis de découvrir 11 espèces nouvelles, et, s'il est vrai que, jusqu'à ce jour, je n'ai pu trouver quelques-unes de ces espèces avec leurs formes cristallines, leur composition chimique, et quelques caractères physiques qu'elles offrent m'ont néanmoins permis de les distinguer assez facilement et assez sûrement des autres espèces minérales.

Si je n'avais pas fait une étude si minutieuse de tous les minéraux que j'ai pu recueillir au Pérou durant 25 ans, je serais sans doute tombé dans l'erreur de multiplier les nouvelles espèces, attendu qu'un grand nombre de minéraux amorphes, bien que présentant une pâte homogène, ne sont que des mélanges intimes de divers minéraux; de sorte que, en me basant seulement sur le nombre des éléments que fournit l'analyse chimique ordinaire, j'aurais pu les prendre pour des espèces nouvelles.

Je dirai, pour citer un exemple, que parmi les minéraux de cuivre, j'ai trouvé des mélanges intimes de Malachite et d'Atacamite (carbonate et oxychlorure de cuivre); d'Atacamite et de Brochantite (oxychlorure et sulfate basique de cuivre); de Malachite, d'Atacamite et de Chrysocale (carbonate, oxychlorure et silicate de cuivre); de Malachite, de Brochantite et de Limonite (carbonate et sulfate basique de cuivre avec du peroxyde de fer hydraté) ; enfin, de Chalcosine, de Brochantite et d'Atacamite (sulfure, sulfate basique et oxychlorure de cuivre).

Bien qu'il ne soit pas impossible, qu'un jour ou l'autre, on trouve quelques-unes de ces combinaisons à l'état cristallin et qu'elles constituent alors véritablement de nouvelles espèces minérales, et, comme j'ai observé, à la suite de nombreuses analyses que j'ai faites de ces différentes associations, que leur composition n'est pas fixe, attendu que les proportions des diverses substances qui entrent dans leur formation varient continuellement, je n'ai pas considéré ces minéraux comme de nouvelles espèces ainsi que probablement l'auraient fait beaucoup de minéralogistes, et je me suis limité à les signaler, simplement comme des mélanges de divers minéraux, bien qu'ils aient complétement perdu tous les caractères physiques qui, généralement, servent à les distinguer.

Pour ce qui est de la classification systématique des diverses espèces de minéraux, j'ai adopté pour base les métaux : une telle classification est celle qui convient le mieux pour les minéraux du Pérou car, ainsi que je l'ai dit plus haut, ceux qui présentent des formes cristallines bien déterminées sont très-rares et, pour leur coordination, il faut, dans le plus grand nombre des cas, se baser sur leurs caractères chimiques.

Cette classification est, en outre, la plus convenable pour les personnes qui n'ont pas fait de la minéralogie l'objet d'études spéciales ; elles peuvent, avec une telle disposition, voir réunis les diverses formes et les divers aspects qu'affecte dans la nature un même métal, dans ses diverses combinaisons.

Les personnes qui ne possèdent pas de notions minéralogiques se font généralement une idée très-fausse de la forme sous laquelle se trouvent les métaux à l'état naturel, et, par la connaissance plus ou moins superficielle qu'elles ont d'un métal, le plomb, par exemple, elles se figurent que ce métal se trouve, dans le sein de la terre, avec son poids et son brillant caractéristiques. C'est pourquoi, en voyant, dans une collection les divers minéraux de plomb avec leurs couleurs et aspects si variés, les uns avec un brillant métallique très-vif ; les autres, blancs et même presque transparents ; ceux-ci de couleur jaune ou verte, sans brillant métallique aucun ; ceux-là, enfin, d'aspect entièrement terreux, elles acquièrent des idées qu'elles n'avaient pas, et ces idées peuvent leur être très-utiles et les aider à découvrir de nouvelles richesses minérales qui, sans cela, auraient, pour elles, passé complétement inaperçues.

Ce n'est que pour les silicates et les combustibles que j'ai fait des groupes à part, groupes qui sont adoptés dans presque toutes les classifications minéralogiques.

Comme le Guano, bien que d'origine organique, peut être considéré aujourd'hui comme une matière fossile, c'est-à-dire un coprolithe ou excrément fossile, je l'ai placé parmi les minéraux. Vu sa grande importance, puisqu'il constitue la principale richesse naturelle de la Nation, j'ai commencé la collection des minéraux du Pérou avec cette substance, et, pour que l'on connaisse véritablement son origine, j'ai mis, en tête du tout, deux momies naturelles d'oiseaux producteurs de Guano, avec leurs œufs à l'état fossile.

Un grand nombre de minéraux qui forment cette collection étant bien connus, je ne ferai que citer leur nom minéralogique suivi du nom chimique et du nom vulgaire s'ils en ont un, et j'indiquerai, en outre, la localité ou le lieu où on les trouve. Pour les minéraux peu connus, ou qui méritent quelques explications, j'entrerai dans quelques détails. Quant aux minéraux entièrement nouveaux ou inconnus dans la science, j'en donnerai la description complète, afin que leurs caractères physico-chimiques soient connus.

La collection dont je m'occupe est formée de 652 échantillons qui représentent presque tous les types minéraux du Pérou. Ces échantillons ont été choisis dans plus de 4,000 qui forment actuellement la collection générale de minéraux du nouveau Musée que l'on doit construire au Jardin botanique, collection qui s'augmentera chaque jour, par suite des nouvelles acquisitions.

Quant à la nomenclature, c'est-à-dire aux noms espagnols purement minéralogiques, j'ai adopté, pour les minéraux connus, les noms employés par le professeur don Felipe Naranjo y Garza, dans son *Manual de Mineralogia*, en en modifiant légèrement quelques-uns qui, étant dérivés de noms propres, devaient s'écrire différemment.

RESTES FOSSILES DES OISEAUX PRODUCTEURS DU GUANO.

Bien que tous les historiens et les voyageurs qui ont visité le Pérou, durant l'époque du *coloniage*, parlent du guano et de son origine, indiquant que cette substance est formée d'excréments d'oiseaux marins et qu'elle était employée comme engrais, au Pérou, de temps immémorial; bien que, dès 1804, les chimistes Fourcroy et Vauquelin firent l'analyse chimique du guano que leur avait envoyé du Pérou le célèbre Humboldt et, par leurs travaux, démontrèrent clairement l'analogie qui existe entre le guano et les excréments des pigeons, et, par conséquent, que le guano était exclusivement produit par des oiseaux ; il n'a pas manqué, malgré cela, d'auteurs qui ont cherché à expliquer la formation de cette substance à l'aide des hypothèses les plus absurdes que nous ne reproduirons pas ici, pour ne pas entourer de ténèbres un phénomène des plus naturels, lequel, quoique sur une bien plus petite échelle, se reproduit encore de nos jours.

Les restes des oiseaux producteurs du guano et leurs œufs qui figurent dans la présente collection et qui ont été trouvés à diverses profondeurs dans le guano, tant de la Punta de Lobos, dans la province de Tarapacá, que dans celui des îles Guañape et des îles Chinchas, sont la preuve la plus éloquente de l'origine de ce précieux engrais.

Voici les intéressants échantillons qui figurent dans la collection :

N° 1. — Momie naturelle de Pélican (*Pelicanus*), trouvée dans le guano à 3 mètres de profondeur.

Punta de Lobos. — Province de Tarapacá.

Cette momie est celle d'un individu assez jeune et qui ne

paraît pas appartenir à la même espèce qui habite actuellement la côte du Pérou.

La peau, en beaucoup d'endroits, est bien conservée, mais elle n'a pas de plumes, et tout le corps de l'oiseau offre la couleur même du guano, c'est-à-dire une couleur jaune-rougeâtre plus ou moins obscure, selon la plus ou moins grande quantité d'eau qu'il absorbe de l'atmosphère.

N° 2. — Momie naturelle d'un Canard de mer (*Carbo*), trouvée dans le guano, à 3 mètres environ de profondeur.

Punta de Lobos. — Province de Tarapacá.

Cette momie a la même couleur et le même aspect que la précédente, c'est-à-dire, offre la plus grande partie de la peau sans plumes : elle paraît appartenir à la même espèce de cormoran qui habite actuellement la mer qui baigne la côte du Pérou et qui est connue, dans le pays, sous le nom vulgaire de *Pato del mar* (*Carbo Gaymardii*).

N° 3. — Œuf de Pélican, trouvé dans le guano à une profondeur d'un peu plus d'un mètre.

Iles de Lobos de afuera.

Cet œuf ne peut pas être considéré comme fossile, attendu qu'il n'est que très-légèrement modifié. En ayant ouvert un, j'ai trouvé sa partie intérieure creuse, en grande partie, avec une matière pâteuse de couleur jaune, formée par le blanc et le jaune, un peu mêlés, et qui exhalait une odeur fétide, mais différente de l'odeur des œufs pourris, et se rapprochant davantage de celle que produirait un mélange de certains acides gras volatils, très-fétides, avec de l'ammoniaque.

Il serait sans doute fort intéressant de connaître le temps durant lequel cet œuf est resté enseveli sous le guano.

N° 4. — Œuf fossile de Pélican, trouvé dans le guano à 3 mètres de profondeur.

Iles de Lobos de afuera.

Cet œuf est pesant, ce qui indique qu'il est massif, et même sa coque est modifiée considérablement, en sorte qu'il peut être considéré comme un véritable œuf fossile.

N° 5. — Œuf fossile coupé en deux (pour montrer la structure interne). Cet œuf fut trouvé, avec le précédent, à 3 mètres environ de profondeur, dans le guano.

Iles de Lobos de afuera.

Cet intéressant échantillon mérite une mention spéciale. Bien qu'il m'ait été donné pour œuf de Pélican, je crois, par la ressemblance qu'il offre avec d'autres œufs que j'ai recueillis moi-même aux îles Chinchas, qu'il appartient au Pingouin connu au Pérou sous le nom vulgaire de *Pajaro niño* (*Spheniscus Humboldtii*).

Cet œuf, divisé en deux, à l'aide d'une scie très-fine, afin de ne pas le détériorer, s'est trouvé être entièrement solide, sans cavité aucune, et formé de parties d'aspect distinct. La plus abondante, qui correspond au blanc de l'œuf, est de couleur blanc jaunâtre. Elle est assez consistante, et quand on la brise, les surfaces de cassure, planes ou légèrement convexes, sont dirigées en sens divers et offrent un brillant nacré.

Dans la partie qui correspond au jaune de l'œuf, on remarque une petite quantité de matière noirâtre, qui n'est pas proportionnelle au volume que représente ordinairement le jaune dans les œufs. Cette matière se montre entremêlée d'une autre de couleur jaunâtre, presque égale à la blanche, et qui semble être un mélange des deux.

Il est bon de faire remarquer que le jaune de cet œuf se trouvant placé dans une position excentrique, il n'est pas réparti également entre les deux moitiés de l'œuf, ce qui explique pourquoi la moitié qui figure dans la collection n'offre qu'une petite portion du jaune qui lui correspond.

CARACTÈRES ET COMPOSITION DE LA MATIÈRE QUI CORRESPOND AU BLANC DE L'ŒUF. — Cette matière, ainsi que je l'ai dit, présente une couleur jaunâtre ; elle est un peu tenace, se brise d'une manière irrégulière et ses surfaces de fracture offrent un léger éclat qui rappelle à la fois l'éclat soyeux et le nacré. Soumise à l'action de la chaleur, elle devient d'abord noirâtre, mais bientôt elle blanchit et laisse un résidu fixe, blanc, salin, complétement soluble dans l'eau et qui présente presque le même volume que la matière primitive. La proportion des matières volatiles est seulement de 15,40 0/0.

La matière qui correspond au blanc de l'œuf a donné les résultats suivants à l'analyse :

Oxalate d'ammoniaque.	2,855
Phosphate d'ammoniaque.	12,645
Chlorure d'ammonium.	0,827
Phosphate de potasse.	8,298
Sulfate de potasse.	64,005
Sulfate de soude.	8,000
Eau hygrométrique.	3,200
Matières organiques.	traces
	99,830

Quand j'eus terminé cette analyse, je fus surpris de voir cette grande quantité de sulfate de potasse qui avait remplacé le blanc de l'œuf et qui, sans aucun doute, pour pénétrer dans l'intérieur de l'œuf, avait dû traverser la coque, sous l'influence d'une espèce d'endosmose.

Pensant que cette énorme quantité de sulfate de potasse, qui avait remplacé le blanc de l'œuf, pouvait bien être attribuée à quelque influence locale, je soumis à l'étude un autre œuf fossile, d'une localité très-distincte, c'est-à-dire des îles Chinchas ; et, ayant cherché uniquement la proportion des sels de potasse, je trouvai près de 62 0/0 de sulfate de cette base, ce qui me fit connaître que le phénomène qui m'occupait, c'est-à-dire la substitution du sulfate de potasse au blanc de l'œuf, n'était pas produit par une cause entièrement locale, mais était la conséquence de propriétés inhérentes à la nature et à la disposition de ces substances, la coque de l'œuf agissant comme une espèce de filtre qui laisse passer une plus grande quantité de sulfate de potasse que d'autres sels.

Il est possible aussi que la grande quantité d'acide sulfurique uni à la potasse, tire son origine, en partie, du soufre contenu dans l'albumine de l'œuf. Quoi qu'il en soit, ce fait me paraît très-intéressant et digne d'être étudié.

Quant à la coque de l'œuf, il faut dire qu'elle se trouve complétement modifiée ; car, outre la couleur plus ou moins obscure qu'elle offre et qui passe quelquefois au noirâtre, elle n'est pas formée, presque totalement de carbonate de chaux pur, comme il arrive pour les œufs ordinaires, mais bien d'un peu de carbonate uni à du phosphate et à de l'oxalate de chaux. La difficulté qu'il y a à l'isoler des autres substances et la petite quantité de matières dont je disposais, ne m'ont pas permis d'en faire une minutieuse analyse quantitative.

CARACTÈRES ET COMPOSITION DE LA MATIÈRE NOIRÂTRE QUI CORRESPOND AU JAUNE DE L'ŒUF. — Cette matière, ainsi que je l'ai dit plus haut, est formée de deux substances distinctes : l'une de couleur noirâtre, et l'autre de couleur jaunâtre. Cette dernière se trouve entremêlée avec la première, et, par ses caractères chimiques, elle semble être un mélange de la substance qui correspond au jaune de l'œuf et de celle qui correspond au blanc ; de sorte que, pour connaître la véritable composition de la matière qui a remplacé le jaune de l'œuf, je me suis préoccupé, avant tout, de choisir, avec beaucoup de soin, une petite quantité de la substance noirâtre.

Voici ses caractères : elle est très-fragile, peu cohérente et, sous la pression des doigts, elle se réduit en une poudre qui paraît offrir l'aspect cristallin. Si on examine cette poudre au microscope, on remarque qu'elle n'offre pas de formes déterminées, mais qu'elle se présente sous l'aspect de petits fragments anguleux, de couleur chocolat noirâtre et doués d'un éclat résineux. Si on la soumet à l'action de la chaleur, sur une lame de platine, on voit qu'elle s'allume et brûle avec une flamme claire et brillante comme celle des corps gras. En continuant l'action du feu, on observe que la matière charboneuse brûle avec difficulté, laissant pour résidu une cendre formée de phosphate de chaux, avec des traces de magnésie, et de chlorure de potassium et de sodium, avec des traces minimes de sulfates.

La matière blanchâtre, qui correspond au blanc de l'œuf, est formée de 84,60 0/0 de substances fixes et 15,40 0/0 de substances volatiles, tandis que la matière noirâtre, qui correspond au jaune, offre des rapports tout à fait opposés : elle ne contient que 16,20 0/0 de substances fixes et 83,80 0/0 de substances volatiles.

Les matières fixes sont formées de sulfate de potasse, de chlorure de sodium et de potassium et de phosphate de chaux avec un peu de magnésie. Les matières volatiles sont constituées, en grande partie, par des principes gras solubles dans l'éther et par une substance de couleur noirâtre insoluble dans ce liquide, peu soluble dans l'alcool et l'eau froide, mais soluble dans l'eau chaude et, plus encore, dans une dissolution alcaline de laquelle les acides la précipitent de nouveau. Cette substance qu'à cause de ses caractères on pourrait prendre pour de l'acide urique, ne donne cependant pas la réaction caractéristique de l'acide urique, c'est-à-dire, qu'elle ne produit pas de murexide, quand on la traite par l'acide nitrique et l'ammoniaque.

Par l'analyse qu'il m'a été possible de faire sur une très-petite quantité de cette matière qui a remplacé le jaune de l'œuf, j'ai obtenu, pour sa composition, les résultats suivants :

Sulfate de potasse..	4,60
Chlorure de sodium et de potassium..	1,40
Phosphate de chaux, avec un peu de magnésie. . .	8,20
Principes gras, solubles dans l'éther	24,50
Matière noirâtre, soluble dans une solution alcaline.	30,50
Eau et matière organique indéterminée.	24,80
	100,00
Azote contenu en 100 parties de cette matière. . . .	2,40

N° 6. — Œuf fossile trouvé dans le guano à 5 mètres environ de profondeur.

Îles de Chincha.

Cet œuf est massif et offre une composition analogue à celle du précédent. Ses dimensions sont plus petites, puisqu'il appartient à un oiseau d'espèce différente. Par la comparaison faite avec les œufs des oiseaux qui habitent actuellement les îles de Chincha, cet œuf doit appartenir à l'espèce connue, sur la côte du Pérou, sous le nom vulgaire de *Potoyunco* et que Lesson a décrite sous le nom de *Puffinuria Garnotii.*

ÉCHANTILLONS DE GUANO.

Tout le monde connaît l'utile substance qui porte le nom

de guano, modification du nom indigène, ou quechua, *huanu*, qui signifie excrément, et qui, par lui seul, indique l'origine du précieux engrais, source de tant de richesses pour le Pérou, et, moyennant l'usage duquel on multiplie prodigieusement les récoltes que fournissent les terrains limités ou épuisés de la vieille Europe. On a publié beaucoup d'analyses de cette précieuse matière fertilisante, mais presque toutes se rapportent au riche guano des îles de Chincha, lequel, on peut dire, a disparu. Comme la nature de cette substance varie selon les lieux d'où on l'extrait, variation qui est en relation avec la nature du climat plus ou moins sec des divers points de la côte du Pérou, à cause de la tendance qu'offre l'humidité de décomposer l'acide urique qui entre comme principe constituant du guano, j'ai cru convenable de faire connaître les trois types principaux provenant des localités les plus distinctes comme les îles de Chincha, situées vers la partie centrale de la côte péruvienne, Chanavaya (province de Tarapaca), située au sud du Pérou, et les îles de Guañape, au nord de la république.

En comparant les résultats qu'a donnés l'analyse de ces trois types de guano et, en tenant compte de la climatologie des points d'où ils proviennent, on voit, immédiatement, que la proportion de l'acide urique dans le guano d'un endroit donné est d'autant plus grande que les pluies y sont plus rares et que l'atmosphère y est plus sèche; tandis que la quantité de l'eau hygrométrique suit une proportion inverse. En d'autres termes, la quantité d'acide urique contenue dans un guano est toujours en proportion inverse de la quantité d'eau hygrométrique de ce guano.

Dans les îles de Guañape où il tombe quelquefois un peu de pluie et où l'atmosphère est beaucoup plus humide que dans la province de Tarapacá, le guano contient une très-petite quantité d'acide urique et une forte proportion d'eau. Au contraire, dans les guanos de la province de Tarapacá, tels, par exemple, que ceux de Chanavaya et de Pabellon de Pica, la proportion d'acide urique est très-élevée, et la quantité d'eau hygrométrique très-faible comme on peut le voir par les analyses qui suivent.

N° 7. — Guano des îles de Chincha.

Il contient :

Acide urique.	12,000
— oxalique.	4,464
— phosphorique.	12,100
— carbonique.	0,600
— sulfurique.	2,060
Chlore.	2,966
Chaux.	13,950
Magnésie	0,520
Potasse.	2,100
Soude.	0,900
Ammoniaque (existant dans le guano).	11,100
Silice.	1,900
Eau hygrométrique.	10,500
Matières organiques indéterminées (par différence).	24,860
	100,000

Azote total. . . . . 14,47 0/0.

N° 8. — Guano de Chanavaya (province de Tarapacá).

Il contient :

Acide urique.	15,500
— oxalique.	3,600
— phosphorique.	19,030
— sulfurique.	1,960
Chlore.	1,240
Chaux.	16,020
Magnésie	1,100
Potasse.	2,250
Soude.	1,200
Ammoniaque (existant dans le guano).	8,500
Silice.	2,000
Eau hygrométrique.	5,200
Matière organique indéterminée (par différence).	22,400
	100,000

Azote total. . . . . 12,180 0/0.

Ce guano est remarquable par la grande quantité d'acide urique qu'il contient et, en outre, par sa richesse en acide phosphorique soluble, car la proportion de chaux qui entre dans sa composition n'est pas suffisante pour saturer tout l'acide phosphorique à l'état de phosphate tribasique.

N° 9. — Guano des îles de Guañape.

Il contient :

Acide urique	0,900
— oxalique	3,810
— phosphorique	12,560
— sulfurique	2,000
— carbonique	3,700
Chlore	1,500
Chaux	14,640
Magnésie	0,400
Potasse	2,200
Soude	1,100
Ammoniaque (existant dans le guano)	9,100
Silice	1,100
Eau hygrométrique	20,000
Matière organique indéterminée (par différence)	26,990
	100,000

Azote total. . . . . 10,29 0/0.

Ainsi qu'on le voit, ce guano, bien que contenant une quantité d'azote inférieure à celle du précédent, est néanmoins plus riche en ammoniaque. Cette anomalie provient de ce que, par suite de l'excessive humidité, ce guano a perdu presque tout son acide urique dont l'azote, en grande partie, s'est transformé en carbonate d'ammoniaque, augmentant de la sorte la proportion d'ammoniaque qu'il contenait.

N° 10. — Guano liquide, trouvé dans une cavité de la roche au-dessous du guano.

Iles de Guañape.

Un litre de ce liquide pèse 1 kil., 21860, et contient :

	Par lit.	0/0
Potasse	gr. 36,76 —	3,02
Soude	13,34 —	1,09
Ammoniaque	90,50 —	7,43
Acide sulfurique	61,10 —	5,01
— carbonique	31,00 —	2,54
— phosphorique	57,20 —	4,70
Chlore	25,70 —	2,11
Acides gras, matières organiques indéterminées et eau	903,00 —	74,10
	1,218,60	100,00

Ce remarquable échantillon se présente sous l'aspect d'un liquide de couleur obscur, qui rappelle la teinture d'iode. Il possède une odeur ammoniacale très-prononcée, due au carbonate d'ammoniaque qu'il tient en dissolution et, outre cette odeur ammoniacale, il en possède une autre, très-fétide, due à quelques acides gras volatils. On a trouvé cette substance en pratiquant un sondage dans le guano des îles de Guañape. Elle est due, sans aucun doute, à la dissolution du guano par les eaux de pluie qui, en filtrant à travers les couches de cet engrais, en ont dissous les parties solubles, puis se sont réunies dans une cavité de la roche sur laquelle repose le dépôt de guano.

SELS AMMONIACAUX TROUVÉS DANS LE GUANO

Bien que, généralement, le guano se présente sous la forme d'une poudre ou masse homogène, il arrive, quand on l'observe dans les dépôts mêmes, que l'on note quelquefois des couches de nature distincte, ou de petites cavités remplies de divers sels ammoniacaux dus à des réactions postérieures à l'époque de sa formation, réactions qui se sont opérées, sans doute, sous l'action de l'eau de quelques pluies qui ont dissous certaines matières et donné lieu ainsi à la formation de cavités qui plus tard se sont remplies par d'autres principes du guano même.

Ces réactions ont dû, probablement, s'accomplir avec plus d'intensité dans les dépôts de guano situés sur des points où les pluies ne sont pas trés-rares : ou, également, dans les dépôts situés à une faible élévation au-dessus du niveau de la mer, de manière à pouvoir être atteints par les vagues, à l'époque des hautes marées, ou inondés par les eaux de la mer pendant les tremblements de terre.

Ce qu'il y a de certain, c'est que les sels ammoniacaux isolés, et souvent à l'état cristallin, se trouvent en plus grande abondance dans les îles de Guañape où les pluies ne sont pas très-rares et où, ainsi que je viens de le dire, on a trouvé du guano à l'état liquide, c'est-à-dire une dissolution très-concentrée des parties les plus solubles de cet engrais.

Néanmoins, et bien qu'en moindre abondance, on a trouvé des sels ammoniacaux isolés dans presque tous les dépôts de guano, ainsi qu'on peut le voir par les échantillons qui suivent :

Nº 11. — Teschémachérite amorphe ou carbonate d'ammoniaque ; trouvée dans le guano.

Iles de Chincha

Ce sel, dédié à M. Teschémacher qui le trouva pour la première fois dans le guano des îles de Chincha, est le plus connu. On le reconnaît facilement à cause de la forte odeur d'ammoniaque qu'il exhale, ce qui lui a valu, dans le pays, le nom vulgaire d'*Amoniaco*. Je dois dire, néanmoins, que les échantillons que j'ai recueillis, tant dans les îles Chincha que dans celles de Guañape, n'offrent pas la même composition que celle attribuée aux échantillons trouvés par Teschémacher, laquelle est :

Ammoniaque	33
Acide carbonique	56
Eau	11
	100

qui correspond, par conséquent, au sesqui-carbonate d'ammoniaque, tandis que l'échantillon que j'ai recueilli, et qui figure dans la collection, contient :

Ammoniaque	21.50
Acide carbonique	55.70
Eau	22.80
	100.00

et, par conséquent, correspond au bicarbonate d'ammoniaque.

Nº 12. — Teschémachérite prismatique ou carbonate d'ammoniaque de structure cristallino-prismatique, colorée par des matières organiques ; trouvée dans les cavités du guano.

Iles de Guañape

La partie la plus pure a donné à l'analyse :

Ammoniaque	21.90
Acide carbonique	55.90
Phosphate d'ammoniaque	0.70
— de chaux	0.11
Eau, par différence	21.40
	100.00

N° 13. — **Phosphamite** ou phosphate d'ammoniaque ; trouvée dans le guano.

Iles de Chincha

Ce sel se présente en petites masses blanches, quelquefois légèrement jaunes, offrant une structure fibreuse ou prismatique peu marquée.

Il n'est pas pur, attendu qu'il est toujours accompagné d'un peu de chlorure d'ammonium et de sulfate d'ammoniaque. Si on le soumet à l'action du feu, dans une capsule de platine, tout l'ammoniaque, le chlore et l'acide sulfurique se volatilisent et il reste pour résidu l'acide phosphorique à l'état d'acide métaphosphorique, transparent et incolore comme l'eau.

N° 14. — **Stercorite** ou phosphate de soude et d'ammoniaque ; trouvée dans le guano.

Iles de Guañape

Ce sel, rencontré pour la première fois dans les dépôts de guano de la Baie de Saldanha, en Afrique, a été trouvé également, il y a quelques années, dans les îles de Guañape où il existe, presque immédiatement au-dessus de la roche, en gros morceaux cristallins, presque transparents et incolores, quelquefois de couleur jaune clair et dont quelques-uns offrent une structure prismatique très-peu apparente.

Ayant analysé ce sel, j'ai reconnu que sa composition était presque identique à celle du phosphate de soude et d'ammoniaque artificiel que l'on emploie pour les essais au chalumeau, et qui est connu sous le nom de sel de phosphore. Cette composition, en outre, est presque égale à celle que M. Kerapat trouva pour la Stercorite découverte dans le guano d'Afrique.

Voici le résultat de l'analyse que j'ai faite de la Stercorite trouvée dans le guano des îles de Guañape.

Acide phosphorique	34 54
Soude	14 50
Ammoniaque	8 48
Eau	42 48
	100 00

Ce sel fut découvert en perçant un rocher pour la construction d'un chemin de fer. Il s'était, sans doute, introduit dans le rocher par suite de l'infiltration d'eau chargée de sels ammoniacaux.

N° 15. — Sel ammoniac fibreux ou chlorure d'ammonium de structure fibreuse ; trouvé dans le guano.

Crique de Chanavaya. — Province de Tarapacá.

Cet échantillon présente quelque analogie avec le sel ammoniac artificiel, seulement il ne contient pas le chlorure d'ammonium en grands morceaux, de structure fibreuse, comme celui du commerce ; il l'offre sous forme de fibres isolées et, quelquefois, courbées et tordues.

Jusqu'à présent, on n'avait trouvé le sel ammoniac, à l'état naturel, que dans le voisinage des volcans et dans quelques mines de charbon de terre en combustion, de sorte que le guano constitue aujourd'hui une autre espèce de gisement de ce sel.

N° 16. — Sel ammoniac cubique ou chlorure d'ammonium cristallisé en cubes ; trouvé dans quelques cavités du guano.

Iles de Chincha.

Si l'échantillon précédent révèle un nouveau mode de gisement du sel ammoniac, celui-ci offre, en outre, une nouvelle forme cristalline de ce sel, car, bien que le sel ammoniac, tant artificiel que naturel, cristallise, comme tout le monde sait, dans le système régulier, les formes cristallines qu'il affecte sont presque toujours l'octaèdre, le dodécaèdre rhomboïdal et cette dernière forme avec le trapézoèdre ; tandis que, dans ce rare échantillon, le sel ammoniac se présente sous la forme de cubes bien définis, identiques à ceux qu'offre le chlorure de sodium, ou sel gemme, avec lequel je l'ai confondu à première vue. Mais sa volatilisation complète par l'action de la chaleur, la forte odeur d'ammoniaque qu'il exhale, quand on le moud avec de la potasse ou de la chaux vive et le précipité abondant de chlorure d'argent que détermine la solution de ce sel dans le nitrate d'argent, permettent de reconnaître aisément sa nature.

N° 17. — **Guañapite** ou oxalate d'ammoniaque, trouvée dans le guano.

Îles de Guañape.

On savait que le guano contenait, une certaine proportion d'acide oxalique combiné avec l'ammoniaque sous la forme d'oxalate d'ammoniaque ; mais personne n'avait encore signalé l'existence de l'oxalate d'ammoniaque entièrement isolé et encore moins sous la forme cristalline.

Dès l'année 1852, époque à laquelle je visitai pour la première fois les îles de Chincha, dans lesquelles je restai plus d'un mois, je pus observer, dans quelques cavités du guano, une matière de couleur blanc-jaunâtre, sous forme de petites particules ou écailles d'un éclat nacré et que, à l'aide de réactifs, je reconnus être formées, en grande partie, d'oxalate d'ammoniaque. Je la signalai dans un petit mémoire que j'écrivis sur le guano.

Ce fut en 1869 que, dans divers échantillons de guano que j'avais reçu des îles de Guañape, que l'on commençait alors à exploiter, je pus découvrir l'oxalate d'ammoniaque à l'état presque pur et complétement isolé des autres éléments qui entrent dans la composition du guano.

Ce nouveau sel naturel, bien que d'origine organique, par l'état presque fossile du guano dans lequel on le trouve, constitue une nouvelle espèce minérale à laquelle j'ai donné le nom de *Guañapite* pour rappeler le lieu où on la trouve. Malheureusement, on ne pourra plus la rencontrer dans le même endroit, car on a extrait presque tout le guano qui existait dans ces îles.

La Guañapite, telle que je l'ai décrite, forme de petites masses blanchâtres de volume très-varié, mais toujours réduites et entremêlées avec d'autres petites masses de Mascañine, ou sulfate d'ammoniaque, dont il est quelquefois très-difficile de les distinguer.

La Guañapite pure ne se trouve qu'en petits morceaux de quatre ou cinq millimètres de long, généralement un peu aplatis, offrant une structure lamellaire assez prononcée, de couleur blanc-jaunâtre et doués d'un éclat soyeux nacré.

En observant cette substance au microscope, je pus découvrir quelques petits cristaux allongés, presque complétement transparents, de forme prismatique rhomboïdale. Avec un peu de patience, je pus en isoler plusieurs dont les dimensions varient de un à trois millimètres de long et de un demi à un millimètre de large. Ces cristaux sont suffisamment nets pour que je puisse assurer que les cristaux de la Guañapite appartiennent au système orthorhombique.

La Guañapite se trouvant, ainsi que je viens de le dire, entremêlée avec le sulfate d'ammoniaque, il fallait s'assurer que ces cristaux étaient réellement de la Guañapite ou oxalate d'ammoniaque et, pour cela, il fallait recourir aux caractères chimiques.

Il suffit, à cet effet, de dissoudre dans un verre de montre un petit cristal ou une particule de Guañapite, à l'aide d'une goutte d'eau. En ajoutant à cette dissolution une goutte de chlorure de barium, il se forme un précipité, caractère qui appartient également au sulfate d'ammoniaque ou Mascañine; mais si on ajoute au tout une goutte d'acide chlorhydrique, le précipité de la Guañapite étant formé d'oxalate de baryte, se dissout complétement, tandis que, s'il est produit par la Mascañine, il est formé de sulfate de baryte et demeure complétement insoluble.

Comme le phosphate et le carbonate d'ammoniaque produisent aussi, avec le chlorure de barium, un précipité soluble dans les acides, j'indiquerai les caractères généraux et complets qui permettent de distinguer tous ces sels.

En premier lieu, la Guañapite est inodore, ce qui la distingue du carbonate d'ammoniaque ou Teschémachérite qui exhale une forte odeur amoniacale. Un petit fragment de Guañapite soumis à l'action de la chaleur, sur une lame de platine, se volatilise complétement, ce qui distingue cette substance du phosphate d'ammoniaque ou Phosphamite, qui laisse de l'acide phosphorique, suffisamment fixe, pour résidu.

Ces caractères, avec ceux indiqués pour la Mascañine, suffisent pour distinguer la Guañapite des autres sels ammonia-

càux; néanmoins, pour les compléter, je dirai que la Guañapite ne fait pas effervescence avec les acides, caractère qui la
distingue du carbonate ou Teschémachérite; la solution de
Guañapite dans l'eau est précipitée par le nitrate d'argent,
mais le précipité se dissout dans l'acide nitrique, ce qui la distingue du chlorure d'ammonium ou sel ammoniac, dont la solution, traitée par le nitrate d'argent, donne un précipité de
chlorure d'argent insoluble dans les acides; enfin, le précipité
formé par le chlorure de barium dans une solution de Guañapite ne se dissout pas dans l'acide acétique, caractère qui sert
également pour distinguer la Guañapite du phosphate d'ammoniaque ou Phosphamite.

La Guañapite est très-rare à l'état pur, car, outre qu'on ne
l'a toujours trouvée qu'en très-petite quantité, on peut dire
qu'elle a presque complétement disparu, par suite de l'expor·
tation, à peu près totale, du guano de Guañape où elle existait.

N° 18. — **Mascañine** ou sulfate d'ammoniaque; trouvée dans le guano.

Iles de Guañape.

Jusqu'à présent on n'avait trouvé le sulfate d'ammoniaque,
à l'état naturel, que dans les terrains volcaniques, soit sous
forme d'efflorescences à la surface de quelques laves, soit en
dissolution dans les eaux où se condense l'acide borique en
Toscane.

Dès l'année 1852, j'avais reconnu, au Pérou, l'existence de ce
sel sous forme de petites écailles jaunâtres situées dans l'intérieur d'un œuf fossile trouvé à une grande profondeur dans le
guano des îles de Chincha. Plus tard, en 1869, je découvris ce
même sel dans le guano des îles de Guañape, accompagné de
l'oxalate d'ammoniaque ou Guañapite.

A première vue, il est quelque peu difficile de distinguer la
Mascañine ou sulfate d'ammoniaque de la Guañapite ou oxalate de la même base. Je dirai néanmoins qu'à l'aide du microscope et, avec quelques précautions, on peut isoler les deux
sels et distinguer la Mascañine 1° par sa plus grande dureté;
2° pour ne pas offrir l'éclat soyeux nacré de la Guañapite ni

sa structure lamellaire, car elle est formée par la réunion de petits prismes imparfaits et peu apparents, qui tendent à affecter une structure radiée.

Mais le caractère principal de la Mascañine réside dans sa solution, qui, additionnée de chlorure de baryum, donne un précipité de sulfate de baryte, qui est insoluble dans les acides.

N° 19. — Guañapite et Mascañine ou oxalate d'ammoniaque et sulfate de la même base ; trouvée dans le guano.

Iles de Guañape.

Cet échantillon offre les deux sels ammoniacaux entremêlés, tels qu'on les a trouvés dans les cavités du guano.

N° 20. — Guañapite pulvérulente, ou oxalate d'ammoniaque en poudre ; trouvée dans le guano.

Cette variété de Guañapite se présente sous la forme d'une poudre très-légère, de couleur jaunâtre, un peu plus claire que celle qu'offre généralement le guano, et d'une odeur légèrement ammoniacale. Ce dernier caractère pourrait faire confondre cette variété de Guañapite avec le guano, si ce n'était sa légèreté et la propriété de pouvoir, sous l'action de la chaleur, se volatiliser presque complétement.

Néanmoins, cette variété de Guañapite n'est pas pure, attendu qu'elle contient un peu plus de 5 0/0 de matières fixes, qui consistent en phosphate de chaux et une petite quantité de sels de soude et de potasse. Elle contient, en outre, une très-petite quantité d'acide urique, une forte proportion de matières organiques et un peu de sulfate d'ammoniaque et de chlorure d'ammonium.

Malgré le mélange constitué par cette substance, je la considère comme une variété de Guañapite, attendu qu'elle est formée, en grande partie, d'oxalate d'ammoniaque et qu'elle offre une composition très-différente de celle du guano, ainsi que l'indiquent les résultats suivants qu'a donnés son analyse :

Acide oxalique..	24.80
Ammoniaque.	17.82
Eau hygrométrique et de combinaison..	26.95
Acide urique.	0.50
— sulfurique..	2.60
— carbonique.	1.30
— phosphorique soluble.	0.10
Chlore.	1.20
Soude et potasse..	0.80
Phosphate de chaux insoluble..	4.90
Matière organique indéterminée..	19.03
	100.00

Cette étrange matière fut découverte, en 1869, dans les îles de Guañape, en pratiquant des sondages destinés à faire connaître la profondeur du guano. On reconnut que cette substance formait une couche de 2 mètres à $2^m,30$ d'épaisseur, au milieu d'autres couches de guano.

MINÉRAUX D'OR.

Bien que actuellement la production de l'or au Pérou ne soit pas très-grande, cette région privilégiée de l'Amérique méridionale ne laisse pas pour cela d'être l'une de celles où ce métal, si précieux et si convoité, se trouve le plus aboudamment, ainsi que l'enseignent l'histoire de la conquête et les immenses trésors qui, du Pérou, ont été importés en Espagne.

On peut dire, en effet, que tous les départements de la République contiennent des mines d'or, lesquelles, exploitées intelligemment et avec des capitaux suffisants, pourraient, aujourd'hui même, donner de grands bénéfices.

On trouve une preuve de ce que nous venons de dire dans le district minier de Huayllura, situé dans la province de la Union et dont les mines, presque abandonnées, ont été, de nouveau, mises en exploitation, il y a quelques mois, par une compagnie qui, par suite des riches minerais qu'elle exploite aujourd'hui, offre déjà les plus belles espérances.

La même chose pourrait arriver avec les riches *lavaderos* et veines d'or de la province de Carabaya, de celle de Paucartambo ; du district minier de Poto, dans la province d'Azangaro; de la colline de Camanti, dans les montagnes de Marca-pata, du département de Cuzco; de Chuquibamba, sur les bords du Marañon, dans la province de Huamalies; de la pro-vince de Pataz et du district minier de Santo-Tomas, au sud de Chachapoyas, sans risque d'aucun genre de la part des sau-vages, comme dans les *lavaderos* du haut Marañon, situés près du Pongo de Manseriche.

L'or, au Pérou, se trouve sous les deux formes de gisement propres à ce métal, c'est-à-dire disséminé dans le quartz ou dans d'autres gangues qui forment des veines, ou sous la forme d'écailles ou pépites disséminées dans les anciens terrains d'al-luvions qui constituent les dépôts désignés communément sous le nom de *lavaderos*. On le trouve également sous forme de paillettes très-petites que charrient actuellement un grand nombre de rivières, à l'époque des crues. La manière ingé-nieuse dont les Indiens de Carabaya recueillent l'or que charrie la rivière Huari-huari, à l'époque des pluies, ne manque pas d'intérêt. Ils construisent sur la plage de la rivière, durant la saison sèche, un empierrement artificiel qu'ils appellent *Toclla* afin que, quand la crue se manifeste, durant la saison des eaux, la rivière puisse déposer dans les interstices des pierres une grande partie de l'or qu'elle charrie. Quand la rivière s'est retirée, les Indiens enlèvent les pierres de leur *Toclla* et re-cueillent l'or, en lavant la terre que le fleuve a laissée à sec.

Les échantillons qui suivent, dans la collection, représentent les minerais d'or du Pérou.

N° 21. — Or natif, dans du quartz qui se trouve au milieu d'une ardoise talqueuse très-métamorphique.

Vallée située à 10 kilomètres de Huánuco.

N° 22. — Or natif, accompagné d'ardoises très-métamor-phiques, avec de petits cristaux cubiques de Pyrite.

District minier de Poto. — Province de Sandia (autrefois Carabaya).

N° 23. — Or natif, dans du silicate de cuivre.
Richesse en or = 0,00009.

Vallée de Cachendo. — Province d'Islay.

N° 24. — **Or natif**, dans du quartz caverneux avec oxyde
de fer.

Province de Paucartambo.

N° 25. — **Or natif**, dans du quartz avec Mispickel (sulfo-
arséniure de fer), de l'oxyde de fer et des
taches d'arséniate.

Montagne de Montebello.— Province de Sandia (autrefois Carabaya).

N° 26. — **Or natif**, dans du silicate de cuivre et de fer.

Province d'Ica.

N° 27. — **Or natif** dans du quartz avec Acerdèse (oxyde
de manganèse hydraté) et silicate de cuivre.

*Lieu de Milluachaqui dans le district minier de Zalpo. — Province
d'Otuzco.*

N° 28. — **Or natif**, dans du quartz avec Mispickel ou Pyrite
arsenical (sulfo-arséniure de fer).

Montagne de Capac-Orco.— Province de Sandia (autrefois Carabaya).

N° 29. — **Or natif**, dans une roche talqueuse.

A 30 kilomètres de Vitor vers Siguas. — Province d'Arequipa.

N° 30. — **Or natif**, en pépite, avec quartz.

District minier de Huaillura — Province de l'Union.

N° 31. — **Or natif**, pépite d'un *lavadero* de la vallée de
Ocongate.

Province de Paucartambo.

N° 32. — **Or natif**, pépite du *lavadero* de la rivière de Cajas
près de Tayabamba.

Province de Pataz.

N° 33. — **Or natif**, pépite avec quartz des *lavaderos* de la
rivière de Chaylluma.

Province de Sandia (autrefois Carabaya).

Nº 34. — **Or natif**, pépite du *lavadero* de Quimsamayo.
Province de Sandia (autrefois Carabaya).

Nº 35. — **Or natif**, pépite des *lavaderos* de Ninamayhua.
District de Uco. — Province de Huari.

Nº 36. — **Or natif**, dans du quartz ferrugineux avec peroxyde de fer.

Cerro blanco, près de Nazca. — Province d'Ica.

Nous pouvons ajouter que l'on trouve de l'or sur un grand nombre d'autres points du Pérou, et, nous bornant à signaler seulement les principaux, nous dirons qu'il existe des mines d'or dans le district de Pica, de la province de Tarapacá ; dans les provinces d'Aymaraes et Cotabamba, du département d'Apurimac ; à Lircay, province d'Angaraes, du département de Huancavelica ; à Chuquibamba , de la province de Huamalies ; à Pallasca, dans le département d'Ancachs ; près de Parcoy, dans la province de Pataz ; à Santo Tomas, dans la province de Luya ; dans le district minier de Zalpo, de la province d'Otuzco et sur beaucoup d'autres points dans les montagnes syénitiques de la côte, tels que la montagne Sanú à peu de distance de Huacho aux environs du village de Huarmey ; dans la vallée de Jauja, à 35 kilomètres du port de Culebras, etc., etc.

J'ai également trouvé de l'or, au Pérou, dans plusieurs minéraux métalliques tels que Galènes, Blendes, Panabases, Pyrites, etc., des départements de Huancavelica, Ancachs et Libertad.

MINÉRAUX D'ARGENT.

Les minéraux d'argent sont très-variés au Pérou, et l'on peut dire que l'on trouve dans ce pays la plus grande partie des combinaisons connues de ce précieux métal. Néanmoins, les minéraux, purement d'argent, sont relativement très-rares, car, ainsi que je l'ai dit dans les considérations générales, presque tout l'argent que produit le Pérou n'est pas extrait de ces derniers minéraux, mais bien de ceux de cuivre et de plomb argentifères comme la Panabase et la Galène, et des produit d'oxydation qui constituent le groupe des minerais, d'aspect terreux, appelés *Pacos*. Un fait très-remarquable, et digne de fixer l'attention du géologue, est la relation qui existe entre la nature du minéral et celle de la roche ou formation que traverse la veine. Ainsi, par exemple, les minéraux à base d'argent, tels que l'Argent natif, l'Argyrose (sulfure d'argent), la Psaturose ou Stéphanite (sulfo-antimoniure d'argent), la Proustite ou Rosicler d'arsenic (sulfure d'argent et d'arsenic), et la Pyrargyrite ou Rosicler d'antimoine (sulfure d'argent et d'antimoine), se trouvent presque toujours au Pérou, dans les formations calcaires, tandis que les minéraux de cuivre argentifère se trouvent communément dans les grès.

Il faut cependant remarquer que le Rosicler d'antimoine, ou Pyrargyrite, se trouve quelquefois aussi, dans le grès, plus ou moins métarmorphiques, offrant, dans ce cas, une gangue quartzeuse, tandis que la gangue la plus commune des minéraux à base d'argent est, au Pérou, le calcaire connu sous le nom de Caliza (carbonate de chaux), ou la Mangano calcite (carbonate de chaux et de manganèse).

Mais le fait le plus notable, c'est qu'un minéral d'une même veine change de nature selon les formations qu'il traverse. Il m'a été donné souvent de voir une veine fournir de l'Argent natif, de l'Argyrose et de la Proustite tant qu'elle traversait des formations calcaires; puis de la Pyrargyrite ou Rosicler d'antimoine, presque à la limite des formations calcaires et des grès; quand la veine pénétrait dans cette dernière formation, apparaissait la Panabase, ou cuivre gris, très-riche en argent, laquelle se mêlait, peu à peu, avec la Galène argentifère (sulfure de plomb avec argent) à mesure que la veine pénétrait dans les grès et s'approchait de la roche éruptive qui, dans le plus grand nombre des cas, est une Diorite; à mesure que la veine pénétrait dans la roche de fusion, la proportion du mineral de plomb augmentait, et, enfin, apparaissait la Galène trèsmêlée de Blende (sulfure de zinc).

On pourrait presque dire que le minéral d'une veine est d'autant plus riche en argent que cette veine traverse une plus récente formation du terrain. Néanmoins, ces phénomènes peuvent varier beaucoup selon que la roche de fusion, ou roche éruptive, est restée à une grande profondeur ou s'est ouvert un passage jusqu'à la surface, traversant même les terrains jurassiques qui, au Pérou, sont ceux qui contiennent les plus riches minerais d'argent. Ce qu'il y a de certain, c'est que les Panabases, ou Cuivre gris, désignées, au Pérou, sous le nom de *Pavonados*, sont toujours argentifères quand la veine traverse des terrains sédimentaires et, au contraire, sont souvent stériles, ou contiennent une très-petite proportion d'argent, quand la veine se trouve dans un terrain d'éruption.

Quant à la distribution géographique des minéraux d'argent, je dirai que les veines métalliques argentifères sont plus communes dans la Cordillère et ses ramifications, qu'elles ne le sont autre part, ce qui a donné lieu, au Pérou, à la croyance erronée et vulgaire, que *l'argent se forme dans les lieux froids et l'or dans les endroits chauds.* S'il y a une apparence de vérité dans cette croyance, c'est parce que les terrains de la côte sont, en général, formés de roches éruptives ou cristallines dans lesquelles on trouve généralement de l'or, et, comme les roches stratifiées manquent, il est naturel, d'après ce que j'ai dit plus haut, en admettant qu'il y eût des veines métalliques dans cette région, qu'elles soient dépourvues d'argent, si elles ne traversent pas des terrains stratifiés.

Une preuve très-évidente de ce que je viens de dire et qui établit combien est erronée la croyance vulgaire qui veut que l'argent, au Pérou, se trouve seulement dans les lieux froids, c'est que, dans la région de la côte de la partie sud du Pérou, c'est-à-dire, dans la province de Tarapacá, où existent des veines métalliques et en même temps des terrains stratifiés de la formation jurassique, il y a des minéraux très-riches en argent, tels que ceux des célèbres montagnes de Huantajaya et de Santa Rosa, qui, au siècle passé, ont donné de grandes quantités d'argent, et pourraient encore fournir des richesses considérables, si on les travaillait intelligemment et avec les capitaux nécessaires.

C'est dans cette région où l'on trouve les étranges combinaisons de l'argent avec le chlore, le brome et l'iode, c'est-à-dire, la Kerargyre, la Iodite et la Bromite, ainsi que le chlorure double d'argent et de sodium auquel j'ai donné le nom de Huantajayite, pour rappeler le lieu où on le trouve, combinaisons qui permettent de reconnaître l'intervention de l'eau de mer dans leur production.

On peut donc déduire de ces quelques considérations : 1º que dans la région de la côte, les terrains étant presque tous formés de roches éruptives et principalement cristallines, les minéraux d'argent sont très-rares, à moins que, comme ils arrivent dans la province de Tarapacá, les veines métalliques traversent des terrains sédimentaires de la formation jurassique; et 2º que la plus grande partie des minerais d'argent se trouvent dans la Cordillère occidentale ou ses ramifications, points où les roches éruptives, et principalement les Diorites, ont traversé des terrains sédimentaires d'une grande épaisseur et se sont introduites jusque dans les formations calcaires de l'époque jurassique.

Quant à la Cordillère orientale, comme elle est formée en grande partie par des ardoises qui appartiennent aux terrains siluriens, c'est-à-dire qui sont beaucoup plus anciennes, les minéraux argentifères y sont très-rares; on y trouve plutôt des minerais d'or, car ces ardoises ont été traversées par de nombreuses veines de quartz dues à l'éruption de roches granitiques et syénitiques.

Quant à la nature des minéraux d'argent, je dirai que, outre ceux qui se trouvent en Europe, et outre les combinaisons d'argent avec le chlore, l'iode et le brome, on trouve, au Pérou, et, on peut dire, dans toute la partie occidentale de l'Amérique, des minéraux d'aspect terreux généralement très-chargés d'oxyde de fer et dont la richesse en argent est très-variable. Ces minéraux sont connus au Chili, au Pérou et au Mexique, sous le nom de *Colorados* ou *Pacos*; ce dernier nom, tiré de la langue quechua ou langue indigène du Pérou, signifie blond doré, rouge ou rougeâtre, qui indique la couleur qu'offrent généralement ces minéraux.

Au Pérou, néanmoins, on étend le nom de Paco à tous les minerais d'argent qui ne possèdent pas d'éclat métallique et offrent un aspect terreux, quelle que soit leur couleur, en les distinguant par les qualificatifs de rouges, couleur de tabac, grillés, etc., etc., selon leur nuance et leur aspect.

Dans l'antique district minier du Cerro-de-Pasco, on donne le nom de *Cascajo* à une variété de Paco très-dur, de nature siliceuse et qui est formé par un grès quartzeux, plus ou moins ferrugineux, profondément modifié pas le métamorphisme et qui contient un peu d'argent. Tous les minerais appelés Pacos, ainsi que je l'ai dit, dans les considérations générales, ne sont que le résultat de l'oxydation des sulfures, et, par conséquent, leur richesse en argent varie beaucoup : il y a des Pacos qui contiennent seulement un demi-millième d'argent, et d'autres qui arrivent à contenir jusqu'à 8 ou 10 % de ce précieux métal.

En général, les Pacos rouges ne contiennent pas beaucoup d'argent. Leur richesse varie entre un demi et trois millièmes, car ces Pacos sont le résultat de l'oxydation et de la calcination naturelle de la Pyrite argentifère, laquelle n'est presque jamais très-riche en argent. L'argent, dans les Pacos rouges, se trouve à l'état natif, mais il n'en est pas de même pour les autres variétés de Pacos, dans lesquels il se trouve généralement à l'état d'antimoniate. On pourrait dire, d'une manière générale, que quand un Paco, bien que de couleur rouge, présente une richesse en argent supérieure à trois millièmes, il contient quelque combinaison antimonique.

La nature des Pacos qui ne dérivent pas seulement des Pyrites est très-compliquée. Ils contiennent quelquefois, comme je l'ai déjà dit, plusieurs minéraux d'argent, de cuivre et de plomb qui étaient passés complétement inaperçus jusqu'à l'époque de la publication de mon travail sur le département d'Ancachs (1).

Ces minerais varient naturellement avec la classe du sulfure dont ils tirent leur origine ; mais comme, au Pérou, les minéraux métalliques sont presque toujours très-mêlés, attendu qu'on observe dans un seul échantillon trois ou quatre sulfures métalliques distincts, on comprend combien doit être complexe le minerai qui résulte de l'oxydation de tous ces sulfures. Comme la Pyrite est l'un des sulfures qui le plus fréquemment

---

(1) A. RAIMONDI. — *El Departamento de Ancachs y sus riquezas minerales.* Lima, 1873.

accompagne les minéraux métalliques argentifères, il arrive que l'oxyde de fer, qui résulte de son oxydation et de sa calcination naturelles, reste mêlé avec les autres minéraux oxydés et donne au mélange une couleur rougeâtre, de sorte que, à première vue, ces Pacos si complexes paraissent formés simplement d'oxyde de fer qui cache les autres espèces ; c'est là la raison pour laquelle on n'a pas découvert la vraie nature de ces variétés infinies de Pacos qui, on peut le dire, sont complétement inconnus en Europe, bien que ce soient les minerais argentifères dont on extrait de préférence l'argent au Pérou.

Pour donner une idée des réactions qui se sont produites dans la nature pour la formation des minerais Pacos, supposons le cas le plus simple, c'est-à-dire, celui d'une Pyrite argentifère. Tout le monde sait avec quelle facilité se décompose une Pyrite, ainsi que le sulfate de fer qui est le résultat de son oxydation. Si cette transformation était provoquée seulement par les agents extérieurs, comme il arrive dans beaucoup de mines où l'air a libre accès, le phénomène se réduirait à la formation de sulfate de protoxyde de fer, lequel, par l'action continue de l'air, se transformerait, en partie, en sulfate de peroxyde ou, aussi, en totalité, en sulfate basique de peroxyde de fer, et l'argent contenu pourrait passer à l'état de sulfate, ou d'argent natif, selon les circonstances.

Néanmoins, selon mon opinion, la formation des minerais Pacos n'est pas due à une simple oxydation produite par les agents extérieurs, mais bien à un grand phénomène terrestre, dans lequel est intervenue également l'action de la chaleur, phénomène qui, ainsi que je l'ai dit plus haut, paraît s'être produit durant la période volcanique et s'être accompli sous l'action simultanée de la chaleur et de l'eau. Ainsi donc, la formation des Pacos se serait effectuée dans des conditions analogues à celles qui se produisent artificiellement dans la calcination des sulfures métalliques, sous l'influence de la vapeur d'eau, avec la seule différence que, dans le grand laboratoire de la nature, le phénomène se serait accompli, dans quelques cas, sous l'influence également d'une grande pression.

Revenant, à présent, à la transformation de la Pyrite argentifère en Paco rouge, il est naturel qu'après que les éléments, fer et soufre, de la Pyrite se sont oxydés et se sont transformés en sulfate, si ce sel reste soumis à l'action de la chaleur, tout l'acide sulfurique se dégage, absolument comme dans la distillation du sulfate de fer en vue de la fabrication de l'acide sulfurique de Nordhausen, et il reste le peroxyde de fer pour résidu.

Dans le cas de la Pyrite argentifère, le sulfate et l'oxyde d'argent étant plus facilement décomposables, par l'action de la chaleur, que le sulfate de fer, il est naturel que l'argent reste à l'état natif disséminé dans le peroxyde de fer. L'exemple que nous venons de citer expliquerait d'une manière très-simple la production des Pacos appelés Colorados et qui sont formés, en grande partie, de peroxyde de fer avec une petite quantité d'argent natif.

Supposons, à présent, que la Pyrite contienne un peu d'arsenic. Par l'oxydation, ce corps se transformera en acide arsénique, mais, comme l'acide arsénique forme avec le fer une combinaison plus fixe que le sulfate, il ne sera pas éliminé par la calcination et il restera un mélange d'oxyde et d'arséniate de fer qui, à cause de sa couleur rouge, passera facilement pour de l'oxyde de fer pur, cachant l'arsenic.

Si la production de l'arsenic combinée au fer est beaucoup plus grande, comme il arrive pour la vraie Pyrite arsenicale, ou Mispickel, le Paco qui se forme contiendra un arséniate de fer doué de caractères propres.

Si, au lieu d'une Pyrite argentifère, nous prenons, par exemple, une Galène argentifère (sulfate de plomb avec argent), le résultat de l'oxydation sera un sulfate de plomb ; mais, comme le sulfate de plomb est une combinaison suffisamment fixe, même soumise à l'action de la chaleur, l'acide sulfurique ne se séparera pas de l'oxyde de plomb et demeurera à l'état de sulfate, formant ainsi le minéral appelé Anglésite, qui, souvent, entre dans la composition complexe des Pacos, et qui sera plus ou moins argentifère, selon la proportion d'argent que contenait la Galène.

Si la Galène est antimoniale, comme il arrive généralement au Pérou, outre le sulfate de plomb, il se formera, par l'oxydation, de l'acide antimonieux ou antimonique ; et, comme ce dernier acide est plus fixe que l'acide sulfurique, il éliminera, sous l'influence de la calcination, une partie proportionnelle d'acide sulfurique et se combinera avec une partie de l'oxyde de plomb, déterminant ainsi la formation d'un mélange de sulfate et d'antimoniate de plomb, mélange très-commun dans les minerais Pacos du Pérou. Ce mélange contiendra plus ou moins d'argent selon qu'en contenait plus ou moins la Galène antimoniale dont il est issu.

Si le sulfure argentifère oxydé était une Boulangérite (sulfure de plomb et d'antimoine), comme dans un tel cas la proportion d'antimoine est beaucoup plus grande que dans la Galène antimoniale, l'acide antimonique qui résultera de l'oxydation de ce métal se trouvera en proportion suffisante pour saturer tout l'oxyde de plomb du sulfure ; mais, l'acide antimonique étant, comme je l'ai dit plus haut, plus fixe que l'acide sulfurique formé par l'oxydation du soufre contenu dans la Boulangérite, il arrivera que tout l'acide sulfurique sera éliminé et il restera un simple antimoniate de plomb argentifère, qui constitue le minéral appelé Bleinérite, et qui sera plus ou moins riche en argent.

Par les exemples que je viens de citer, il sera facile de se faire une idée de la variété des minerais Pacos qui résulteront de l'oxydation des divers sulfures multiples d'argent, de cuivre, de plomb, de fer, etc. Il sera même possible, jusqu'à un certain point, de prévoir la composition du Paco qui sera produit par l'oxydation et la calcination d'un sulfure donné. Réciproquement, connaissant la composition des minerais Pacos, ou oxydés, on pourra savoir de quel sulfure ils sont issus. Mais, malheureusement, au Pérou, les sulfures métalliques, outre qu'ils sont très-complexes, attendu qu'ils contiennent, presque toujours, d'une manière accidentelle, des quantités plus ou moins fortes d'autres métaux, sont généralement très-mêlés, et souvent, on observe dans un même échantillon plusieurs sulfures argentifères distincts. Ainsi, il n'est pas rare de voir réunies dans un seul échantillon la Panabase, la Galène, la Bournonite et la Pyrite ou d'autres espèces minérales. Si l'on suppose le cas que tous ces sulfures distincts se soient oxydés et transformés en minerai Paco qui devra une couleur rougeâtre, à l'oxyde de fer qu'a produit la Pyrite, on pourra se faire une idée de la composition complexe qu'aura cette masse rougeâtre que l'on pourrait croire formée, simplement, par un mélange d'oxyde de fer et de matières terreuses de diverses couleurs et qui, cependant, contient quelquefois une forte proportion d'argent.

Il y a quelques minerais Pacos qui offrent une couleur grisâtre due à un peu d'oxyde de manganèse, et, comme ils se trouvent à l'état terreux et pulvérulent, ils ont tous l'aspect d'une terre arable commune ; de sorte que, si on n'en fait pas l'essai, on ne soupçonnera jamais chez eux la présence de l'argent, bien qu'ils contiennent quelquefois une proportion notable de ce précieux métal. Tel est par exemple, l'échantillon qui figure dans la collection sous le n° 111 et qui contient 1 %₀ d'argent, soit, selon la mesure du pays, 120 marcs d'argent pour chaque caisse de 60 quintaux de ce minerai (1).

L'association de l'antimoine aux minéraux du Pérou étant, ainsi que je l'ai dit plus haut, très-fréquente, il en résulte que la plus grande portion des minerais oxydés, ou Pacos, contiennent de l'acide antimonique combiné avec un ou plusieurs oxydes métalliques à l'état d'antimoniate. Le minéral que nous venons de citer offre un exemple de ces combinaisons : c'est un antimoniate multiple de cuivre, de plomb, d'argent et de fer avec de l'oxyde de manganèse, qui présente une certaine analogie avec le minéral appelé Partzite qui fut trouvé en Californie, et dont j'estime qu'il n'est qu'une variété à l'état terreux.

Parmi les différents antimoniates que j'ai trouvés en étudiant les minéraux argentifères oxydés, j'en ai pu découvrir un à base d'argent et de plomb qui n'était pas encore connu

---

(1) Au Pérou, on indique rarement la richesse en argent d'un minéral à l'aide de fractions décimales : on l'indique en marcs pour chaque caisse (*Cajon*) de minéral. Une caisse est une mesure qui correspond à 60 quintaux espagnols.

Il est facile de convertir ces mesures, sachant que chaque millième d'argent correspond à 12 marcs par caisse, de sorte qu'en multipliant le nombre de millièmes par 12, on aura le nombre de marcs par caisse ; et, réciproquement, en divisant par 12 le nombre de marcs d'argent de chaque caisse, on obtient en millièmes la richesse en argent du minerai.

dans la science et auquel j'ai donné le nom de *Coronguite*, dérivé de Corongo, qui est le nom de l'un des districts de la province de Pallasca, où je l'ai trouvé pour la première fois.

La collection dont je m'occupe représente tous les principaux types de minéraux d'argent du Pérou, parmi lesquels il s'en trouve quelques-uns très-rares et une espèce nouvelle qui est celle que je viens d'indiquer.

J'ai augmenté le groupe des minéraux d'argent en plaçant à leur suite un certain nombre de types des nombreuses variétés de minerais oxydés ou Pacos, quoique beaucoup d'entre eux, bien que contenant de l'argent, ne peuvent pas être considérés comme des minéraux à base d'argent ; mais j'ai cru convenable de les ajouter, comme appendice, tant pour donner une idée des divers aspects des minéraux qui contiennent de l'argent, que pour répondre aux besoins des mineurs qui n'établissent pas de distinction entre les vrais minerais d'argent et ceux qui ne contiennent ce métal que accidentellement et qu'ils exploitent sous le nom vulgaire de *métaux d'argent*.

Voici les principales variétés de tous les minéraux d'argent du Pérou :

N° 37. — Argent natif, avec
Argyrose (sulfure d'argent) cristallisée et
Calcaire (carbonate de chaux).
Mines de Huantajaya. — Province de Tarapacá.

N° 38. — Argent natif, dans de la
Manganocalcite (carbonate de chaux et de manganèse).
Mines de Huanta-Huayllay. — Province de Huanta.

N° 39. — Argent natif,
Nom vulgaire : *Macizo* (massif).
Mines de Huanta-Huayllay. — Province de Huanta.

N° 40. — Argent natif, avec
Pyrrothine ou **Magnetkise** (sulfure de fer magnétique), dans du carbonate de chaux et de fer.
Mines de Vinchos, à 30 kilomètres du Cerro-de-Pasco.

N° 41. — **Argent natif,** sur une roche porphyrique.

Montagne de San Augustin, à Huantajaya. — Province de Tarapacá.

N° 42. — **Argent natif,** avec
Galène argentifère (sulfure de plomb avec argent).

Mines de Vinchos, à 30 kilomètres du Cerro-de-Pasco.

N° 43. — **Argent natif,** avec roche dioritique.

Mines de Huanta-Huayllay. — Province de Huanta.

N° 44. — **Argent natif,** avec
Argyrose (sulfure d'argent) et
Pyrrothine (sulfure de fer magnétique).

Mines de Vinchos, à 30 kilomètres du Cerro-de-Pasco.

N° 45. — **Argent natif,** massif, dans du
Calcaire (carbonate de chaux).

Mines de Huantajaya. — Province de Tarapacá.

N° 46. — **Argent natif,** dans du
Calcaire (carbonate de chaux).

Mines de Lircay. — Province d'Angaraes.

N° 47. — **Argent natif,** dans du
Calcaire ferrugineux (carbonate de chaux et de fer).

District et province de Castrovireyna.

N° 48. — **Argent natif,** avec
Galène argentifère (sulfure de plomb avec argent) et
Chañarcillite (arsenio-antimoniure d'argent) dans la
Manganocalcite (carbonate de chaux et de manganèse).

Mines de Huanta-Huayllay. — Province de Huanta.

Nº 49. — **Argent natif**, avec
Kerargyre (chlorure d'argent), dans du
Calcaire (carbonate de chaux), avec des taches de
carbonate de cuivre.

Mine de Santa Rosa, en face de Huantajaya. — Province de Tarapacá.

Nº 50. — **Argent natif**, avec
Argyrose (sulfure d'argent), en décomposition,
appelée vulgairement *Macizo con polvorilla*,
Anciennes mines du Cerro de Pasco.

Nº 51. — **Argent natif arborescent**, sur du
Calcaire (carbonate de chaux).

Mines des Hualgayoc. — Province de Chota.

Nº 52. — **Argent natif**, dans de la
Barytine (sulfate de baryte).

Mines d'Astohuaraca. — Province de Castrovireyna.

Nº 53. — **Argent natif**, avec
Psaturose ou **Stéphanite** (sulfo-antimoniure
d'argent), sur du
Quartz cristallisé.

Pic de Salpito. — District minier de Salpo. — Province d'Otuzco.

Nº 54. — **Chañarcillite** (arsénio-antimoniure d'argent),
avec
Galène (sulfure de plomb) et
Argent natif, dans de la
Manganocalcite (carbonate de chaux et de
manganèse).

Mine « Jardin de Plata ». — Province de Huanta.

Cet échantillon rare représente le même minéral que M. Domeyko découvrit au Chili et qu'il nomma Chañarcillite pour rappeler l'endroit, Chañarcillo, où ce minéral fut trouvé pour la première fois.

Dans cet échantillon, la Chañarcillite du Pérou se présente à l'état amorphe, avec une couleur grise, un brillant métallique éteint et une structure finement granulaire. Sa richesse en argent varie d'un point à un autre, car, comme elle offre la même particularité que celle du Chili, d'être presque toujours traversée de filets, ou petits clous d'argent, il est presque impossible de l'isoler à l'état pur.

Traitée au chalumeau, sur le charbon, elle dégage d'abondantes vapeurs arsenicales et antimoniales et laisse pour résidu un petit bouton d'argent métallique.

La Galène offre de petites facettes et se distingue facilement de la Chañarcillite par son brillant métallique très-vif et par sa structure, qui n'est point granulaire comme celle de la Chañarcillite. L'argent natif forme une foule de pointes saillantes, au milieu de la Galène et de la Chañarcillite, mais principalement de cette dernière.

Enfin, la Manganocalcite est blanche, de structure semi-cristalline et donne, avec le borax, une perle violette.

La richesse en argent de la Chañarcillite varie considérablement, car elle est peu homogène. Un essai fait sur plusieurs morceaux de ce minéral a donné une richesse commune de 0,05, ce qui correspond, selon la mesure adoptée dans le pays à 600 marcs d'argent, par caisse de 60 quintaux.

N° 55. — **Chañarcillite ferrifère** (arsenio-antimoniure d'argent), avec
    Galène (sulfure de plomb) et
    Limonite arsenicale (peroxyde de fer hydraté, avec arsenic), dans de la
    Manganocalcite (carbonate de chaux et de manganèse).

Mine « Jardin de Plata ».— Province de Huanta.

La Chañarcillite, dans cet échantillon, contient beaucoup de fer, ce qui fait qu'il est très-difficile de la fondre au chalumeau, et que le résidu qu'elle laisse est magnétique.

La Limonite, qui l'accompagne dans cet échantillon, contient de l'arsenic et un peu d'antimoine à l'état d'arséniate et d'antimoniate de fer.

Richesse en argent = 0,031, soit 372 marcs par caisse.

N° 56. — **Argyrose** (sulfure d'argent), appelée vulgairement *Plomo ronco*, avec

Pyrargyrite ou **Argyrithrose** (sulfure d'argent et d'antimoine) connu sous le nom vulgaire de *Rosicler*, dans du

Quartz.

Mine de Quispisisa. — Province de Castrovireyna.

N° 57. — **Argyrose**, **Céruse** et **Atacamite** (sulfure d'argent, carbonate de plomb et oxychlorure de cuivre, intimement mêlés), dans de la

Céruse (carbonate de plomb), avec

Chrysocale (silicate de cuivre), dans du

Quartz ferrugineux.

Mine du Carmen. — Montagne de la Trinité, près d'Arequipa.

Cet échantillon offre un exemple de l'un de ces étranges mélanges de minéraux qui, paraît-il, ne se rencontrent qu'au Pérou.

La connaissance pratique de ces espèces de mélanges peut seule faire soupçonner leur richesse en argent, car, personne, même le minéralogiste le plus exercé, s'il n'a pas étudié pratiquement ces sortes de minéraux, qui semblent ne pouvoir entrer dans aucune classification, ne saurait, à première vue, connaître leur nature.

Cet étrange minéral est formé, presque totalement, par une masse d'une couleur générale rougeâtre, qui rappelle celle du foie, et que constitue une roche quartzeuse, chargée d'oxyde de fer, dans laquelle on observe des parties plus claires, d'aspect graisseux, qui sont formées par un mélange de la masse avec du carbonate de plomb. Au milieu de cette masse, on observe une espèce de nucleus arrondis, couverts par le même voile graisseux de céruse ou carbonate de plomb et qui, à première vue, paraissent formés de la même substance, mais qui, quand on les brise, montrent que leur intérieur est d'une couleur noirâtre qui tire au bleu. Ces nucleus offrent la composition la plus étrange : ils sont formés par un mélange intime de sulfure d'argent, de carbonate de plomb et d'oxychlorure de cuivre, association que je n'avais jamais vue auparavant.

Si l'on prend une parcelle de ce minéral et qu'on la soumette, au moyen d'une pince de platine, à la flamme d'une simple lampe à alcool, on voit la flamme se colorer immédiatement d'un très-beau vert, ce qui révèle la présence du chlorure de cuivre. Afin de reconnaître la présence du chlore par la voie humide, j'attaquai ce minéral par l'acide nitrique et, après avoir filtré la dissolution, je la traitai par le nitrate d'argent et je notai, non sans quelque surprise, qu'elle ne donnait aucun précipité.

J'avais naturellement lieu de m'étonner qu'un minéral qui, traité par la voie sèche, se montrait comme contenant du chlorure de cuivre, n'en révélât aucune trace, traité par la voie humide. J'en fis alors une étude plus attentive.

Si l'on soumet ce minéral à l'action de l'acide nitrique très-étendu, il se produit une vive effervescence et le liquide se colore légèrement en vert en laissant un résidu noirâtre. Soumis aux réactifs du plomb et du cuivre, le liquide révèle immédiatement la présence de ces deux métaux : l'iodure de potassium et le chromate de potasse déterminent, en effet, dans cette solution, un précipité jaune (iodure et chromate de plomb), et l'acide sulfurique un précipité blanc (sulfate de plomb). Enfin, si on additionne la solution d'ammoniaque, elle devient bleue et précipite du cuivre métallique sur une lame de fer.

Si l'on traite la dissolution primitive dans de l'acide nitrique étendu, par le nitrate d'argent, elle se trouble et il se forme un précipité de chlorure d'argent, insoluble dans les acides, ce qui révèle la présence du chlorure dans la solution. Ainsi, l'acide étendu a dissous le carbonate de plomb (ce qui a donné lieu à l'effervescence) et le chlorure de cuivre, dont le chlore a donné lieu à la formation du chlorure d'argent, d'où il semblerait résulter que l'acide nitrique concentré ne dissout pas le chlore, tandis que ce corps se trouve dans la solution produite par l'acide étendu. A première vue, ce phénomène paraît quelque peu étrange, mais si l'on examine la nature de la poudre noirâtre qui reste après le traitement du minéral par l'acide étendu, on découvre immédiatement l'explication de cette apparente anomalie. En effet, la poudre noirâtre qui reste comme résidu, après le traitement par l'acide nitrique dilué, est formé par du sulfure d'argent que n'a pas pu attaquer l'acide étendu ; mais, si, au lieu d'acide nitrique étendu, on se sert, pour traiter le minéral, d'acide concentré, cet acide dissout, non-seulement le carbonate de plomb et le chlorure de cuivre, mais aussi le sulfure d'argent. Comme l'argent dissous par l'acide nitrique se trouve en présence du chlore fourni par le chlorure de cuivre, il se combine avec lui et forme du chlorure d'argent insoluble, et, quand on filtre le liquide, le chlorure d'argent reste sur le filtre, de sorte que le liquide qui passe contient du cuivre, mais ne contient pas de chlorure, ainsi qu'on l'a vu plus haut.

Le singulier minéral dont je m'occupe varie beaucoup, quant à sa richesse en argent, car, si l'on prend un fragment où se trouvent les nucleus, avec sulfure d'argent, on obtient une richesse en argent qui peut aller jusqu'à 0,1, c'est-à-dire 1,200 marcs par caisse ; un autre échantillon, au contraire, ou un autre fragment du même échantillon, qui ne contient pas de ces riches nucleus, donne, quelquefois, une proportion d'argent qui ne passe pas de 0,004 à 0,005, c'est-à-dire, de 48 à 60 marcs d'argent par caisse.

Le terme moyen d'un échantillon analogue à celui du n° 57 a accusé une richesse en argent de 0,048, qui correspond à 576 marcs par caisse.

Cet intéressant échantillon, qui me fut envoyé, d'Arequipa, par M. Albistur, provient d'une mine qu'il exploite à peu de distance de la ville.

N° 58. — **Argyrose** (sulfure d'argent), avec
    Calcaire (carbonate de chaux), dans de la
    Limonite (peroxyde de fer hydraté), avec de la
    Kérargyre (chlorure d'argent).

Richesse en argent = 0,048, soit 579 marcs par caisse.

Mine de Lecaro à Huantajaya. — Province de Tarapacá.

N° 59. — **Argyrose** (sulfure d'argent), appelée vulgairement
Plomo ronco, avec
Argent natif, et
Calcaire (carbonate de chaux).
Richesse en argent = 0,860, soit 10.320 marcs par caisse.

Mine de Huantajaya. — Province de Tarapacá.

N° 60. — **Argyrose** (sulfure d'argent), appelée vulgairement
Plomo ronco, avec
Quartz cristallisé.
Richesse en argent = 0,842, soit 10.104 marcs par caisse.
Pic de Salpito. — Gisement minier de Salpo. — Province d'Otuzco.

N° 61. — **Argyrose** (sulfure d'argent), avec
Malachite (carbonate de cuivre).
Richesse en argent = 0,830, soit 9.960 marcs par caisse.
Mine de Carahuacra. — District de Yauli. — Province de Tarma.

N° 62. — **Argyrose** (sulfure d'argent) en lames, avec taches
de
Malachite (carbonate de cuivre).
Richesse en argent = 0,825, soit 9.900 marcs par caisse.

Mine de Toldo-Jirca. — District de Yauli. — Province de Tarma.

N° 63. — **Argyrose ferrifère** (sulfure d'argent, avec fer),
en décomposition, connue sous le nom vulgaire
de *Polvorilla* ou *Negrillo.*
Richesse en argent = 0,573, soit 6.876 marcs par caisse.

Mine de San Tadeo. — District minier du Cerro-de-Pasco.

Ce minéral se présente en masse amorphe de couleur noirâtre, quelquefois d'aspect terreux, teignant les doigts; d'autres
fois, il est un peu plus compacte et doué d'un peu d'éclat, au
moins quand on le frotte contre un corps dur. Néanmoins,
cette dernière variété teint aussi le papier quand on la passe
dessus et se brise sous une forte pression des doigts. Au chalumeau, et sur le charbon, ce minéral dégage une forte odeur
de gaz sulfureux et se fond en un bouton magnétique, hérissé
quelquefois de petits boutons d'argent.

Les caractères que ce minéral présente, au chalumeau, sont les mêmes qu'offre la Sternbergite, qui est un sulfure de fer avec argent; et, quoique l'aspect de ce dernier minéral soit très-différent, attendu que la Sternbergite d'Europe se présente à l'état cristallin et offre une couleur bronzée qui se rapproche de celle de certaines variétés de Pyrite magnétique, on pourrait presque, néanmoins, considérer le minéral comme une variété de Sternbergite à l'état terreux. Mais, comme le minéral du Pérou contient une proportion d'argent beaucoup plus grande que la Sternbergite d'Europe, j'ai cru convenable de le considérer comme une variété d'Argyrose ferrifère.

La Sternbergite d'Europe contient, en effet :

32,2 0/0 d'argent et 36 0/0 de fer

tandis que le minéral péruvien contient :

57,30 0/0 d'argent, 15,66 0/0 de fer et 2,70 0/0 de plomb.

Ce riche minéral se présentait assez fréquemment dans les anciennes mines du Cerro-de-Pasco, où il est aujourd'hui plus rare, et, à cause de sa grande richesse en argent, très-recherché par les mineurs, qui le connaisssent sous le nom vulgaire de *Polvorilla* ou *Negrillo*.

N° 64. — Argyrose ferrifère (sulfure d'argent avec fer), de consistance terreuse, connue sous le nom vulgaire de *Polvorilla* ou *Negrillo*.

Richesse en argent = 0.420, soit 5,040 marcs par caisse.

Anciennes mines du Cerro-de-Pasco.

Cet échantillon est une autre variété du précédent, dont il diffère par son aspect plus terreux et pour être moins riche en argent. Sa couleur est d'un noir qui tire au bleu, mais sa poudre est noire.

N° 65. — Argyrose ferrifère et **cuprifère** (sulfure d'argent avec fer et cuivre), vulgairement *Polvorilla*, avec

Pyrite (sulfure de fer), dans du

Quartz.

Richesse en argent = 0,017, soit 204 marcs par caisse.

Mine du Purgatorio.—Montagne de Sayapullo.—Province d'Otuzco.

N° 66. — **Argyrose ferrifère** (sulfure d'argent avec fer) terreuse, avec

Argent natif.

Richesse en argent = 0,325, soit 3.000 marcs par caisse.

Galerie de San Antonio. — Mine de San José de Quepalca. — Province Dos de Mayo.

N° 67. — **Stromeyérine** (sulfure d'argent et de cuivre), dans du

Calcaire (carbonate de chaux), avec
Kérargyre (chlorure d'argent).

Mines de Huantajaya. — Province de Tarapacá.

Ce riche échantillon présente la Stromeyérine à l'état amorphe. Il offre une couleur grise qui tire au bleu avec un éclat métallique très-vif.

Ce minéral forme comme un nucleus au milieu du calcaire ; il est très-fragile, ce qui le distingue de l'Argyrose. Au chalumeau et sur le charbon, il fond sans dégager de vapeurs antimoniales ni arsenicales, et, avec le carbonate de soude, il donne un bouton d'argent cuivreux.

Avec l'acide nitrique, il fournit une solution verte, qui, traitée par l'acide chlorhydrique, donne un précipité abondant et floconneux de chlorure d'argent.

Ce minéral, quand il est pur, contient près de 53 0/0 d'argent.

N° 68. — **Stromeyérine** (sulfure d'argent et de cuivre), connue, dans le pays, sous le nom vulgaire de *Cochizo*.

Mine de Lecaros à Huantajaya. — Province de Tarapacá.

La Stromeyérine, au Pérou, ne se trouve pas seulement dans les mines de Huantajaya, mais encore sur les hauteurs de Huatacondo, dans la même province de Tarapacá, et dans le gisement minier de Pomasi, dans la province de Lampa.

N° 69. — **Polybasite** (sulfo-antimoniure d'argent avec arsenic, cuivre, plomb et zinc), avec

Gypse (sulfate de chaux) lamellaire.

Hauteurs de Huatacondo. — Province de Tarapacá.

Cet échantillon montre la Polybasite à l'état amorphe laquelle diffère également de celle d'Europe en ce qu'elle contient un peu de plomb.

Elle est de couleur gris de fer avec un léger reflet violet et un éclat métallique très-vif. Sa poudre est noirâtre. Soumise à la flamme du chalumeau, sur le charbon, elle fond, et le bouton bout, comme celui produit par la Chalkosine (sulfure de cuivre). En outre, il se dégage des vapeurs antimoniales et arsenicales, mais ces dernières ne sont pas très-abondantes. Si on continue l'action du feu, il se forme, sur le charbon, une légère tache jaunâtre d'oxyde de plomb. Essayée avec les réactifs ordinaires, elle révèle la présence d'une faible proportion de cuivre et de zinc.

Dans cet échantillon, la Polybasite se trouve accompagnée de Gypse, d'une structure lamellaire et très-brillante.

De beaux échantillons de ce minéral, en cristaux tabulaires, ce qui est sa forme presque caractéristique, ont été extraits dernièrement, par MM. Phflüker, des mines qu'ils possèdent dans la province de Castrovireyna, mines dans lesquelles la Polybasite accompagne la Pyrargyrite (sulfure d'argent et d'antimoine).

Les échantillons de cette localité offrent quelquefois un magnifique aspect dû aux nuances bleu, violet, jaune et à l'éclat métallique que présente la surface des cristaux.

N° 70. — Freieslébénite (sulfure d'argent, de plomb et d'antimoine), avec

Argent natif, dans une gangue quartzeuse.

Richesse en argent = 0,030, soit 360 marcs par caisse.

Mine Candelaria.-Gisement minier de San Antonio de Esquilache. —
Province de Puño.

Dans cet échantillon, la Freieslébénite se présente avec une structure granulaire écailleuse comme si elle était formée par l'agglomération de cristaux microscopiques.

Au chalumeau, elle présente immédiatement les réactions du plomb et de l'antimoine, car elle forme, sur le charbon, un dépôt jaune d'oxyde de plomb près du bouton, et, un peu au-delà, un dépôt blanc dû à l'antimoine. Si l'on continue un peu plus longtemps l'action de la flamme oxydante, on voit se produire, entre le dépôt de plomb et celui d'antimoine, une auréole rose, de nuance plus ou moins foncée, qui envahit peu à peu le dépôt blanc produit par l'antimoine. Cette auréole rose est due à l'argent qui devient volatil en présence du plomb et de l'antimoine.

N° 71. — Freieslébénite (sulfure d'argent, de plomb et d'antimoine), sur du
Calcaire (Carbonate de chaux).

Mine de San Cayetano. — District de Yauli. — Province de Tarma.

N° 72. — Freieslébénite (sulfure d'argent, de plomb et d'antimoine), dans du
Quartz.
Richesse en argent = 0,027, soit 324 marcs par caisse.

Mine de Vinchos-Churpa. — Gisement d'Auquimarca. — Province de Cajatambo.

N° 73. — Psaturose ou **Stéphanite** (sulfo-antimoniure d'argent), dans une roche quartzeuse.
Richesse en argent = 0,070, soit 840 marcs par caisse.

Mine de Carahuacra. — District de Yauli. — Province de Tarma.

Dans cet échantillon, la Psaturose se montre sous forme de cristaux tabulaires, nichés dans les cavités de la roche quartzeuse, laquelle peut être considérée comme imprégnée de ce minéral.

Elle est couleur gris de fer obscure et possède un éclat métallique très-vif. La Psaturose est très-fragile, ce qui lui a valu son nom vulgaire d'*Argent fragile.*

La Psaturose se trouve sur beaucoup d'autres points du Pérou, comme, par exemple, en divers endroits du département d'Ancachs; dans les mines de Sayapullo, de la province de Cajabamba; à Huanta-Huayllay, et même dans quelques mines du Cerro-de-Pasco; mais il est très-rare de la trouver cristallisée; elle se présente presque toujours sous forme d'une poudre noirâtre à laquelle on donne communément le nom de *Polvorilla,* confondant ainsi la Psaturose avec l'Argyrose à l'état de décomposition.

N° 74. — Proustite (sulfure d'argent et d'arsenic), appelée vulgairement *Rosicler,* avec
Calcaire (carbonate de chaux).

Mines du Huantajaya. — Province de Tarapacá.

Cet échantillon est formé par de la Proustite massive, dont la surface est revêtue de petits cristaux microscopiques, que leur imperfection empêche de déterminer; néanmoins, dans cette foule de cristaux, on en découvre un ou deux qui paraissent être des prismes à quatre faces.

La Proustite donne, au chalumeau, d'abondantes vapeurs arsenicales, que l'on reconnaît immédiatement à leur odeur alliacée, mais elle ne donne que des traces, à peine sensibles, de vapeurs antimoniales.

On admet communément que la Proustite, ou Rosicler arsenical, offre une couleur plus claire, principalement sa poudre, que la Pyrargyrite ou Rosicler antimonial ; mais cet échantillon fait exception à la règle, attendu que extérieurement, il offre une couleur noirâtre avec reflet violet ; les surfaces de cassure récente offrent une teinte gris de fer, avec un éclat semi-métallique et la poudre est dotée d'une couleur rouge très-obscure.

Par ces caractères extérieurs, on pourrait croire que le minéral en question n'est autre que celui qui a été nommé Miargyrite ; mais les vapeurs arsenicales abondantes qu'il donne, soumis, sur le charbon, à l'action de la flamme du chalumeau, permettent de reconnaître, immédiatement, une variété de Proustite, en ce minéral.

Il pourrait bien se faire que cet échantillon fût une espèce nouvelle, analogue à la Miargyrite, espèce dans laquelle l'arsenic remplacerait l'antimoine, comme il arrive entre la Proustite et la Pyrargyrite.

Cette opinion est corroborée par le fait que ce minéral contient, comme la Miargyrite, une petite quantité de cuivre et de plomb.

N° 75. — **Proustite** (sulfure d'argent et d'arsenic), avec
Calcaire (carbonate de chaux) lamellaire et granulaire, et
Kérargyre (chlorure d'argent).

Richesse en argent = 0,420, soit 5.040 marcs par caisse.

Mines du Huantajaya. — Province de Tarapacá.

N° 76. — **Proustite** (sulfure d'argent et d'arsenic), appelée *Rosicler* et cristallisée en un prisme hexagonal, terminé par une pyramide hexagonale.

Mines de Huantajaya. — Province de Tarapacá.

N° 77. — **Proustite** (sulfure d'argent et d'arsenic), appelée *Rosicler*, en cristaux prismatiques transparents.

Mines du Huantajaya. — Province de Tarapacá.

Ces deux derniers échantillons sont assez rares à cause de leur forme cristalline bien déterminée et de leur pureté ; la dernière, principalement, est formée de cristaux d'une belle couleur rouge rubis presque complétement transparents.

Ils proviennent des anciennes mines du Huantajaya qui, comme on sait, ont fourni, au siècle passé, de très-grandes richesses.

N° 78. — **Pyrargyrite** ou **Argyrithrose** (sulfure d'argent et d'antimoine), appelée *Rosicler*, dans le pays, en cristaux incomplets, avec
Galène (sulfure de plomb).

Mine de San Antonio. — Cordillère de Piedra Parada. — Province du Huarochiri.

N° 79. — **Pyrargyrite** (sulfure d'argent et d'antimoine), avec
Galène (sulfure de plomb), sur du
Quartz cristallisé.

Mine de San Antonio. — Cordillère de Piedra Parada. — Province de Huarochiri.

Nº 80. — Pyrargyrite (sulfure d'argent et d'antimoine), avec

Calcaire (carbonate de chaux).

Richesse en argent = 0,55, soit 6.600 marcs par caisse.

Mines d'argent de Huanta-Huaylay. — Province de Huanta.

Nº 81. — Pyrargyrite (sulfure d'argent et d'antimoine), appelée *Rosicler*, cristallisée en rhomboèdre dans une gangue quartzeuse.

Mines du Quispisisa. — Province de Castrovireyna.

Nº 82. — Proustite (sulfure d'argent et d'arsenic), avec **Chañarcillite** (arsénio-antimoniure d'argent), dans du

Calcaire (carbonate de chaux) noir.

La partie centrale offre une

Richesse en argent = 0,565, soit 6.780 marcs par caisse.

Anciennes mines de Huantajaya. — Province de Tarapacá.

Nº 83. — Pyrargyrite (sulfure d'argent et d'antimoine), avec

Quartz cristallisé et coloré de jaune par de l'oxyde de fer.

Richesse en argent = 0,06, soit 720 marcs par caisse.

Mines de Carahuacra. — District de Yauli. — Province de Tarma.

La Pyrargyrite existe dans beaucoup d'autres endroits du Pérou, tels qu'au gisement minier de Colquipocro dans la province de Huaylas ; dans la mine Candelaria de Chancas et à Auquimarca, dans la province de Cajatambo ; dans les mines de Chilete de la province de Cajamarca ; dans celle de Hualgayoc de la province de Chota ; dans la mine du Manto, près de Puno, etc., etc.

Quant à la Proustite, outre les points déjà indiqués, on la trouve dans les mines de San Antonio de Esquilache, dans la province de Puño.

Nº 84. — **Kérargyre** (chlorure d'argent), avec
Malachite (carbonate de cuivre) et
Atacamite (oxychlorure de cuivre), avec un
noyau de
Argyrose (sulfure d'argent).

*Gisement minier de Santa Rosa, en face de Huantajaya. —
Province de Tarapacá.*

Cet échantillon mérite de fixer l'attention par la manière
dont se trouvent associés le sulfure et le chlorure d'argent ;
on observe dans la masse verte, formée d'Atacamite et de carbonate de chaux, quelques taches noirâtres, sans éclat métallique, formées en grande partie de Kérargyre, ou chlorure
d'argent, dont la partie centrale est constituée par de l'Argyrose
ou sulfure d'argent, comme si ce dernier minéral s'était transformé peu à peu en chlorure.

Quant à moi, je ne doute nullement, ainsi que je l'ai dit
dans les considérations générales, que le sulfure d'argent se
soit transformé en chlorure sous l'influence de l'eau de mer
qui couvrait toute la côte du Pérou à l'époque du soulèvement
des veines métalliques ; on observe, en effet, tant dans les
mines d'argent du Pérou que dans celles du Chili, que le
chlorure d'argent ou Kérargyre se trouve toujours dans la partie
la plus superficielle de la veine, tandis qu'à une plus grande
profondeur, on trouve constamment les minéraux sulfurés.

Nº 85. — **Kérargyre** (chlorure d'argent), avec
Gypse (sulfate de chaux), et
Calcaire ferrugineux (carbonate de chaux
avec oxyde de fer).

Richesse en argent = 0,164, soit 1.968 marcs par caisse.

*Gisement minier de Santa Rosa, en face de Huantajaya. —
Province de Tarapacá.*

Nº 86. — **Kérargyre compacte** (chlorure d'argent concrétionné), couverte par une agglomération de
petites pierres.

Nom vulgaire : *Papa de Huantajaya.*

Richesse en argent = 0,65, soit 7.800 marcs par caisse.

Gisement minier de Huantajaya. — Province de Tarapacá.

La Kérargyre, ou chlorure d'argent, dans cet échantillon fort rare, se présente sous l'aspect d'une masse amorphe, presque compacte, d'une structure finement granulaire, couverte de toute part par une agglomération de petits fragments anguleux de grès, de quartz, de roche feldspathique et amphibolique, etc.

Cette agglomération, connue sous le nom local de *Panizo*, forme une espèce de croûte qui cache entièrement la riche masse qu'elle recouvre, laquelle contient plus de 70 $^0/_0$ d'argent.

Il est difficile de se rendre compte de cet étrange état sous lequel se présente la Kérargyre, si l'on ne possède pas quelques connaissances du lieu où on la trouve et de la formation géologique du district minier de Huantajaya, d'où provient ce singulier échantillon.

Il faut savoir, en effet, que dans le gisement minier de Huantajaya, les veines métallifères se sont ouvert un passage à travers le terrain jurassique, lequel, dans la partie la plus basse, c'est-à-dire au lieu nommé la Pampa, est couvert par une grande couche de ces agglomérations, formées, comme je viens de le dire, de petites pierres de nature siliceuse.

Il faut dire, aussi, que les masses de Kérargyre ou chlorure d'argent que l'on désigne sous le nom vulgaire de *Papas*, ne se trouvent pas dans l'agglomération appelée *Panizo*. Mais les filons ou veines métalliques se prolongent également à travers les montagnes qui dominent la pampa, telles, par exemple, que celle de San Augustin.

Comme dans quelques mines de cette montagne, on trouve l'étrange minéral, formé de chlorure de sodium et d'argent, auquel j'ai donné le nom de Huantajayita, et qui jouit de la propriété d'être attaqué par l'eau ; et, d'autre part, le terrain étant tout imprégné de sel commun, dont la solution dissout un peu du chlorure d'argent qui se trouve dans les mines de la montagne, il arrive que l'eau des petites pluies, chargée du sel qu'elle trouve dans le terrain, dissout une partie du chlorure d'argent ou Kérargyre et de la Huantajayita, et en s'infiltrant dans le sol de la pampa, peut déposer, peu à peu le chlorure d'argent dans les cavités de l'agglomération appelée Panizo, et donner lieu à la formation des masses concrétionnées de Kérargyre, qui sont connues sous le nom vulgaire de Papas.

Quelques-unes de ces masses de chlorure d'argent, ou argent corné, découvertes au siècle passé, sont demeurées célèbres, car elles pesaient plus d'un quintal.

N° 87. — **Kérargyre** (chlorure d'argent), qui sert de ciment à une agglomération de pierres.

Richesse en argent = 0,25, soit 3.000 marcs par caisse.

Gisement minier de Huantajaya. — Province de Tarapacá.

Cet échantillon est constitué par une agglomération de pierres siliceuses, réunies par un ciment de chlorure d'argent, et semble s'être formé presque dans les mêmes conditions que le précédent, avec la seule différence que, dans ce dernier, la Kérargyre, ou chlorure d'argent, a rempli une cavité ménagée dans le Panizo, et n'a fait, dans cette cavité, que servir de ciment pour réunir les petites pierres qui forment le Panizo même.

N° 88. — **Kérargyre** (chlorure d'argent), avec **Atacamite** (oxychlorure de cuivre) et **Chrysocale** (silicate de cuivre).

Richesse en argent = 0,031, soit 372 marcs par caisse.

Mines de Huantajaya. — Province de Tarapacá.

N° 89. — **Kérargyre** (chlorure d'argent), dans du **Calcaire ferrugineux** (carbonate de chaux avec fer), imprégnée de chlorure de sodium.

Richesse en argent = 0,017, soit 204 marcs par caisse.

Mine Descubridora. —Cerro de Santa Rosa, en face de Huantajaya. — Province de Tarapacá.

N° 90. — **Kérargyre** (chlorure d'argent), avec
Atacamite (oxychlorure de cuivre) et
Calcaire (carbonate de chaux).
Richesse en argent = 0,125, soit 1.500 marcs par caisse.
Mines de Huantajaya. — Province de Tarapacá.

N° 91. — **Kérargyre** (chlorure d'argent), avec
Argent natif, sur du
Calcaire (carbonate de chaux) noir.
Mines de Huantajaya. — Province de Tarapacá.

N° 92. — **Kérargyre** (chlorure d'argent), concrétionnée et
en petits cubes dans du
Calcaire (carbonate de chaux) cristallin.
Richesse en argent = 0,1, soit 1.200 marcs par caisse.
Mines de Huantajaya. — Province de Tarapacá.

N° 93. — **Kérargyre** (chlorure d'argent), avec
Argent natif, dans du
Calcaire (carbonate de chaux) lamellaire.
*Mine de Santa-Rosa, en face de Huantajaya. — Province
de Tarapacá.*

A l'état isolé, la Kérargyre, au Pérou, existe seulement
dans la région de la *Costa*. En dehors des mines de Huantajaya
et Santa Rosa, on la trouve près de Huatacondo, dans la même
province de Tarapacá. On la rencontre également, mais en
petite quantité, dans quelques montagnes près de Pucara, à
40 ou 50 kilomètres de Lima, vers la vallée de Lurin.

Le chlorure d'argent, combiné avec d'autres minéraux, se
trouve dans les mines de Chilete, où il est intimement mêlé
avec l'Anglésite ou sulfate de plomb.

N° 94. — **Huantajayita** (chlorure d'argent et de sodium),
appelée vulgairement *Lechedor*, sur un
Calcaire ferrugineux (carbonate de chaux
avec oxyde de fer).
Richesse en argent du minéral pur = 0,11, soit 1.320 marcs
par caisse.
Mine de San Simon. — Huantajaya. — Province de Tarapacá.

Cet échantillon représente l'un des plus curieux et des plus rares minéraux que l'on puisse voir. On ne peut le trouver que sur la côte du Pérou, où il ne pleut presque jamais, car il se décompose par le simple contact de l'eau.

Histoire (1). — En 1853, dans une excursion que, en compagnie de M. Bollaert, je fis au célèbre district minier de Huantajaya, situé à 15 kilomètres environ du port d'Iquique, je recueillis divers échantillons de minéraux d'argent tels que la Kérargyre (chlorure d'argent), l'Argyrose (sulfure d'argent), la Stromeyérine (sulfure d'argent et de cuivre), etc. ; et, dans une mine peu profonde de la montagne de San Augustin, je trouvai un petit échantillon couvert par une mince croûte saline. L'ayant humecté avec la langue, pour voir s'il était soluble, il prit une couleur blanc laiteux, et passa, peu à peu, au violet foncé, ce qui me fit supposer, immédiatement, que ce ne pouvait être qu'un sel soluble d'argent, puisque, mouillé avec la salive, il était devenu blanc comme du lait, donnant ainsi lieu à la formation de chlorure d'argent, sous l'action du sel, ou chlorure de sodium, contenu dans la salive ; plus tard, il avait pris une teinte violet foncé, par suite de l'action que la lumière exerce sur le chlorure d'argent.

Je ne pus rencontrer d'autres échantillons, et, ayant demandé au guide quel nom l'on donnait à ce minéral, il me répondit qu'on l'appelait *Lechedor*, et qu'on ne le trouvait qu'en un très-petit nombre de mines.

De retour à Lima, m'étant mis à l'étude des minéraux que j'avais rapportés de Huantajaya, je m'empressai de chercher à quel état se trouvait l'argent dans le petit échantillon que je viens de citer.

Cet échantillon offrait un aspect salin ; l'eau froide en dissolvait une petite partie avec difficulté, mais il était plus soluble dans l'eau chaude.

---

(1) Comme description de ce minéral, je crois devoir reproduire ici, avec quelques corrections, celle que je fis, en 1873, dans le n° 6 des *Annales de la Société de pharmacie de Lima*, laquelle fut publiée également par M. Domeyko, dans son cinquième Appendice à la Minéralogie du Chili.

Sa solution donnait un précipité floconneux, tant avec l'acide chlorhydrique qu'avec les chlorures alcalins ; le précipité prenait une teinte violet foncé sous l'action de la lumière et, en outre, se dissolvait complétement dans l'ammoniaque.

La même solution, traitée par le nitrate de baryte, donnait un précipité blanc, insoluble dans les acides.

Étant donnés ces caractères, il n'y avait aucun doute possible : la croûte saline était formée de sulfate d'argent.

Mais comme l'échantillon que je possédais était très-petit, je n'en pus pas faire l'analyse quantitative, et je dus en abandonner l'étude.

Je me décidai alors à remettre à plus tard ce travail, et à écrire à quelques amis de la province de Tarapacá, en les priant de m'envoyer des échantillons du mineral connu dans cette provice sous le nom de Lechedor.

Malgré toutes mes diligences, plusieurs années passèrent sans qu'il me fût possible d'obtenir d'autres échantillons de cet important minéral ; néanmoins, j'avais déjà acquis la conviction que le sulfate d'argent naturel existait au Pérou.

Ce fut en janvier 1873 que l'un de mes amis, M. D. Pedro Gamboni, qui depuis longtemps habitait la province de Tarapacá, et qui, à cette époque, travaillait à la mine de San Simon, dans la montagne de Huantajaya, m'apporta quelques échantillons de minéraux d'argent désignés sous le nom vulgaire de Lechedor. Très-heureux de posséder enfin ce minéral si désiré, que je connaissais déjà depuis longtemps, je m'empressai de briser un petit morceau de la croûte et de chercher à le dissoudre dans l'eau distillée. Je vis avec étonnement se séparer, immédiatement, une matière blanche, d'aspect floconneux, qui prenait une couleur violet foncé sous l'influence de la lumière, et qui n'était autre chose que du chlorure d'argent.

Je reconnus aussitôt que j'avais affaire à un autre minéral, attendu que je n'avais pas besoin d'ajouter de l'acide chlorhydrique ou des chlorures alcalins, pour précipiter le chlorure d'argent, qui se séparait par la simple action de l'eau distillée. En en poursuivant l'étude, je vis bientôt qu'il s'agissait d'une nouvelle espèce minérale, formée de chlorure de sodium et d'argent, à laquelle je donnai le nom de *Huantajayite*, qui rappelle l'ancien et riche gisement de Huantajaya, d'où elle provient.

CARACTÈRES. — La Huantajayite cristallise en cubes, comme les chlorures de sodium et d'argent dont elle est formée. Généralement, elle se présente sous forme de minces croûtes d'argent salin, qui, examinées à l'aide d'une loupe, se montrent constituées par l'agglomération de petites cubes qui mesurent à peu près un millimètre de côté.

Sa couleur est blanche, comme celle du sel commun, et elle ne devient point violet foncé, même quand on l'expose à l'action de la lumière solaire. Souvent ses petits cristaux paraissent rougeâtres, ce qui est dû à la couleur d'une argile ferrugineuse sur laquelle ils sont situés. Quelquefois ils paraissent verdâtres : c'est quand ils se trouvent entremêlés avec des cristaux d'Embolite (chloro-bromure d'argent), que l'on distingue facilement des premiers par leur couleur verdâtre et par leur malléabilité.

La Huantajayite est fragile, et il est facile de la pulvériser, ce qui la distingue de la Kérargyre (chlorure d'argent,) qui l'accompagne quelquefois; cette dernière est malléable et rappelle la cire par son aspect.

La Huantajayite se présente également sous la forme de petites croûtes qui offrent une structure fibreuse analogue à celle que présente souvent le chlorure de sodium ou sel commun.

Enfin, ce minéral affecte quelquefois une structure semi-cristalline et s'introduit, en tous sens, dans le carbonate de chaux argileux et ferrugineux qui sert de gangue à d'autres minéraux d'argent, entrant quelquefois pour plus de 10 0/0 dans le poids total du minerai.

La Huantajayite est moins déliquescente que le chlorure de sodium ou sel commun; néanmoins, à Lima, quand, durant l'hiver, l'atmosphère est saturée d'humidité, on ne peut pas la conserver au contact de l'air extérieur sans qu'elle devienne humide.

Sa dureté est égale à 2, c'est-à-dire est la même que celle du chlorure de sodium.

Il n'a pas été possible de déterminer son poids spécifique, car elle ne se présente que sous forme de petites croûtes qu'il est difficile d'isoler à l'état de pureté.

Au chalumeau, elle décrépite moins que le chlorure de sodium, et fond facilement en perdant seulement sa transparence. Si on la fond avec le carbonate de soude, on voit se former de très-petits globules d'argent métallique, au milieu de la masse en fusion.

Le caractère le plus saillant de la Huantajayite, et qui la distingue de tous les autres minéraux connus, réside dans l'action qu'exerce sur elle l'eau distillée. Il suffit de mettre dans un verre de montre un peu d'eau distillée, et dans l'eau une particule de Huantajayite, pour que cette eau devienne blanchâtre et que s'opère la séparation du chlorure d'argent, avec son aspect floconneux et sa propriété de devenir violet foncé sous l'action de la lumière.

C'est cette même propriété, qui fait que la Huantajayite devient d'un blanc laiteux quand on la mouille, soit avec de la salive, soit avec de l'eau, qui lui a valu son nom vulgaire de Lechedor (qui donne du lait), nom sous lequel la désignent les mineurs du pays.

COMPOSITION. — Bien qu'il soit très-difficile d'isoler une certaine quantité de Huantajayite à l'état de pureté, j'ai, néanmoins, obtenu des résultats presque égaux à la suite de trois analyses de croûtes prises sur divers échantillons.

Le terme moyen des résultats de ces trois analyses indique pour la composition de la Huantajayite :

$$\begin{array}{ll} \text{Chlorure d'argent} \ldots & 11 \\ \text{Chlorure de sodium} \ldots & \underline{89} \\ & 100 \end{array}$$

Ce qui donnerait, pour la formule de ce minéral

$$20 \, Na \, Cl + Ag \, Cl.$$

ASSOCIATION. — La Huantajayite ne se trouve que rarement seule, sous forme de croûtes ou intimement mêlée avec le carbonate de chaux plus ou moins ferrugineux. Elle est généralement associée à d'autres minéraux d'argent qui se présentent disséminés dans une gangue de calcaire. Ainsi, il n'est pas rare de voir la Huantajayite associée avec la Kérargyre, l'Embolite, et aussi, quoique très-rarement, avec l'Iodite et l'Argyrose. On trouve des échantillons qui réunissent tous ces minéraux et, en outre, des taches vertes d'Atacamite (oxychlorure de cuivre).

ORIGINE. — En voyant réunis, dans un seul échantillon, une grande quantité de chlorure de sodium avec du brome et de l'iode, éléments qui sont tous contenus dans l'eau de mer, il vient immédiatement à l'esprit l'idée de l'intervention de cette eau dans la formation de tous ces divers minéraux d'argent.

Si l'on remarque, en outre, que quelques échantillons très-déliquescents fondent en partie quand on les expose au contact de l'air humide, et produisent un liquide salin, qui, en plus de contenir du chlorure de sodium et d'argent, offre également quelques sels de magnésie, l'idée de l'intervention de l'eau de mer, dans la formation de ces minéraux, acquiert encore plus de probabilité.

Quand on observe la proportion de chlorure d'argent qui, dans la Huantajayite, se combine avec le chlorure de sodium, on remarque immédiatement que ce minéral ne peut pas se former dans les conditions actuelles ; car s'il est vrai, comme tout le monde le sait, qu'une solution de chlorure de sodium peut dissoudre une certaine quantité de chlorure d'argent et donner lieu à la formation d'un chlorure double de sodium et d'argent, que l'on peut faire cristalliser en cubes, il n'en est pas moins vrai, aussi, que la quantité de chlorure d'argent, qui se dissout dans la solution de chlorure de sodium augmente avec la température de cette dernière ; mais, en n'importe quel cas, même si l'on opère à la température de 100 degrés, on sait très-bien que cette quantité de chlorure d'argent n'arrive pas à 1 % du poids du chlorure de sodium.

Dans la Huantajayite, la proportion du chlorure d'argent arrive à 11 % du poids de ce minéral. On conçoit facilement que, pour dissoudre une proportion si grande de chlorure d'argent, on ait besoin d'une température ou d'une pression suffisamment élevée.

S'il est vrai que, dans les circonstances actuelles, la formation de ce minéral serait impossible, on peut néanmoins l'expliquer facilement à l'aide des connaissances géologiques.

En effet, tous les terrains du gisement minier de Huantajaya appartiennent à la formation oolithique et, tant des observations de Darwin (1) que de celles de M. David Forbes (2) et des miennes, il appert que, durant le soulèvement des roches éruptives qui introduisirent les veines métalliques dans les terrains de la formation oolithique, ces derniers étaient couverts par l'eau de la mer, d'où il résulte que les réactions, entre la matière métallifère qui contenait l'argent, d'une part, et les éléments de l'eau de la mer, de l'autre, se sont effectuées sous une énorme pression, produite par la masse considérable des eaux de l'Océan, et, par conséquent, à une température très-élevée.

LOCALITÉ. — Jusqu'à présent, on n'a rencontré la Huantajayite que dans la mine de San Simon, sur la montagne de Huantajaya, et dans la mine dite la Descubridora, du gisement de Santa Rosa, situé en face de Huantajaya.

N° 95. — **Embolite** (chlorobromure d'argent), avec
      Kérargyre (chlorure d'argent en croûtes cristallines dans du
      Calcaire ferrugineux (carbonate de chaux avec de l'oxyde de fer).

Richesse en argent = 0,15, soit 1,800 marcs par caisse.

Mine à 10 kilomètres de Huantajaya. — Province de Tarapacá.

Les deux minéraux d'argent, l'Embolite et la Kérargyre, se présentent, dans cet échantillon, sous forme de croûtes cristallines qui paraissent formées par l'agglomération de petits cubes.

Quand ces deux minéraux restent pendant quelque temps soumis à l'action de la lumière, ils deviennent obscurs et il est presque impossible de les distinguer à la simple vue, mais si on en brise un morceau, on peut les distinguer facilement,

----

(1) Geological Observations on South-America.
(2) Report on the Geology of South-America.

car, sur les surfaces récemment fracturées, l'Embolite, ou chlorobromure d'argent, est douée d'une couleur verdâtre, tandis que la Kérargyre est presque incolore.

N° 96. Embolite amorphe (chlorobromure d'argent).

Richesse en argent = 0,55, soit 6.600 marcs par caisse.

Mines de Huantajaya, — Province de Tarapacá.

Cet échantillon se présente sous forme d'une masse pesante, entièrement amorphe et de couleur noirâtre. A cause de son humble aspect, il est bien difficile de soupçonner, ni sa richesse en argent, ni sa nature. Si on en brise un morceau, ou si on enlève sa partie superficielle, on est tout surpris, en voyant que ce minéral est complétement distinct de ce qu'il parait être extérieurement : les parties récemment fracturées présentent, en effet, une coulenr jaunâtre claire qui tire au verdâtre.

A première vue, et à cause de sa couleur, plutôt jaune que verte, on croirait ce minéral formé d'iodure d'argent, et pourtant, il ne contient pas de trace d'iode, et les réactifs indiquent que cette masse est formée par du chlorobromure d'argent.

En effet, quand on la fond avec du carbonate de soude, on obtient un bouton d'argent, et la scorie alcaline contient du chlore et du brome. Si, après avoir pulvérisé le minéral, on le traite par l'acide sulfurique très-étendu et par le zinc, on le voit se transformer en argent métallique, tandis que tout le chlore et le brome passent à l'état de chlorure et de bromure de zinc, qui restent dans le liquide. On peut facilement mettre en évidence la présence du brome dans ce liquide en l'additionnant d'eau de chlore et d'éther, et en l'agitant pour que l'éther puisse dissoudre le brome qui a été mis en liberté sous l'action de l'eau de chlore. En laissant reposer pendant une minute, on voit l'éther, coloré en jaune par le brome, venir nager à la surface du liquide.

Le caractère le plus remarquable de cet échantillon, c'est sa grande sensibilité à l'action de la lumière, sensibilité qui est beaucoup plus considérable que celle qu'on observe généralement chez l'Embolite ou chlorobromure d'argent. Il suffit, en effet, de quelques heures pour que sa couleur jaunâtre soit remplacée par une couleur noirâtre.

Cette remarquable sensibilité paraît dépendre de sa structure qui n'est point cristalline, mais bien pulvérulente : cette masse d'Embolite, en effet, offre presque un aspect terreux et ressemble à un dépôt qui se serait formé au sein d'un liquide trouble.

N° 97. — **Iodite** (iodure d'argent), dans du
Calcaire ferrugineux (carbonate de chaux avec de l'oxyde de fer).

Richesse en argent = 0,052, soit 624 marcs par caisse.

Mine de San Simon. — Huantajaya. — Province de Tarapacá.

On distingue ce minéral des précédents par sa couleur jaune et sa structure cristalline.

On peut facilement y reconnaître la présence de l'iode en le transformant en iodure de zinc au moyen d'acide sulfurique étendu et de zinc métallique, comme dans le cas précédent, pour le chlore et le brome. En agitant ensuite le liquide, après l'avoir additionné d'une goutte d'acide nitrique et d'une goutte de chloroforme, on voit ce dernier prendre une belle couleur rose ou rouge violet selon la quantité de l'iode qui a été mis en liberté.

N° 98. — **Bromite** (bromure d'argent), avec
Embolite (chloro-bromure d'argent),
Huantajayite (chlorure de sodium et d'argent), et
Argyrose (sulfure d'argent).

Richesse en argent = 0,045, soit 540 marcs par caisse.

Mine Descubridora de Santa Rosa, en face de Huantajaya. — Province de Tarapacá.

La Iodite, la Bromite et la Huantajayite ne se trouvent, au Pérou, que dans la province de Tarapacá.

L'Embolite a été trouvée en petite quantité avec la Kérargyre dans les montagnes qui avoisinent Pucará à 45 ou 50 kilomètres de Lima, vers la vallée de Lurin.

MINÉRAUX ARGENTIFÈRES CONNUS AU PÉROU
SOUS LES NOMS DE CASCAJO ET DE PACO

J'ai dit déjà, qu'outre les minéraux à base d'argent, il en existe au Pérou d'autres, appelés communément *Pacos*, qui quoiqu'on les exploite pour en extraire ce métal, sont de nature très-variée et n'offrent pas l'éclat caractéristique de presque toutes les matières métalliques, en général. J'ai dit également qu'une grande partie de ces minerais sont dus à l'oxydation et à la calcination naturelles des sulfures métalliques. Il existe néanmoins, parmi les minerais oxydés, une variété appelée *Cascajo*, très-commune dans le célèbre district minier du Cerro-de-Pasco, et qui mérite une mention spéciale.

On donne le nom de Cascajo à un minerai d'aspect lithoïde, c'est-à-dire de pierre commune, sans éclat métallique et plus ou moins rougeâtre, couleur qu'il doit à une plus ou moins grande proportion d'oxyde de fer. Généralement, cette substance est suffisamment dure, et elle offre une structure très-variée depuis la structure la plus compacte, jusqu'à la structure granulaire bien caractérisée.

Cet étrange minerai d'argent qui constitue le grand dépôt du district minier du Cerro-de-Pasco, a été, pendant long-temps, considéré comme une matière éruptive, bien que ce ne soit, au contraire, qu'une formation de grès qui a été complétement métamorphosé par le soulèvement d'une véritable roche de fusion (une Diorite).

Il suffit de voir le Cascajo affecter, sur beaucoup de points, la forme de couches, bien bouleversées, il est vrai, pour reconnaître son origine sédimentaire, qui se révèle plus clairement encore quand on cherche la relation qui existe entre les couches bouleversées du Cascajo et la formation de grès que l'on observe dans le voisinage de la lagune de Patarcocha. Mais la découverte, dans le Cascajo, de la Descubridora, de fossiles, formés de la même substance minérale que le Cascajo, et qui, comme ce dernier, contiennent une petite quantité d'argent, me fit connaître, de la manière la plus évidente, que tout le grand dépôt de Cascajo du Cerro-de-Pasco est formé de grès profondément modifié par l'éruption de la roche de fusion qui a apporté avec elle la matière métallique et l'a introduite dans le grès, presque à l'état de vapeur.

Il est assez difficile de déterminer à quelle formation géologique appartient le grès du Cascajo, car les fossiles que l'on a trouvés dans cette roche sont très-rares et très-imparfaits. Néanmoins, aux environs du gisement minier, on voit une grande formation calcaire qui contient quelques rares fossiles, des Encrinites, appartenant au terrain crétacé. On pourrait donc déduire de là que la formation calcaire appartient à l'époque jurassique ou aux premiers terrains du Lias ; et ce qui me porte à classer de cette manière la formation du grès du Cascajo, c'est que, dans presque tous les centres miniers du Pérou, on retrouve le même phénomène, c'est-à-dire que la matière métallifère a traversé les terrains du Lias et les terrains jurassiques, et s'est introduite même, quoique très-rarement dans les terrains crétacés, bien qu'ils se présentassent dans une position inclinée vers le centre du soulèvement.

Quoique le Cascajo soit formé, en grande partie, par une roche siliceuse, plus ou moins chargée d'oxyde de fer, il n'en fournit pas moins une infinité de variétés qui diffèrent les unes des autres par leur couleur qui varie depuis le jaune jusqu'au gris obscur ; par leur dureté et leur ténacité, comprises entre celles d'une masse terreuse et celle du quartz ; par leur structure, enfin, oscillant entre la plus compacte du silex, ou pierre à feu, et la granulaire du grès, ou même la structure poreuse d'une matière scoriacée. Quelques mineurs de la localité arrivent à une telle connaissance pratique de ce minerai, que, souvent, à la simple vue du cascajo, ils reconnaissent la mine dont il provient et, à très-peu près, sa richesse en argent.

Parmi les variétés infinies du cascajo, il en est quelques-unes qui sont formées par l'agglomération de petites pierres anguleuses de nature siliceuse et réunies par un ciment ferrugineux ; si ce n'était du lieu de leur provenance, on ne supposerait assurément jamais que de telles roches puissent contenir de l'argent.

Une question assez difficile à résoudre est celle de savoir à quel état se trouve l'argent dans le Cascajo du Cerro-de-Pasco, car on ne découvre généralement pas dans tous ces minerais la plus petite particule douée d'un éclat métallique, même en les examinant à l'aide d'une loupe.

Pour arriver à me faire une idée de l'état sous lequel se trouve l'argent dans ces sortes de minerais, je traitais, par l'acide azotique pur, une certaine quantité de Cascajo pulvérisé provenant des mines « Rosario », « Animas » et « Sacramento ». Je maintins la masse presque à sec, et, après l'avoir dissoute dans de l'eau distillée, je filtrai la solution. Ce liquide, traité par l'acide chlorhydrique, devint trouble et laissa déposer un précipité soluble dans l'ammoniaque. Une autre partie du même liquide fut traitée par le nitrate de baryte qui ne détermina, en elle, aucun précipité, ce qui indiquait que l'argent dissous par l'acide nitrique ne se trouvait pas à l'état de sulfure dans le minerai, car s'il eût été à l'état de sulfure, une partie, au moins, du soufre se serait transformée en acide sulfurique qui aurait été précipité à l'état de sulfate de baryte.

L'argent du Cascajo ne pouvait pas, non plus, être à l'état de chlorure, d'iodure ou de bromure, car ces corps ne sont pas solubles dans l'acide nitrique. Néanmoins, en vue de savoir si une partie, peut-être, de l'argent du minerai se trouvait à l'état de chlorure, d'oxyde ou de carbonate, je traitai une autre portion du Cascajo, finement pulvérisé, par l'ammoniaque bouillante : je n'obtins aucune trace d'argent dans la solution.

Enfin, je cherchai également dans ce minerai l'antimoine et l'arsenic pour voir si, peut-être l'argent se trouverait combiné avec l'un ou l'autre de ces corps, soit à l'état d'argent antimonial ou arsenical, soit à celui d'antimoniate, cette dernière combinaison étant suffisamment commune dans les minéraux argentifères oxydés du Pérou. Mais, malgré les opérations les plus minutieuses, je ne pus qu'à peine constater des traces d'arsenic dans le Cascajo de la mine « Rosario », traces qui ne sont nullement en proportion avec la quantité d'argent contenue dans ce minerai, On peut déduire de ces résultats que l'argent se trouve dans ces Cascajos à l'état d'argent natif.

Néanmoins des recherches postérieures m'ont fait connaître que l'argent des minerais argentifères du Cerro-de-Pasco, connu sous le nom de Cascajo, ne se trouve pas toujours à l'état natif : il existe de ces minerais qui contiennent de l'argent combiné avec le soufre et l'antimoine, comme par exemple l'échantillon qui, dans la collection, porte le n° 101, et qui provient de la mine de San Ramon dans le grand *Tajo* (1) de Santa Rosa.

Quant à l'état sous lequel se trouve l'argent dont les minerais argentifères d'aspect terreux connus sous le nom générique de Pacos, j'ai dit déjà que, dans ceux qui sont formés presque totalement d'oxyde de fer et qui sont le résultat de l'oxydation et de la calcination naturelles de Pyrites argentifères, l'argent existait à l'état natif et à un degré de division tel, qu'on ne peut pas l'apercevoir même avec une loupe. Mais, quand les Pacos contiennent plus de un ou deux millièmes d'argent, ce métal, presque toujours, se trouve, en grande partie, à l'état d'oxyde, combiné avec l'antimoine sous forme d'antimoine d'argent.

Les échantillons qui suivent représentent les principaux types de minerais connus au Pérou sous les noms de *Cascajos* et de *Pacos*.

N° 99. — **Agglomération de pierres siliceuses,** avec **Oxyde de fer.**

Minerai argentifère appelé vulgairement *Cascajo*.
Richesse en argent = 0,001, soit 12 marcs par caisse.
Mines Angustias. — Tajo de Santa Rosa. — Cerro-de-Pasco.

N° 100. — **Grès métamorphique argentifère** connu sous le nom vulgaire de *Cascajo*.

Richesse en argent = 0,0003, soit 3,6 marcs par caisse.
Mine Ijurra. — Tajo de la « Descudridora ». — Cerro-de-Pasco.

Cet échantillon est très-propre à faire connaître la nature du minerai appelé Cascajo, puisqu'il est formé par un grès de

____

(1) Les mines du Cerro-de-Pasco ont été, le plus souvent, exploitées à ciel ouvert. On désigne sous le nom de *tajo* (coupure) les excavations qui résultent de ce mode d'exploitation. (N. du Trad.)

couleur gris jaunâtre dans lequel sont disséminées quelques cavités avec un peu d'oxyde de fer.

Ce grès est le même que celui qui constitue les montagnes voisines, mais légèrement modifié à cause de sa situation dans le gisement minier. La petite quantité d'argent qu'il contient prouve que ce métal a été injecté dans les roches sédimentaires. presque à l'état de vapeur, durant le soulèvement des terrains appartenant à la formation jurassique.

N° 101. — Silex compacte avec Oxyde de fer.

Minerai argentifère connu sous le nom vulgaire de *Cascajo*.

Richesse en argent = de 0,0009 à 0,0017, soit de 10,8 à 20,4 marcs par caisse.

Mine de San Ramon. — Tajo de Santa Rosa. — Cerro-de-Pasco.

Ce singulier échantillon de Cascajo est formé de morceaux de silex, dont quelques-uns sont presque aussi compactes que la pierre à fusil. Pour n'importe quelle personne qui ne connaîtrait pas cette espèce de minerai, il serait considéré comme une pierre ordinaire, entièrement dépourvu d'argent, car, à la simple vue, on ne distingue nullement la substance métallique qui peut contenir ce métal.

Néanmoins, si l'on brise un grand nombre de pierres et qu'on examine les cassures avec soin, et à l'aide d'une loupe, on arrive à y découvrir de très-petits points métalliques. Quelques-uns de ces points offrent une couleur dorée, et sont formés de Pyrite ou sulfure de fer ; d'autres présentent une couleur noirâtre et sont constitués par une combinaison sulfurée d'argent et d'antimoine, qui ne peut être autre que l'espèce minérale désignée sous le nom de Psaturose ou Stéphanite.

Toutes les pierres de ce Cascajo n'offrent pas de points métalliques visibles à la loupe : un grand nombre paraissent complétement stériles. Néanmoins, ces dernières mêmes contiennent près d'un millième d'argent, combiné, en grande partie, avec le soufre et l'antimoine.

Si l'on traite, en effet, par l'acide nitrique concentré une portion bien pulvérisée de ces pierres qui paraissent complétement stériles, on obtient une solution qui, étendue et filtrée, est incolore, mais dans laquelle les réactifs révèlent la présence de l'argent et de l'acide sulfurique, ainsi que l'absence du cuivre et du plomb.

Quand on traite ce minerai par l'acide azotique, l'acide se décompose et il se dégage des vapeurs d'acide hypoazotique, ce qui montre que l'argent ne se trouve pas à l'état d'oxyde et, par conséquent, qu'il peut exister, soit à l'état de sulfure simple, soit à celui de combinaison avec l'antimoine et l'arsenic, car il ne saurait être à l'état de chlorure puisqu'il a été dissous par l'acide nitrique et que le chlorure d'argent est complétement insoluble dans cet acide.

Le minerai dissous dans l'acide chlorhydrique, additionné de quelques gouttes d'acide nitrique, donne une solution qui précipite en blanc avec l'eau distillée et qui, traitée par un petit fragment de zinc, sur une lame de platine, laisse sur cette lame une tache noire que ne dissout pas l'acide chlorhydrique bouillant : ces caractères révèlent la présence de l'antimoine.

Il résulte de ce que je viens de dire que la variété de Cascajo dont je m'occupe contient l'argent à l'état de combinaison avec du soufre et de l'antimoine ; cette combinaison, à cause de sa couleur noirâtre, peut être considérée comme appartenant à l'espèce minérale appelée Psaturose ou Stéphanite (sulfoantimoniure d'argent).

Nº 102. — **Céruse** (carbonate de plomb), avec **Malachite** (carbonate de cuivre), et **Limonite** (peroxyde de fer hydraté).
Richesse en argent = de 0,0015 à 0,005, soit 18 à 60 marcs par caisse.

Mine Dolores. — District minier de Cerro-de-Pasco.

Bien que cet échantillon soit considéré par quelques minéralogistes comme appartenant au grand groupe des minerais appelés Pacos, l'argent qu'il contient se trouve néanmoins à l'état de sulfure. En effet, quand on traite ce minerai par l'acide nitrique très-étendu, il se produit une vive effervescence, sans qu'il y ait décomposition de l'acide, et il se dissout une forte proportion de plomb et de cuivre; mais tout l'argent reste dans le résidu insoluble. En traitant ce résidu par l'acide nitrique concentré, tout l'argent se dissout; l'acide nitrique se décompose et il se produit de l'acide sulfurique.

Cette réaction indique que l'argent se trouvait combiné avec le soufre à l'état de sulfure.

Il faut noter aussi que le sulfure d'argent, bien qu'étant à un état de division très-considérable, se trouve très-inégalement réparti dans la masse du minerai, lequel offre des pierres qui ne contiennent qu'un millième et demi d'argent, tandis que d'autres en contiennent jusqu'à cinq millièmes.

N° 103. — Limonite argentifère (peroxyde de fer hydraté), avec
Quartzite caverneuse.

Nom vulgaire : *Paco.*

Richesse en argent = 0,001, soit 12 marcs par caisse.

Mine Asunsion. — District minier du Cerro-de-Paco.

N° 104. — Limonite (peroxyde de fer hydraté), mêlé avec
Antimoniate de fer argentifère, sur une
roche quartzeuse, avec
Pyrite (sulfure de fer).

Nom vulgaire : *Paco* ou *Cascajo.*

Richesse en argent = 0,0029, soit 34,8 marcs par caisse.

Mine Camotera. — Montagne de Sayapullo. — Province de Cajabamba.

Cet échantillon, qui m'a été remis sous le nom vulgaire de Paco ou Cascajo; et qui, par son aspect extérieur, paraît entièrement formé par un peroxyde de fer terreux, de couleur jaunâtre, offre encore un exemple de ces minéraux argentifères complexes du Pérou, pour lesquels il est fort difficile de dire à quel état ils contiennent l'argent.

Si l'on brise un échantillon de ce minerai, on observe, dans son intérieur, un nucléus de roche quartzeuse, avec quelques cavités, dans lesquelles on note, quelquefois, la présence d'un peu de Limonite ou bien de Pyrite en décomposition,

Si on essaie le minerai par coupellation, on obtient un petit bouton d'argent métallique; mais, à première vue, ce minerai n'offre aucun caractère qui puisse faire supposer qu'il contient de l'argent; et même, quand, après l'avoir préalablement pulvérisé, on le traite par l'acide nitrique, on ne trouve aucune trace d'argent dans la solution.

La présence de l'argent dans ce minerai, présence que révèle l'essai par coupellation, et le fait de ne pas retrouver ce métal dans la solution nitrique, portent naturellement à croire que l'argent s'y trouve à l'état de chlorure; et, ce qui viendrait confirmer davantage cette opinion, c'est que, si l'on traite le minerai par l'eau régale, et ensuite par l'ammoniaque, on peut obtenir de l'argent, dissous dans ce dernier liquide, à l'état de chlorure, qu'il est facile de précipiter à l'aide d'un acide.

Désirant vérifier si l'argent était contenu à l'état de chlorure dans ce minerai, j'en traitai une petite partie par l'ammoniaque, qui dissout le chlorure d'argent, et je notai, avec surprise, que la dissolution ammoniacale ne contenait pas d'argent.

En poursuivant ces expériences, toujours dans le but de connaître à quel état l'argent existe dans ce minerai, j'arrivai à la certitude qu'une partie se trouve à l'état de sulfure, combiné avec du cuivre et de l'arsenic, et une autre partie à l'état d'antimoniate combiné avec de l'oxyde de fer.

Ces combinaisons de l'argent étant solubles dans l'acide azotique, on ne s'explique pas, à première vue, pourquoi la solution nitrique ne contient pas d'argent. Mais il suffit de traiter le minéral pulvérisé par un peu d'eau distillée, et d'essayer ensuite l'eau filtrée par le nitrate d'argent, pour trouver l'explication du phénomène. En effet, le minerai dont je m'occupe, soit naturellement, soit accidentellement, contient du chlorure de sodium qui transforme en chlorure l'argent dissous par l'acide azotique : quand on filtre la solution nitrique, tout l'argent reste sur le filtre à l'état de chlorure, et mêlé avec la gangue.

Par conséquent, pour découvrir le véritable état sous lequel l'argent se trouve dans le minerai, il faut d'abord laver plusieurs fois la substance minérale avec de l'eau distillée pour lui enlever tout le chlorure de sodium ; on traite ensuite à part une petite portion du minerai, tant par l'acide chlorhydrique que par l'acide nitrique, mais très-dilués, afin de ne pas attaquer le sulfure.

Dans ces conditions, l'acide chlorhydrique dissout l'antimoniate de fer, sans dégagement de gaz sulfhydrique, tandis que l'acide nitrique, sans se décomposer, dissout l'argent contenu dans l'antimoniate. Une fois cette séparation faite, on peut obtenir l'argent contenu dans le sulfure de cuivre et d'arsenic, en attaquant le résidu par l'acide nitrique concentré.

N° 105. — Limonite argentifère (peroxyde de fer hydraté avec argent).

Nom vulgaire : *Paco.*

Richesse en argent = 0,00066, soit 8 marcs par caisse.

Mines près de Huandoval. — Province de Pallasca.

N° 106.— Limonite argentifère (peroxyde de fer hydraté avec argent) et

Céruse (carbonate de plomb).

Nom vulgaire : *Paco.*

Richesse en argent = 0,002, soit 24 marcs par caisse.

Mine « Pitajaya », — District de Macate. — Province de Huaylas.

N° 107. — Céruse (carbonate de plomb), avec

Anglésite (sulfate de plomb) et

Limonite avec oxyde de manganèse.

Richesse en argent = 0,00125, soit 15 marcs par caisse.

Mine de San Lorenzo. — District de Macate. — Province de Huaylas.

N° 108. — Stibferrite ou **Pseudo Limonite argentifère** (antimoniate de fer avec argent).

Nom vulgaire : *Paco.*

Richesse en argent. = 0,003, soit 36 marcs par caisse.

Veine « Campanario. » —District minier de Hualgayoc. — Province de Chota.

Ce minéral offre tout l'aspect extérieur de la Limonite ou peroxyde de fer hydraté, avec laquelle il a toujours été confondu. Ce qu'il y a de plus singulier, c'est qu'il présente les diverses variétés de la Limonite amorphe, car on le trouve, tantôt à l'état terreux et tantôt à l'état compacte. Dans le premier de ces états, il se confond avec la variété de Limonite terreuse, de couleur rouge orangé, et, dans le second, il offre la même couleur grise et l'aspect résineux de la Limonite compacte, ce qui m'a conduit à l'appeler Pseudo-Limonite ou fausse Limonite. Néanmoins, ayant trouvé dans la minéralogie de Pisani un antimoniate de fer, simplement cité, sous le nom français de *Stibferrite*, j'ai conservé ce nom comme synonyme de Pseudo-Limonite.

J'ai été amené à connaître ce minéral et à douter qu'il fût une Limonite, par la faible propriété magnétique qu'il acquiert quand on le calcine sur le charbon, ainsi que par les vapeurs antimoniales qu'il dégage quand on continue l'action de la flamme désoxydante : placée dans de telles conditions, la Limonite devient très-magnétique et ne dégage pas de vapeurs antimoniales.

La Stibferrite est très-peu, ou même nullement attaquée par l'acide nitrique, qui ne fait que dissoudre l'argent qu'elle contient et laisse un résidu rouge formé d'antimoniate de peroxyde de fer.

L'acide chlorhydrique la dissout, et la solution précipite abondamment par l'eau distillée ; mais le précipité se dissout de nouveau quand on le chauffe, après addition d'acide tartrique.

Une solution d'acide oxalique attaque ce minéral et dissout une grande quantité d'oxyde de fer dont la présence, dans le liquide filtré, peut être révélée ensuite, soit par le ferrocyanure de potassium, soit par le sulfhydrate d'ammoniaque.

La Stibferrite est quelquefois accompagnée d'un autre minéral très-riche en argent et formé par un mélange de Psaturose ou Stéphanite et de Pyrite, minéraux qui, dans leur ensemble, contiennent les éléments nécessaires pour donner naissance, par leur oxydation, à l'antimoniate de fer avec argent.

La Pseudo-Limonite, sans Psaturose, contient, ainsi que je l'ai dit plus haut, 0,003 d'argent ; mais si elle est accompagnée de Psaturose, même en petite quantité, il n'est pas rare de voir sa richesse en argent s'élever jusqu'à 0,04 soit 120 marcs d'argent par caisse.

Nº 109. — Partzite (antimoniate d'argent, de cuivre, de plomb et de fer), avec
Céruse (carbonate de plomb) et
Malachite (carbonate de cuivre).

Richesse en argent = 0,034, soit 408 marcs par caisse.

Mine de San Lorenzo. — District de Macate. — Province de Huaylas.

J'ai donné à ce minéral le nom de *Partzite* à cause de l'analogie qu'il offre, dans sa composition, avec un autre minéral, ainsi nommé, qui se trouve en Californie et qui, comme lui, est le résultat de l'oxydation naturelle de minéraux sulfurés qui contiennent une forte proportion d'antimoine. La Partzite de cet échantillon, comme celle de Californie, ne se présente pas sous la forme cristalline, mais se trouve en petites masses amorphes de couleur gris noirâtre ; elle diffère néanmoins de cette dernière par la plus grande quantité d'argent et de plomb qu'elle contient, et, au contraire, par une quantité moindre de cuivre.

La Partzite, dans cet échantillon, se présente accompagnée d'une petite quantité de Céruse ou carbonate de plomb et de Malachite ou carbonate de cuivre ; et, il est fort difficile de pouvoir en isoler, même un petit fragment à l'état de pureté.

La Partzite, quand elle est pure, offre une couleur brun noirâtre, sans éclat métallique et douée d'un léger lustre résineux. Sa structure est compacte et sa cassure conchoïdale. Son poids spécifique est 4,4 ; il est beaucoup plus grand que celui de la Partzite de Californie, ce qu'il faut attribuer, sans doute, à la quantité d'argent et à celle de plomb, plus grandes dans la Partzite péruvienne que dans la californienne.

Soumise à l'action du chalumeau, sur le charbon, elle fond sans difficulté ; ensuite, elle bout, se gonfle et se contracte en dégageant des vapeurs antimoniales qui forment, sur le charbon, un léger dépôt blanc ; enfin elle se transforme en une matière scoriacée de couleur brune, de laquelle il se sépare, sans addition de fondant, un petit bouton d'argent, quelque peu cuivreux.

Si l'on chauffe ce minéral dans un tube de verre, fermé à l'une de ses extrémités, on observe qu'il dégage beaucoup de vapeurs d'eau qui se condensent en petites gouttelettes dans la partie froide du tube.

Ces caractères si marqués permettent, par eux seuls, de distinguer la Partzite des autres minéraux d'argent ; néanmoins, afin de faire connaître sa composition, je vais indiquer les réactions que produit cet intéressant et riche minéral quand on le traite par la voie humide. L'acide nitrique, avec l'aide de la chaleur, attaque facilement la Partzite, isolée des carbonates de plomb et de cuivre qui l'accompagnent ; il se dégage de légères vapeurs nitreuses et il reste un résidu blanchâtre d'acide antimonique. La solution filtrée, traitée par l'acide chlorhydrique, donne un précipité floconneux de chlorure d'argent, soluble dans l'ammoniaque ; traitée par l'acide sulfurique, cette même solution donne un précipité blanc, pulvérulent, de sulfate de plomb. Le liquide qui est verdâtre, après la séparation de l'argent et du plomb, prend une couleur bleue intense, par l'addition d'un excès d'ammoniaque, et donne en même temps un abondant précipité rougeâtre d'oxyde de fer.

La Partzite, traitée par l'acide chlorhydrique, se dissout facilement en laissant un petit résidu de chlorure d'argent. Sa solution est de couleur jaune rougeâtre.

Cette solution, filtrée, précipite abondamment avec l'eau distillée, ce qui décèle la présence de l'antimoine. Elle ne réduit pas les sels d'or, mais décompose l'iodure de potassium et met en liberté l'iode qu'il est facile de reconnaître par sa couleur et par les vapeurs brunes caractéristiques qu'il dégage quand on le chauffe dans un tube d'essai. Ces réactions indiquent que l'antimoine, dans ce minéral, se trouve à l'état d'acide antimonique.

Cet antimoniate contient une petite quantité de soufre combinée, sans doute, avec les métaux à l'état de sulfure multiple ; c'est pour cette raison que quand on traite ce minéral par l'acide nitrique, il se dégage quelques vapeurs rutilantes d'acide hypoazotique, dues à la décomposition de l'acide nitrique par suite de l'oxydation du soufre et des métaux qui lui sont unis à l'état de combinaison ou sulfures ; il se forme, en outre, un peu d'acide sulfurique que l'on peut mettre ensuite en évidence, dans la solution nitrique, au moyen de l'azotate de baryte.

Le soufre contenu dans la Partzite se transforme en acide sulfurique, même quand on traite ce minéral par l'acide chlorhydrique, par suite de l'action du chlore, qui devient libre en présence de l'acide antimonique.

On peut également obtenir l'oxydation de la petite quantité de soufre que contient ce minéral en le fondant simplement, même à l'abri du contact de l'air, par l'oxygène qu'abandonne l'acide antimonique sous l'action de la chaleur. Après la fusion, on trouve dans la masse la totalité du soufre transformé en acide sulfurique.

Il est assez difficile de donner la composition exacte de cet antimoniate, car on ne le trouve que très-rarement à l'état de pureté, et, ainsi qu'il a été dit plus haut, dans cet échantillon, il se trouve accompagné de carbonate de plomb et de cuivre.

Afin d'obtenir la composition de la Partzite dans son état de plus grande pureté possible, je l'ai traitée d'abord par l'acide acétique en vue de dissoudre les deux carbonates.

Une petite quantité de l'antimoniate, purifié de cette manière, a donné à l'analyse les résultats suivants :

Eau.	12,00
Argent.	11,62
Cuivre.	5,90
Plomb.	10,24
Fer.	3,85
Soufre.	1,22
Acide antimonique.	49,72
	94,55

Mais comme les métaux se trouvent, presque en totalité, combinés avec l'acide antimonique, il faut les calculer à l'état d'oxydes, en assignant préalablement au soufre une partie de chaque métal proportionnelle aux quantités trouvées par l'analyse.

La composition de cet antimoniate sera par conséquent:

Eau.	12,00
Oxyde d'argent.	12,00
— de cuivre.	7,11
— de plomb.	10,51
— de fer.	5,50
Acide antimonique	47,82
Sulfure multiple	3,83
Perte.	1,23
	100,00

N° 110. — Partzite (antimoniate d'argent, de plomb, de cuivre et de fer), avec Chrysocale (silicate de cuivre).

Richesse en argent = 0,04366, soit 524 marcs par caisse.

Mine des Italiens. — Montagne de Pumahuan. — Province de Cajatambo.

Cet échantillon représente une autre variété de Partzite qui diffère de la précédente en ce qu'elle est moins riche en argent, une partie de ce métal ayant été remplacé par le plomb. En outre, au lieu d'être accompagnée par du carbonate de plomb et de cuivre, la Partzite de cet échantillon se trouve mêlée de silicate de cuivre. Cette variété se présente à l'état amorphe sous forme d'une masse de couleur brun noirâtre, sans éclat métallique et d'aspect résineux.

Au milieu de cette masse, on observe beaucoup de points ou de petites veines, de couleur vert bleu, formés de Chrysocale ou silicate de cuivre. Ce corps est diaphane et infusible au chalumeau, mais il se dissout facilement dans les acides sulfurique, nitrique et chlorhydrique, en laissant un résidu de silice.

La Partzite ou antimoniate multiple ne peut pas être séparée totalement du silicate, qui est très-divisé et disséminé dans toute la masse du minéral, ce qui rend également difficile de fondre l'antimoniate au chalumeau.

Les particules d'antimoniate pur fondent facilement et forment une masse vitreuse de couleur noirâtre, au milieu de laquelle il se sépare un petit bouton d'argent.

Cette variété de Partzite contient :

Acide antimonique.	23,920
Oxyde de cuivre.	15,634
— d'argent.	4,680
— de plomb.	29,394
Eau	23,200
Silice.	3,352
	100,200

Par les quantités des métaux qui entrent dans sa composition, on pourrait déduire que ce minéral est le résultat de l'oxydation d'une Bournonite (sulfure de plomb, de cuivre et d'argent), très-riche en argent.

N° 111. — Partzite terreuse (antimoniate d'argent, de plomb, de cuivre et de fer), avec oxyde de manganèse.

Nom vulgaire : *Paco.*

Richesse en argent = 0,04333, soit 160 marcs par caisse.

Mine des Italiens. — Montagne de Pumahuain. — Province de Cajatambo.

Ce minéral se présente sous forme d'une poudre de couleur gris obscur, sans éclat métallique et qui, par son aspect, rappelle complétement une terre arable ordinaire ; si l'on ne possède pas une connaissance spéciale de ces sortes de minerais argentifères, on ne songera jamais à supposer qu'ils peuvent contenir une aussi grande quantité d'argent.

Bien que cet échantillon paraisse très-différent du précédent, il n'en est cependant qu'une variété à l'état terreux ; il provient, en effet, de la même mine où l'on trouve d'autres variétés, plus ou moins riches en argent, qui établissent le passage de l'un à l'autre.

Dans cette même mine, on rencontre quelquefois de petites masses qui, outre le silicate de cuivre qu'offre l'échantillon précédent, contiennent également un peu de carbonate de plomb et de cuivre, comme l'échantillon n° 109 du district de Macate, situé presque à l'autre extrémité du département d'Ancachs.

N° 112. — Coronguite terreuse (antimoniate de plomb et d'argent, pulvérulent).

Richesse en argent = 0,04666, soit 560 marcs par caisse.

Mine de Mogollon. — District de Corongo. — Province de Pallasca.

Voici l'un des plus étranges, et à la fois des plus riches minerais d'argent du Pérou, bien qu'à première vue, on pourrait le croire d'aucune valeur; ce n'est que son poids spécifique, un peu élevé, qui puisse faire soupçonner qu'il contient quelque matière métallique.

Une matière terreuse, pulvérulente de couleur gris jaunâtre, sans éclat métallique d'aucune sorte : voilà tout ce que ce minerai présente à la vue. Qui croirait que sous un aussi humble aspect, il cache une richesse considérable? Il contient, en effet, près de 5 % d'argent et plus de 20 % de plomb.

Ce nouveau minéral, auquel j'ai donné le nom de *Coronguite*, qui rappelle le district de Corongo, de la province de Pallasca, où on le trouve, est un antimoniate d'argent et de plomb et diffère de la partzite en ce qu'il ne contient pas de cuivre.

Si on examine cet étrange minéral avec beaucoup d'attention, on voit qu'au milieu de la matière terreuse pulvérulente, de couleur jaunâtre, il existe de petits morceaux qui, bien que présentant extérieurement la même couleur jaunâtre terreuse, se montrent, quand on les brise, comme formés d'une matière noirâtre, peu cohérente, sans éclat métallique, et possédant, quelquefois, un léger lustre résineux. Ces parties de couleur plus obscure que contient la Coronguite sont beaucoup plus riches en argent que le reste du minerai.

Les parties les plus riches sont formées par de l'antimoniate d'argent et de plomb, intimement mêlé avec une petite quantité de sulfure de plomb, d'argent et d'antimoine, duquel l'antimoniate d'argent tire son origine. Si l'on fait abstraction de cette petite quantité de sulfure qu'elles conservent encore, ces parties riches du minerai représentent la Coronguite dans son état le plus pur.

Voici les caractères de cette espèce minérale.

La Coronguite se présente, à l'état amorphe, en petits fragments de couleur jaunâtre à l'extérieur et noirâtre à l'intérieur.

Elle n'est pas douée d'éclat métallique, mais elle possède quelquefois un lustre résineux. Elle est fragile et, en outre, peu cohérente. Quelques petits fragments présentent une structure légèrement lamellaire et se montrent comme si le minéral avait été déposé sous formes de lames minces superposées.

Le poids spécifique de la Coronguite est 5,05. Sa dureté est difficile à déterminer et semble être comprise entre 2,5 et 3.

Soumise, sur le charbon, à l'action du chalumeau, elle fond plus facilement que la Partzite, mais elle ne bout pas comme elle. Dans la flamme réductrice, elle dégage d'abondantes vapeurs antimoniales qui laissent un dépôt blanc sur le charbon. Si l'on continue l'action du feu, il se forme une auréole jaunâtre d'oxyde de plomb et il reste un petit bouton de plomb très-riche en argent.

La Coronguite, ainsi que je viens de le dire, contient une petite quantité de soufre combiné avec les métaux à l'état de sulfure. Avec le carbonate de soude, elle donne, au chalumeau, un bouton de plomb argentifère, et la scorie prend une couleur hépatique, par suite de la petite quantité de soufre que contient ce minéral.

Quand on dissout la Coronguite dans de l'acide nitrique concentré, elle laisse un résidu blanchâtre formé d'acide antimonique, mêlé d'un peu de sulfate de plomb, dû au soufre qui s'est transformé en acide sulfurique sous l'action oxydante de l'acide nitrique.

Si on le dissout dans de l'acide chlorhydrique, elle donne lieu, dès qu'on commence à la chauffer, à un dégagement de gaz sulfhydrique dû au soufre du sulfure qui l'accompagne ; mais bientôt ce gaz cesse de se dégager, car il est décomposé par le chlore, qui devient libre par suite de l'action de l'acide antimonique sur l'acide chlorhydrique.

La dissolution de la Coronguite dans l'acide chlorhydrique présente une couleur jaune foncé et précipite en blanc par l'eau distillée, qui décompose le chlorure d'antimoine qui s'est produit. En se refroidissant, cette dissolution laisse se former une grande quantité de cristaux de chlorure de plomb doués d'un éclat soyeux.

Si l'on fait bouillir la solution chlorhydrique de la Coronguite avec de l'iodure de potassium, elle se décompose : l'iode, devenant libre, colore la solution en violet et l'on perçoit facilement son odeur caractéristique. Si la solution est concentrée, on reconnaît également les vapeurs violettes de l'iode : ces caractères révèlent la présence de l'acide antimonique.

Si l'on traite la Coronguite par la potasse caustique et que l'on essaie la dissolution avec le chlorure d'or, on n'obtient point de précipité (absence de l'oxyde d'antimoine). Cette même solution du minéral dans la potasse caustique donne, quand on la traite par le nitrate d'argent, un précipité formé uniquement d'oxyde d'argent, soluble dans l'ammoniaque, sans laisser de résidu d'oxydule, ce qui prouve également que la Coronguite ne contient pas d'oxyde d'antimoine.

De toutes ces réactions on déduit que la Coronguite est un antimoniate de plomb et d'argent avec un peu de sulfure des mêmes métaux.

Le minerai commun, tel qu'on l'extrait de la mine, possède, ainsi que je l'ai dit plus haut, une richesse en argent égale à 0,04666, qui correspond à 560 marcs d'argent par caisse; mais la Coronguite triée donne près de 7 % d'argent.

N° 113. — **Coronguite** (antimoniate de plomb et d'argent), avec
Bleiniérite (antimoniate de plomb), et
Limonite (peroxyde de fer hydraté).

Richesse en argent = 0,026, soit 312 marcs par caisse.
Richesse en plomb = 20,22 %.

Mine de Huancavelica. — District de Corongo.— Province de Pallasca.

Dans cet échantillon, on peut reconnaître deux antimoniates distincts : la Coronguite ou antimoniate de plomb et d'argent, et la Bleiniérite ou antimoniate de plomb. Bien que, quelquefois, le premier offre extérieurement une couleur jaunâtre à l'intérieur, il possède toujours une couleur très-obscure, généralement noirâtre, couleur qu'il conserve même en poudre. Le deuxième, c'est-à-dire la Bleiniérite ou antimoniate de plomb, bien qu'il se présente quelquefois avec des teintes très-variées, telles que jaunâtre, grisâtre ou verdâtre, offre, néanmoins, constamment une couleur jaune, quand on le réduit en poudre.

Ce minéral contient, en outre, un peu de Limonite.

N° 114. — **Coronguite** (antimoniate de plomb et d'argent), avec
Bleiniérite (antimoniate de plomb).

Richesse en argent = 0,06633, soit 796 marcs par caisse.

Mine de Huancavelica.—District de Corongo—Province de Pallasca.

Cet échantillon montre la Coronguite un peu plus pure que celle des échantillons précédents, en sorte qu'il m'a permis de faire l'analyse chimique de cet intéressant minéral.

La partie la plus pure, de couleur noirâtre et possédant un lustre résineux, a donné à l'analyse :

Eau	10,20
Oxyde de plomb	19,53
— d'argent	7,11
— de fer	0,47
Acide antimonique	53,64
Sulfure d'antimoine de plomb et d'argent	8,12
Perte	0,93
	100,00

En éliminant le soufre, qui ne se trouve dans ce minéral que d'une manière accidentelle, le calcul donne les résultats suivants pour la composition de la Coronguite :

Eau	11,21
Oxyde de plomb	21,48
— d'argent	7,82
— de fer	0,52
Acide antimonique	58,97
	100,00

La Coronguite, ou antimoniate de plomb et d'argent, ne se rencontre pas seulement dans les mines de Huancavelica. Je l'ai trouvée également parmi les minerais de Pasacancha, lieu situé de l'autre côté de la Cordillère, et dans la province de Poma-bamba.

N° 115. — **Azurite, Malachite et Céruse** (carbonates de cuivre et de plomb), avec **Oxydes de fer et de manganèse argentifères.**

Nom vulgaire : *Paco.*

Richesse en argent = 0,002, soit 24 marcs par caisse.

Yanamina. — Morococha. — Province de Tarma.

MINÉRAUX DE CUIVRE

Si le Pérou est riche en minéraux d'or et d'argent, il ne l'est pas moins en minéraux de cuivre, car on trouve, disséminées sur le territoire de la République, la plus grande partie des espèces connues et, en outre, quelques espèces qui, jusqu'à ce jour, n'ont été signalées nulle part ailleurs.

Quant à la distribution géographique des minéraux de cuivre, je dirai que les mines de ce métal couvrent une superficie beaucoup plus grande que celles d'argent, attendu qu'on les trouve, tant dans la région de la côte que dans celle de la Cordillère ; il est vrai que, généralement, la nature des minéraux de cuivre est distincte dans les deux régions.

Les minéraux de cuivre de la région de la côte sont toujours caractérisés par la présence de l'oxychlorure ; ceux des mines situées dans la région de la Cordillère et de ses ramifications offrent plus communément la Panabase.

Tout le territoire de la côte du Pérou est excessivement riche en minéraux de cuivre : on peut dire, en effet, que d'une extrémité à l'autre de la République, depuis la rivière Loa jusque près de Tumbez, on trouve des minéraux de cuivre, plus ou moins riches, parmi lesquels on peut citer, à cause de leur abondance, ceux du district de Pica dans la province de Tarapacá ; ceux de Pampa Colorada , sur les hauteurs de l'*hacienda* de Chocavento dans la province de Camana; et ceux de Canza et Tingue dans la province d'Ica.

Dans toutes les mines de cuivre de la côte, on trouve, ainsi que je viens de le dire, l'oxychlorure de ce métal, mais rarement à l'état de pureté, et plus rarement encore à l'état cristallin. Il forme le minerai connu sous le nom d'Atacamite, nom qui rappelle celui de la province de Bolivie, Atacama, où il fut trouvé pour la première fois.

Au Pérou, l'Atacamite se trouve presque toujours mêlée avec d'autres minéraux de cuivre, tels que le carbonate vert ou Malachite, le silicate ou Chrysocale. Ces minerais sont connus au Pérou et, principalement au Chili, sous le nom vulgaire de *Metales de color.*

Non-seulement il est fréquent de voir, dans ces sortes de minerais, réunis en une seule pierre, l'Atacamite, la Malachite et le Chrysocale, plus ou moins caractérisés, mais il arrive encore, quelquefois, que deux de ces minéraux, ou même les trois, se trouvent si intimement mêlés qu'ils forment une pâte homogène d'une belle couleur verte; dans cet état, ils constituent un minéral complexe auquel manquent les caractères propres de chacune des espèces qui le composent ; sans une étude pratique de toutes ces associations purement mécaniques, si je puis m'exprimer ainsi, on serait porté à les considérer comme de nouvelles espèces minérales.

On peut voir un exemple de ces sortes d'associations de divers minéraux de cuivre par les échantillons n°s 197 et 198 dont le premier présente le minéral à l'état naturel et le second une pierre de la même nature que la précédente, mais polie, et qui permet d'apercevoir, plus facilement, combien le mélange est intime.

Ces mélanges de deux ou trois minéraux de cuivre sont très-variés, et il arrive, fréquemment, qu'un minéral cache complétement l'autre, principalement, si l'oxyde de fer entre également dans le mélange, comme il arrive pour l'échantillon n° 200, qui, à cause de sa couleur gris obscur, a tout l'aspect d'un morceau de Limonite (peroxyde de fer hydraté). Bien, cependant, qu'il contienne une forte proportion de carbonate et de sulfate basique de cuivre, puisqu'il est formé par un mélange intime de Malachite, de Brochantite et de Limonite. Il est fort probable que, s'il n'avait pas recours à l'analyse chimique, aucun minéralogiste ne supposerait que ce minerai contient 36,30 °/₀ de cuivre.

Ces minéraux de cuivre, Atacamite, Malachite et Chrysocale se trouvent sur toute la côte du Pérou dans la partie la plus superficielle des veines. Comme le chlore entre, presque constamment, dans leur composition, ils révèlent que l'eau de mer est intervenue dans leur formation, comme elle l'a fait pour le chlorure, l'iodure et le bromure d'argent.

A une plus grande profondeur, on voit apparaître le cuivre rouge ou Cuprite (protoxyde de cuivre), qui se trouve quelquefois accompagné par du cuivre natif ou par de la Malachite et de l'Azurite (carbonate vert et carbonate bleu de cuivre) ; d'autres fois, on le rencontre mêlé avec du sulfure et de l'oxychlorure de cuivre et, dans certains cas, également, avec du peroxyde de fer, formant ainsi des mélanges intimes de caractères indéfinis, mélanges doués d'un éclat semi-métallique qu'ils perdent entièrement quand on réduit le minéral en poudre.

A une certaine profondeur, l'oxychlorure disparaît complétement, ainsi que tous les minéraux oxydés et, alors, apparaît la Chalkosine, ou proto-sulfure de cuivre, à l'état presque pur ou accompagnée par la Covelline (sulfure de cuivre) qui est connu sous le nom vulgaire de *añilado*. Elle est ainsi appelée à cause de la couleur bleue intense dont elle est douée et qui est semblable à l'indigo (en espagnol *añil*).

Dans quelques cas, la Coveline se présente à peu de profondeur : elle accompagne alors les minéraux oxydés et se montre intimement mêlée avec la Brochantite ou sulfate basique de cuivre, et, avec du Gypse. Elle est fréquemment mêlée avec la Chalkopyrite (sulfure de cuivre et de fer).

J'ai pu, parmi les minerais de cuivre de Canza et de Tingue, de la province d'Ica, découvrir une nouvelle et très-intéressante espèce qui, bien que ne se trouvant pas à l'état cristallisé, possède des caractères si tranchés qu'il est très-facile de la distinguer de toutes les autres espèces. Ce minéral, que j'ai nommé *Cuprocalcite*, est un carbonate double de protoxyde de cuivre et de chaux. Sa couleur vive, rouge-vermillon, ne permet pas de le confondre avec aucun autre.

Si on laisse la région de la côte, pour passer dans l'intérieur, bien que l'on rencontre sur beaucoup de points le Cuivre natif, la Cuprite, la Malachite, l'Azurite et le Chrysocale, on ne trouve jamais l'Atacamite, ou oxychlorure de cuivre, que l'on peut considérer comme caractérisant les minéraux de cuivre de la région de la côte.

Le minéral de cuivre le plus commun, dans toute la région de la Cordillère et de ses rameaux, est la Panabase ou cuivre gris (sulfure de cuivre, d'antimoine et d'arsenic), qui est souvent argentifère et n'est exploitée que pour l'extraction de l'argent.

Parmi les sulfures multiples qui contiennent du cuivre, j'en ai trouvé un, suffisamment riche en argent, qui, par sa composition, ne peut pas trouver place parmi les espèces connues. J'ai donc dû former, pour cet intéressant minéral, une nouvelle espèce que j'ai dédiée à M. Ernest Malinowski, l'ingénieur en chef du fameux Chemin de fer transandin.

La description de ce minéral a été publiée, pour la première fois, dans mon ouvrage sur le département d'Ancachs (1).

Voici l'énumération des principaux types des minéraux de cuivre du Pérou, types dont les échantillons figurent dans la collection.

N° 116. — Cuivre natif, avec
Argile cuivreuse et
Limonite (peroxyde de fer hydraté).

Mine de San Miguel. — District de Yanacancha. — Cerro-de-Pasco.

N° 117. — Cuivre natif dendritique formant des arborisations.

District de Yanacancha. — Cerro-de-Pasco.

N° 118. — Cuivre natif en lames et dendrites qui se trouvent dans une argile cuivreuse bleuâtre.

District de Yanacancha. — Cerro-de-Pasco.

N° 119. — Cuivre natif dendritique.

District d'Estique. — Province de Tarata.

---

(1) A. RAIMONDI. — *El Departamento de Ancachs y sus riquezas minerales.* Lima 1874.

N° 120. — Cuivre natif, dans de la
Cuprite ou **Cuivre rouge** (protoxyde de
cuivre).
Mines de Canza. — Province d'Ica.

N° 121. — Cuivre natif, avec
Cuprite (protoxyde de cuivre) et
Malachite (carbonate de cuivre).
Près de Maravillas. — District de Vilque. — Province de Puno.

N° 122. — Cuivre natif, avec
Cuprite (protoxyde de cuivre) et
Malachite (carbonate de cuivre).
Mine de Tuco. — District d'Aquia. — Province de Cajatambo.

N° 123. — Cuivre natif massif, avec
Cuprite (protoxyde de cuivre) et
Malachite (carbonate de cuivre).
Mines de Canza. — Province d'Ica.

N° 124. — Cuivre natif cristallisé en cubes octaèdres et
dodécaèdres rhomboïdaux.
District d'Estique. — Province de Tarata.

N° 125. — Cuivre natif, avec
Quartz et
Chalkosine pulvérulente (sulfure de cuivre
terreux).
Province de Cotabamba. — Département de l'Apurimac.

Le cuivre natif se trouve, en outre, dans le district de Pica
de la province de Tarapacá, et à Onavire, district de Vilque,
de la province de Puno.

N° 126. — Cuprite, Zigueline ou **Cuivre rouge** (pro-
toxyde de cuivre) cristallisé en octaèdres dans la
Cuprite amorphe, avec
Malachite (carbonate de cuivre) et
Limonite (peroxyde de fer hydraté).
Mines de Canza. — Province d'Ica.

N° 127. — **Cuprite** (protoxyde de cuivre), avec
Malachite (carbonate de cuivre).

District de Pica. — Province de Tarapacá.

N° 128. — **Cuprite** (protoxyde de cuivre) cristallisée en
petits cubes, avec
Malachite (carbonate de cuivre) et
Azurite (carbonate de cuivre).

Mines de Canza. — Province d'Ica.

N° 129. — **Cuprite** (protoxyde de cuivre) amorphe, avec
Argile et taches de
Malachite (carbonate de cuivre).

Mines de San Miguel.— District de Yanacancha.—Cerro-de-Pasco.

N° 130. — **Cuprite** (protoxyde de cuivre), avec
Cuivre natif et
Calcaire cuivreux (carbonate de chaux, avec
cuivre).

Mine de Tuco. — District d'Aquia. — Province de Cajatambo.

N° 131. — **Cuprite** (protoxyde de cuivre), avec
Limonite (peroxyde de fer hydraté) et taches de
Malachite (carbonate de cuivre).

Chacarini, près de Maravillas. — Province de Puno.

N° 132. — **Melaconise** (oxyde de cuivre) terreuse, sur de la
Cuprite (protoxyde de cuivre), avec
Cuivre natif et
Calcaire (carbonate de chaux).

Mine de Tuco. — District d'Aquia. — Province de Puno.

N° 133. — **Melaconise** (oxyde de cuivre) terreuse, sur de la
Cuprite (protoxyde de cuivre), avec
Limonite (peroxyde de fer hydraté) et taches de
Malachite (carbonate de cuivre).

Mines de Canza. — Province d'Ica.

N° 134. — **Marcylite** (oxysulfure de cuivre hydraté), avec
Cuprite (protoxyde de cuivre), intimement mêlée avec
Atacamite (oxychlorure de cuivre).

Cerro Verde, près du Tambo del Cortaderal, entre Islay et Arequipa.

Au Pérou, outre les deux oxydes de cuivre et tous les sulfures connus qui se rencontrent à l'état naturel, on trouve également des combinaisons de l'oxyde avec le sulfure. Tous les minéraux oxydés s'étant formés aux dépens des sulfures, il est tout naturel d'en trouver qui représentent les divers degrés d'oxydation. Ils passent du sulfure à la Marcylite qui est un sulfure avec de l'oxyde hydraté ; puis de la Marcylite à la Brochantite, ou sulfate basique, et, également, à la Cyanose, ou sulfate neutre.

L'échantillon qui, dans la collection, porte le n° 134, offre un exemple de ces étranges combinaisons qui se présentent sous l'aspect de masses amorphes de couleur grise, douées d'un éclat métallique éteint, quelquefois avec des taches de différentes nuances, dues au mélange des divers minéraux de cuivre.

Quand ce minéral est réduit en poudre, il perd complétement son éclat métallique. Soumis, dans un tube de verre, à l'action de la chaleur, il dégage des vapeurs d'eau. Si on l'expose au chalumeau, sur la pince de platine, il colore la flamme en vert. Enfin, quand on traite ce minéral pulvérisé par l'ammoniaque, celui-ci se colore immédiatement en bleu, sous l'influence de l'oxyde qui se dissout avec facilité.

Avec l'acide nitrique concentré, il donne lieu à un dégagement de vapeurs nitreuses, tant par suite de l'oxydation du protoxyde de cuivre que par celle du soufre ; la solution précipite abondamment, avec le chlorure de barium, à cause de l'acide sulfurique qui s'est formé et qui est dû à l'oxydation du soufre.

On trouve un exemple, plus curieux encore, de ces sortes de combinaisons dans lesquelles entre le cuivre, à l'état d'oxysulfure ou Marcylite, dans un échantillon qui provient de l'*hacienda* d'Ocucaje de la province d'Ica, échantillon dont les dimensions réduites ne m'ont pas permis de le faire figurer dans la collection.

En présence des résultats que donne l'analyse de cet échantillon, on peut le considérer comme formé par un mélange intime de quatre minéraux distincts, savoir la Marcylite (oxysulfure de cuivre hydraté), l'Atacamite (oxychlorure de cuivre), la Melaconite (oxyde noir de cuivre) et la Limonite, (peroxyde de fer hydraté).

Ce singulier minéral se présente en masses amorphes d'une couleur gris rougeâtre tirant au violet. Il est doué d'un éclat métallique peu vif, et sa surface porte des taches vertes dues à de légères croûtes d'Atacamite.

A cause de sa nuance rouge-violet, on pourrait le prendre pour de la Philipsite (sulfure de cuivre et de fer) ; mais s'il est vrai que ce minéral contient une légère proportion de fer, celui-ci ne se trouve pas à l'état de sulfure, ni chimiquement combiné, mais bien à l'état de peroxyde et mêlé mécaniquement, si je puis m'exprimer ainsi, quoique le mélange soit si intime qu'il est difficile de distinguer le peroxyde de fer, même avec une loupe.

Quand on réduit ce minéral en poudre, il perd tout son éclat métallique et prend une couleur gris cendré avec une légère nuance verdâtre.

Si on le fond au chalumeau, la flamme se colore immédiatement d'un beau vert dû à un peu de chlorure de cuivre ; mais, si l'on continue l'action de la chaleur, la flamme verte disparaît et le minéral fond, avec un peu de difficulté, et donne directement, sans addition de fondant, un bouton de cuivre malléable, ce qui se comprend facilement, étant donné la présence du peroxyde de fer, qui cède une partie de son oxygène et transforme le soufre du sulfure en acide sulfureux, en laissant le cuivre libre à l'état métallique. Si l'on chauffe le minéral dans un tube de verre, il dégage des vapeurs d'eau.

Quand on traite ce minéral par l'acide nitrique, l'acide ne dissout que le cuivre et laisse un résidu coloré de peroxyde de fer. La solution, qui est d'une belle couleur verte, ne révèle presque aucune trace de fer sous l'influence de l'ammoniaque, ce qui montre que le sulfure de cuivre qui, à cause de sa couleur rouge-violet, pourrait être pris pour de la Philipsite, n'en est réellement pas, puisqu'il ne contient pas de sulfure de fer, ce métal se trouvant à l'état de peroxyde inattaquable par l'acide oxalique.

Quand on traite le minéral pulvérisé par l'ammoniaque, celui-ci prend immédiatement une couleur bleu foncé à cause de l'oxyde de cuivre qui se dissout, quoique avec beaucoup de difficulté.

L'analyse chimique de cet échantillon m'a donné les résultats suivants :

Chlore	0,247
Soufre	9,880
Cuivre	19,794
Oxyde de cuivre	43,310
Peroxyde de fer	17,900
Eau	8,855
Perte	0,014
	100,000

Si l'on étudie la composition de ce singulier minéral, on voit que, par la présence du chlore, du cuivre et de l'eau, il offre tous les éléments de l'oxychlorure de cuivre ou Atacamite.

La présence du soufre et du cuivre indique que le susdit minéral contient un sulfure ; mais, si on considère la proportion relative du cuivre et du soufre, on voit qu'il y a un équivalent de cuivre pour un de soufre, ce qui conduit à penser que le sulfure contenu dans ce minéral n'est pas la Chalkosine (proto-sulfure de cuivre), mais bien la Covelline (sulfure de cuivre) dont la formule est Cu S. L'analyse, néanmoins, révèle, en outre, une forte proportion d'oxyde de cuivre libre ; le minéral, d'autre part, ne présente aucun des caractères de la Covelline, et surtout, n'offre pas sa couleur. Par conséquent, il me semble plus rationnel de penser que l'autre équivalent de cuivre, qui devait être combiné avec le soufre, est remplacé par un équivalent de l'oxyde du même métal, ainsi qu'il arrive dans le minéral analysé par Tayler et qui est connu sous le nom de Marcylite. Cette opinion se trouve corroborée également par la forte proportion d'eau que contient le minéral du Pérou, et que l'on trouve aussi dans la Marcylite, dont la formule est Cu S + Cu H.

Si l'on admet cette manière de voir, le minéral en question se trouverait formé, ainsi que je l'ai dit plus haut, par un mélange intime de :

Marcylite ou sulfure de cuivre avec oxyde.

Atacamite ou oxychlorure de cuivre.

Melaconise ou oxyde de cuivre et

Limonite ou peroxyde de fer hydraté.

Si en calculant les résultats de l'analyse, on accorde à la Marcylite la quantité de cuivre, d'oxyde de cuivre et d'eau qui lui correspondent ; si on donne, d'autre part, à l'Atacamite des quantités de cuivre et d'eau proportionnelles à celle du chlore obtenu par l'analyse, on pourra subdiviser le minéral complexe dont je m'occupe, de la manière suivante :

MARCYLITE	Soufre	9,880	
	Cuivre	19,574	
	Oxyde de cuivre	24,513	59,933
	Eau	5,966	
ATACAMITE	Chlore	0,247	
	Cuivre	0,220	
	Oxyde de cuivre	0,819	1,587
	Eau	0,301	
MÉLACONISE ou oxyde de cuivre		17,978	17,978
LIMONITE	Peroxyde de fer	17,900	
	Eau	2,500	20,400
	PERTE	0,102	
			100,000

N° 135. — Chalkosine chlorifère (protosulfure de cuivre avec chlorure du même métal), avec

Quartz et

Chrysocale (silicate de cuivre).

Richesse en cuivre = 62 %.

Cerro Verde, près du Tambo del Cortaderal. — Entre Islay et Arequipa.

Cet échantillon présente la Chalkosine, ou sulfure de cuivre, en masses amorphes de couleur grise et douées d'un éclat métallique assez vif.

Si l'on en soumet un petit fragment à la flamme du chalumeau, ou simplement à celle d'une lampe à alcool, on s'aperçoit que la flamme prend une belle couleur verte, qui révèle la présence du chlorure de cuivre.

Si ce minéral avait une composition fixe, il devrait évidemment former une nouvelle espèce ; mais, comme la proportion du chlorure de cuivre varie considérablement dans les divers échantillons, on doit le considérer comme une simple variété de Chalkosine avec un mélange de chlorure de cuivre.

N° 136. — **Chalkosine** (protosulfure de cuivre) cristallisée en octaèdres dérivés d'un prisme rhomboïdal.

Mines près de Maravillas. — District de Vilque. — Province de Puno.

N° 137. — **Chalkosine** (protosulfure de cuivre) compacte.

Mines de Canza. — Province d'Ica.

N° 138. — **Chalkosine chlorifère** (protosulfure de cuivre, avec chlorure du même métal), avec **Calcaire** (carbonate de chaux).

District de Pica. — Province de Tarapacá.

N° 139. — **Chalkosine** (protosulfure de cuivre) compacte, avec **Dolomite ferrugineuse** (carbonate de chaux et de magnésie, avec oxyde de fer), et **Limonite** (peroxyde de fer hydraté).

Mines de Santa Lucia. — District de Vilque. — Province de Puno.

La Chalkosine est suffisamment commune au Pérou : en dehors des lieux cités plus haut, on la trouve, en outre, dans le district minier de Colquipocro de la province de Huaylas ; dans la mine de Huancapeti de la province de Huaraz ; dans le district de Pica, de la province de Tarapacá ; dans la montagne de Motuypata du district et de la province de Huanta ; dans la vallée de Victor, près d'Arica ; dans le gisement minier de la Compuerta, du département de Puno ; dans la province de Cajatambo, et sur beaucoup d'autres points du territoire de la République.

N° 140. — **Covellina** (sulfure de cuivre) terreuse, appelée communément *Añilado*, avec
Gypse (sulfate de chaux).
Mines de Canza. — Province d'Ica.

N° 141. — **Covelline** (sulfure de cuivre), appelée communément *Añilado*, avec

Chalkopyrite (sulfure de cuivre et de fer), connue sous les noms vulgaires de *Gualda*, *Bronce de Cobre*, *Pirita de Cobre*, etc.
Mines de Canza. — Province d'Ica.

La Covelline, connue, par les mineurs du pays, sous le nom vulgaire de *Añilado*, à cause de sa couleur bleu intense, qui offre quelquefois des reflets rougeâtres comme ceux que présente l'indigo (en espagnol, *añil*), se rencontre sur un grand nombre d'autres points du Pérou, parmi lesquels nous citerons la mine de San Cristoval, du district de Recuay, dans la province de Huaraz; la mine de San Francisco de Pasacancha, dans la province de Pomabamba; les collines des environs d'Ilo, dans la province de Moquegua; la montagne d'Acosupo, dans la province de Lampa; le district de Lucuma dans la province de Trujillo, etc.

La Covelline, surtout celle que l'on trouve dans la région de la côte, est rarement pure; elle est presque toujours associée au sulfate basique de cuivre ou Brochantite et au Gypse ou sulfate de chaux.

L'analyse suivante d'un échantillon de Covelline de Canza (province d'Ica), peut donner une idée de la composition de ce minéral.

Matières solubles dans l'eau	Sulfate de chaux.	1,20
	Chlorure de sodium	0,30
	Eau.	0,30
Matières solubles dans l'acide acétique	Cuivre 13,20 = oxyde 16,30	
	Acide sulfurique 4,63	Brochantite. 24,16
	Eau. 2,70	
	Oxyde de fer 0,33	
Matières solubles dans l'acide nitrique	Cuivre 61,80	
	Soufre 21,63	Covelline. . 73,78
	Fer. 0,35	
		99,74

N° 142. — **Philipsite** (sulfure de cuivre et de fer), appelée vulgairement *Pecho de paloma*..

Lieu appelé Pucacancha. — Province d'Arequipa.

N° 143. — **Philipsite** (sulfure de cuivre et de fer) appelée vulgairement *Pecho de paloma*, accompagnée de **Calcaire** (carbonate de chaux).

Mine près de Huallanca. — Province Dos de Mayo.

Cet échantillon est remarquable par la rapidité avec laquelle il change de couleur par l'action de l'air. Quand on le brise, il présente, à l'intérieur, une couleur bronzée uniforme de Tumbaga, très-différente de celle de la surface qui a souffert l'action de l'air ; mais les surfaces de fractures changent bientôt de couleur, en passant peu à peu au violet. Il suffit de 24 heures pour que ce changement s'effectue. On voit ensuite apparaître quelques points, de couleur bleue, qui s'étendent progressivement et, au bout de 24 heures, couvrent déjà une grande partie de la surface du minéral. Cette teinte bleue continue à gagner de l'étendue, de sorte qu'au bout de quelques jours, c'est sa couleur dominante.

La Philipsite est plus rare au Pérou que la Chalkosine. Les points principaux où l'on trouve ce minéral, outre ceux que je viens de citer, sont la mine Salteada, dans la montagne de Motuypata, du district de Huanta, dans la province du même nom ; la montagne Supra, district de Marcapomacocha, dans la province de Tarma ; une mine près de Chicla, dans la province de Huarochiri ; la montagne Pomasi, dans la province de Lampa, etc.

N° 144. — **Chalkopyrite** (sulfate de cuivre et de fer), appelée communément : *Gualda, Bronze de Cuivre* ou *Pyrite de Cuivre*, cristallisée en tétraèdres imparfaits, couverts par un voile d'oxyde de cuivre.

Mine Oropesa. — District de Recuay. — Province de Huaraz.

Cet échantillon rare est l'unique échantillon de Chalkopyrite que j'aie pu trouver cristallisée ; elle se présente en tétraèdres modifiés sur les angles solides. Mais ce qui distingue surtout ce minéral, c'est que ses cristaux sont couverts par un voile d'oxyde de cuivre, de sorte qu'ils paraissent noirs extérieurement, ce qui fait, qu'à première vue, on les croit formés de Panabase ou Cuivre gris. Quand on brise ces cristaux, sans les pulvériser, on remarque que la couleur grise persiste même dans leur intérieur ; mais, quand on les aplatit et qu'on les réduit en fragments très-petits, on voit alors apparaître beaucoup de particules de couleur dorée, en sorte que, quand ce minéral est réduit en une poudre peu fine, il perd la couleur grise qu'il avait auparavant, et sa totalité prend une couleur dorée verdâtre comme la vraie Chalkopyrite.

Il est également bon de faire remarquer que les pointes ou angles solides des tétraèdres offrent quelquefois une couleur violet rougeâtre et paraissent formés par un autre minéral de cuivre, la Philipsite, qui contient une moins grande quantité de fer et de soufre. Néanmoins, quand on brise ces pointes, on voit apparaître la couleur dorée de la Chalkopyrite.

Il semblerait, par suite des caractères qui précèdent, que ce minéral aurait souffert une espèce de calcination extérieure, qui a volatilisé une partie du soufre, transformant ainsi les pointes des cristaux en Philipsite, et leur surface en oxyde de cuivre.

On peut, avec beaucoup de facilité, mettre en évidence la présence de l'oxyde de cuivre à la partie superficielle des cristaux. Il suffit de traiter le minéral, finement pulvérisé, par l'ammoniaque liquide qui prend instantanément une belle teinte bleue, par suite de l'oxyde de cuivre qui se dissout : la même chose ne se produit pas avec la Chalkopyrite pure que l'ammoniaque attaque avec plus de lenteur.

L'analyse de cet étrange échantillon de Chalkopyrite a donné pour sa composition :

Soufre	34.029
Fer	30.810
Cuivre	34.938
Argent	0.133
Perte	0.070
	100.000

La perte peut représenter l'oxygène combiné avec la partie du cuivre qui, dans ce minéral, se trouve à l'état d'oxyde.

N° 145. — Chalkopyrite (sulfure de cuivre et de fer), avec **Bournonite argentifère** (sulfure de plomb, de cuivre et d'antimoine, avec argent).

Richesse en argent = 0,0076, soit 92 marcs par caisse.

Mine Oropesa. — District de Recuay. — Province de Huaraz.

N° 146. — Chalkopyrite (sulfure de cuivre et de fer), appelée *Gualda*, avec **Pyrite** (sulfure de fer), appelée, vulgairement, *bronce.*

Mine près de Pira. — District de Pampas — Province de Huaraz.

La Chalkopyrite se trouve sur beaucoup d'autres points du territoire péruvien, parmi lesquels je citerai plusieurs autres mines du district de Recuay, de la province de Huaraz ; la mine de Maribamba, dans la province de Huari ; la mine de Wansala, près de Huallanca, dans la province Dos de Mayo ; la mine d'Araqueda, dans la province de Cajabamba ; les mines de Salpo, dans la province d'Otuzco ; la mine de Binchos, district d'Aquia, ainsi qu'Anquimarca, dans la province de Cajatambo ; la mine de Santiago, entre Piedra Parada et Antarangra, province de Huarochiri ; Huanta-cachan, district de Pacaraos, dans la province de Canta ; près de Laraos, dans la province de Yauyos ; Cerro de Pomasi, dans la province de Lampa, etc., etc.

N° 147. — Chalkosine , Atacamite et **Brochantite** (sulfure, oxychlorure et sulfate basique de cuivre) intimement mélangées, avec taches de **Malachite** (carbonate de cuivre).

Cerro Verde, près du Tambo del Cortaderal. — Entre Islay et Arequipa.

Cet échantillon est formé par la réunion des trois minéraux Chalkosine, Atacamite et Brochantite, lesquels sont si intimement mêlés qu'ils semblent avoir été fondus en un seul, en sorte qu'ils forment un composé qui manque des caractères propres à chacun des minéraux qui entrent dans sa composition.

On ne peut pas, en effet, le considérer comme de la Chalkosine, car, s'il est vrai qu'il conserve encore sa couleur et partie de son brillant métallique, ces caractères disparaissent si on le réduit en poudre, car celle-ci est entièrement dépourvue d'éclat métallique, et offre une couleur grise qui tire au verdâtre.

Il serait plus difficile encore de voir, en cet échantillon, de l'Atacamite, car sa couleur grise et son brillant métallique l'éloignent beaucoup de ce minéral ; il ne conserve de l'Atacamite que la propriété de colorer en vert la flamme du chalumeau ou celle d'une lampe à alcool, quand, au moyen de la pince de platine, on en place un petit morceau dans ces flammes.

On ne peut pas davantage le regarder comme de la Brochantite, pour les mêmes raisons, car son aspect et son brillant métallique le séparent, à première vue, de la Brochantite, et ce n'est que par l'action des réactifs que l'on peut reconnaître la présence de ce minéral dans l'échantillon en question.

MINÉRAUX CONNUS SOUS LE NOM DE CUIVRE GRIS ET APPELÉS
VULGAIREMENT PAVONADOS.

Ce groupe comprend tous les minéraux de cuivre désignés sous le nom général de *Cuivre gris*, dans lesquels le cuivre est le métal dominant, et se trouve combiné, non-seulement avec le soufre ; mais aussi avec l'antimoine ou l'arsenic, et, généralement, avec ces deux éléments à la fois. Ces minéraux contiennent, en outre, d'une manière accidentelle, une certaine proportion d'autres métaux, parmi lesquels les plus fréquents sont l'argent, le fer, le zinc et le plomb ; il n'est pas rare non plus de constater, dans ces minéraux, la présence de l'or et du mercure ; mais, ce n'est qu'exceptionellement qu'ils contiennent de l'étain ou du platine.

Ce groupe de minéraux, qui comprend tous ceux que l'on désigne indistinctement, au Pérou, sous le nom général de *Pavonado*, lesquels constituent une grande partie des minerais argentifères que l'on traite, dans le pays, pour en extraire l'argent, est très-facile à distinguer par ses caractères, soit physico-chimiques, soit cristallographiques. Ses formes cristallines appartiennent, en effet, au système régulier ; et, il est à remarquer que les formes hémihédriques sont les plus communes dans ce groupe de minéraux et que, parmi ces formes, domine le tétraèdre, plus ou moins modifié.

Un grand nombre de minéralogistes ont divisé ce groupe, ou plutôt ce genre, en trois espèces, selon que le Cuivre gris contient de l'antimoine ou de l'arsenic, ou ces deux éléments ; et, moi-même, dans mon travail sur le département d'Ancachs, j'ai adopté ces divisions avec les noms respectifs employés par Adam, pour son Cadre minéralogique publié dans les *Annales des Mines* en 1869 (1). Cet auteur, applique le nom de Tétraédrite au Cuivre gris qui ne contient que de l'antimoine ; celui de Tennantite, au cuivre gris, qui ne contient que de l'arsenic, et celui de Panabase au cuivre gris qui contient à la fois de l'antimoine et de l'arsenic.

Mais, ayant observé, plus tard, que tous les Cuivres gris ou Pavonados du Pérou contiennent, quoique en très-petite quantité, un peu d'arsenic, j'ai rejeté le nom de Tétraédrite, ainsi que l'ont fait beaucoup de minéralogistes modernes, et j'ai adopté le nom de Panabase pour désigner toutes ces variétés de Cuivre gris.

La plupart des auteurs réunissent donc toutes les variétés de Cuivre gris ou Pavonado, qui cristallisent dans le système régulier, en deux espèces, qui sont la Panabase et la Tennantite. Ils considèrent comme Panabase toutes les variétés de Cuivre gris qui contiennent de l'antimoine, même quand ce corps est remplacé en partie par l'arsenic, réunissant sous le nom de Tennantite toutes celles qui ne renferment que de l'arsenic.

Cette division du Cuivre gris en Panabase et Tennantite semble, jusqu'à un certain point, appuyée par quelques caractères cristallographiques : on a observé, en effet, parmi les minéraux de l'Europe, que le cuivre gris, avec antimoine, affecte de préférence les formes hémihédriques et cristallise presque toujours en tétraèdres plus ou moins modifiés, tandis que le Cuivre gris, avec arsenic, cristallise fort souvent en cubes, plus ou moins modifiés, et en dodécaèdres rhomboïdaux.

---

(1) *Annales des mines.* — Mémoires. t. XV, 1869, page 405.

Néanmoins, parmi les échantillons très-variés de Cuivre gris ou Pavonado du Pérou, on ne saurait établir de limites entre les deux espèces, la Panabase et la Tennantite, pas plus par les caractères chimiques que par les caractères cristallographiques. L'arsenic, en effet, remplace l'antimoine en toute proportion, et l'on ne pourrait dire, par conséquent, où finit la Panabase et où commence la Tennantite. Quant aux caractères cristallographiques, j'ai pu observer qu'il existe des variétés de Cuivre gris dans lesquelles l'arsenic prédomine et qui, cependant, cristallisent en tétraèdres très-bien définis. On trouve également des variétés qui cristallisent en dodécaèdres rhomboïdaux, bien qu'ils contiennent plus d'antimoine que d'arsenic.

Comme exemple du premier cas, je citerai le Cuivre gris arsenical de Morococha (n° 169 de la collection) qui a été décrit par le célèbre minéralogiste Breithaupt, sous le nom de Sandbergérite ; il cristallise en tétraèdres bien définis et plus ou moins modifiés sur les angles solides et sur les arêtes.

Dans ce minéral, l'arsenic prédomine sur l'antimoine et chimiquement il faut le considérer comme de la Tennantite ; néanmoins, sa cristallisation en tétraèdres bien déterminés appartient plus spécialement à la Panabase.

Ces caractères, qui sont propres aux deux espèces, font que beaucoup d'auteurs considèrent la Sandbergérite de Morococha comme une Tennantite, tandis que d'autres classent ce même minéral parmi les Panabases.

Cette divergence dans les opinions montre tout l'incertain des caractères assignés à ces deux espèces minérales : Panabase et Tennantite.

L'échantillon qui, dans la collection, porte le n° 164 fournit un exemple d'une variété de Cuivre gris qui cristallise en dodécaèdres rhomboïdaux, qui est la forme attribuée aux cristaux de la Tennantite bien que, cependant, il offre la composition de la Panabase.

On voit donc, par ce qui précède, que la Tennantite, en tant qu'il s'agit de minéraux du Pérou, n'offre pas de caractères sûrs, ni chimiques, ni minéralogiques, attendu que, toutes les variétés de Cuivre gris arsenical, même celles qui cristallisent en cubes et en dodécaèdres, formes propres de la Tennantite, contiennent une notable proportion d'antimoine et, par conséquent, doivent porter le nom de Panabase.

Ce sont ces considérations qui m'ont amené à donner le nom de Panabase à presque tous les échantillons de Cuivre gris qui figurent dans la collection et qui cristallisent dans le système régulier, car presque toutes contiennent à la fois de l'antimoine et de l'arsenic, et, pourtant, quelques-unes cristallisent en cubes et en dodécaèdres rhomboïdaux, plus ou moins modifiés, et d'autres, quoique cristallisant en tétraèdres, ont été classées parmi les Tennantites par quelques minéralogistes.

Pour que l'on puisse reconnaître immédiatement les variétés de Cuivre gris ou Pavonado du Pérou que quelques minéralogistes désigneraient, soit par le nom de Tennantite, soit par celui de Sandbergérite que Breithaupt a appliqué à un Cuivre gris de Morococha, j'ai cru convenable de placer ces noms entre parenthèses à la suite du nom de Panabase, que portent ces divers échantillons.

C'est dans le groupe des minéraux, connus indistinctement sous le nom de Cuivre gris ou sous la dénomination vulgaire de Pavonados, que vient se placer l'Énargite qui, bien que présentant une composition analogue à celle de la Tennantite, cristallise en prismes dérivant du prisme rhomboïdal. Par sa forme cristalline, l'Énargite constitue donc une espèce distincte. J'ai conservé cette espèce, et on trouvera dans la collection quelques échantillons désignés sous le nom d'Enargite.

Enfin, j'ai trouvé, au Pérou, un minéral qui a une certaine analogie avec le cuivre gris ; et, bien que jusqu'à présent, il ne m'ait pas été donné de le voir à l'état cristallin, à cause de sa composition très-différente de celle de la Panabase et de celle de l'Enargite, composition suffisamment constante, je l'ai considéré comme une espèce nouvelle, et dans mon travail sur le département d'Ancachs, je l'ai décrite sous le nom de Malinowskite, en la dédiant à M. Malinowski, le savant ingénieur en chef du célèbre chemin de fer transandin Callao-Lima-Oroya.

J'ai dit, dans les considérations générales par lesquelles j'ai commencé ce travail, que les minéraux cristallisés sont très-rares au Pérou. J'aurai dû faire une exception à cette règle, presque générale, pour la Panabase qui se trouve assez fréquemment à l'état cristallin, ainsi qu'on peut le voir par les beaux échantillons que contient la présente collection. Il faut dire aussi, il est vrai, que la plus grande partie des échantillons de Panabase cristallisée proviennent d'un seul district minier, qui est celui de Huallanca, situé dans la province Dos de Mayo.

Voici les échantillons de Panabase qui figurent dans la collection :

N° 148. — **Panabase argentifère** (sulfure de cuivre, d'antimoine et d'arsenic, avec argent), en cristaux tétraédriques, modifiés sur les angles solides et sur les arêtes, connue sous le nom vulgaire de *Pavonado*, avec

Pyrite (sulfure de fer) et

Quartz.

Richesse en argent = 0,025, soit 300 marcs par caisse.

Mine de Santa Rosa. — Huallanca — Province Dos de Mayo.

N° 149. — **Panabase argentifère** (sulfure de cuivre, d'antimoine et d'arsenic, avec argent), cristallisée en tétraèdres.

Richesse en argent = 0,0336, soit 404 marcs par caisse.

Mine de Santa Maria.—Huallanca. — Province Dos de Mayo.

N° 150. — **Panabase argentifère** (sulfure de cuivre, d'antimoine et d'arsenic, avec argent), cristallisée en tétraèdres profondément modifiés sur les arêtes et passant au tétraèdre pyramidal, avec

Quartz cristallisé.

Richesse en argent : 0,060, soit 720 marcs par caisse.

Mine de San José del Banco. — Huallanca. — Province Dos de Mayo.

N° 151. — **Panabase** (Tennantite) **argentifère** et **ferrifère** (sulfure de cuivre, d'antimoiue et d'arsenic, avec argent), en cristaux dérivés du cube, avec
Pyrite (sulfure de fer).

Mine de Santa Rosa. — Huallanca. — Province Dos de Mayo.

N° 152. — **Panabase argentifère** (sulfure de cuivre, d'antimoine et d'arsenic, avec argent), en partie amorphe et en partie cristallisée.
Richesse en argent $= 0,0305$, soit 366 marcs par caisse.

Mine de Santa Maria. — Huallanca. — Province Dos de Mayo.

N° 153. — **Panabase argentifère** (sulfure de cuivre, d'antimoine et d'arsenic, avec argent), en cristaux imparfaits, avec
Pyrite (sulfure de fer), et
Quartz.
Richesse en argent $= 0,028$, soit 336 marcs par caisse.

Mine Carmen del Banco. — Huallanca. — Province Dos de Mayo.

N° 154. — **Panabase argentifère** (sulfure de cuivre, d'antimoine et d'arsenic, avec argent), cristallisée en tétraèdres, avec
Pyrite (sulfure de fer) en dodécaèdres pentagonaux.

Mine de San Dimas — Queropalca. — Province Dos de Mayo.

N° 155. — **Panabase argentifère** (sulfure de cuivre, d'antimoine et d'arsenic, avec argent), en cristaux tétraédriques entrelacés.
Rich esse en argent $= 0,035$, soit 420 marcs par caisse.

Mine de Santa Rosa. — Huallanca. — Province Dos de Mayo.

Ce bel échantillon est formé par de grands cristaux isolés de toute gangue et entrelacés les uns avec les autres. Ces cristaux sont des tétraèdres modifiés sur leurs angles solides, par trois facettes très-petites et, sur leurs arêtes, par des faces très-obliques qui s'étendent jusqu'au centre des faces du tétraèdre, déterminant ainsi un tétraèdre pyramidal très-aplati.

N° 156. — **Panabase argentifère** (sulfure de cuivre, d'antimoine et d'arsenic, avec argent), cristallisée en tétraèdres. Ces cristaux de Panabase sont couverts par de petits cristaux dodécaédriques et cubiques de

Pyrite (sulfure de fer).

Richesse en argent = 0,015, soit 180 marcs par caisse.

Mine de San Dimas. — Queropalca. — Province Dos de Mayo.

N° 157. — **Panabase** (Tennantite) **argentifère** (sulfure de cuivre, d'antimoine et d'arsenic, avec argent), quelque peu décomposée, en cristaux cubiques modifiés.

Richesse en argent = 0,0501, soit 602 marcs par caisse.

Mine de San Rafael. — Huallanca. — Province Dos de Mayo.

N° 158. — **Panabase** (Tennantite) **argentifère** (sulfate de cuivre, d'antimoine et d'arsenic, avec argent), cristallisée en cubes modifiés et en tétraèdres qui passent au dodécaèdre trapézoïdal.

Richesse en argent = 0,027, soit 324 marcs par caisse.

Mine de las Nieves. — Huallanca. — Province Dos de Mayo.

Ce magnifique échantillon est formé par l'agglomération d'un très-grand nombre de cristaux, sans aucune gangue, et d'une couleur grise, noirâtre, brillante. Par sa tendance à cristalliser dans le système cubique, et bien que contenant suffisamment d'antimoine, elle serait considérée comme une Tennantite par beaucoup de minéralogistes.

N° 159. — **Panabase argentifère** (sulfure de cuivre, d'antimoine et d'arsenic avec argent), cristallisée en tétraèdres très-modifiés et striés.

Richesse en argent = 0,048, soit 576 marcs par caisse.

Mine de Tambillo. — District de Lucma. — Province d'Otuzco.

Nº 160. — **Panabase** (Tennantite) **argentifère** (sulfure de cuivre, d'antimoine et d'arsenic, avec argent) en cristaux mal définis appartenant au tétraèdre, au cube et au dodécaèdre rhomboïdal.

Richesse en argent = 0,03366, soit 404 marcs par caisse.

Mine de Santa Maria. — Huallanca. — Province Dos de Mayo.

Nº 161. — **Panabase** (Tennantite) **argentifère** (sulfure de cuivre, d'antimoine et d'arsenic, avec argent), cristallisée en tétraèdres et en cubes modifiés.

Richesse en argent = 0,02366, soit 284 marcs par caisse.

Mine de San Rafael. — Huallanca. — Province Dos de Mayo.

Nº 162. — **Panabase** (Tennantite) **argentifère** (sulfure de cuivre, d'antimoine et d'arsenic, avec argent), en gros cristaux dérivés du dodécaèdre rhomboïdal.

Richesse en argent = 0,0055, soit 66 marcs par caisse.

Mine d'Araqueda. — Province de Cajabamba.

Cet échantillon rare offre la Panabase sous forme de gros cristaux de 0m 05 à 0m 06. Bien qu'il ne présente aucun cristal parfait, on peut, grâce à quelques faces bien définies que l'on observe sur l'échantillon, admettre que ses cristaux appartiennent au dodécaèdre rhomboïdal modifié, sur les arêtes, par deux faces en biseau, et par une autre face sur les angles solides, déterminant ainsi une forme de cristaux très-compliquée.

La surface externe de cette Panabase, de couleur gris de fer noirâtre, est douée de peu d'éclat, mais les surfaces des cassures récentes sont suffisamment brillantes.

Soumise au chalumeau, elle décrépite et fond facilement en dégageant à la fois des vapeurs antimoniales et des vapeurs arsenicales.

Par sa couleur obscure et sa forme cristalline en dodécaèdres, ce minéral devrait être considéré comme une Tennantite, mais je lui conserve le nom de Panabase à cause de la grande quantité d'antimoine qu'il contient, ainsi qu'on en peut juger par les résultats suivants qu'a donnés son analyse :

Soufre	23,51
Antimoine	17,21
Arsenic	7,67
Cuivre	42,00
Fer	8,28
Argent	0,55
Zinc	0,49
	99,71

N° 163. — Panabase argentifère et plombifère (sulfate de cuivre, d'antimoine et d'arsenic, avec argent et plomb), en cristaux aplatis.

Richesse en argent = 0,023, soit 276 marcs par caisse.

Mine de San José. — Queropalca. — Province Dos de Mayo.

N° 164. — Panabase (Tennantite) **argentifère** (sulfure de cuivre, d'antimoine et d'arsenic, avec argent), en gros cristaux imparfaits.

Richesse en argent = 0,0056, soit 67,2 marcs par caisse.

Mine d'Araqueda. — Province de Cajabamba.

N° 165. — Panabase (Tennantite) **argentifère et ferrifère** (sulfure de cuivre et d'arsenic, avec argent et fer).

Richesse en argent = 0,0068, soit 84,6 marcs par caisse.

Mine de Sayapullo. — Province de Cajabamba.

N° 166. — Panabase (Sandbergérite) **argentifère** (sulfure de cuivre, d'arsenic et d'antimoine, avec argent, zinc et fer), cristallisée en tétraèdres.

Richesse en argent = 0,0016, soit 19,2 marcs par caisse.

Mine de Yucad. — District de Chetilla. — Province de Cajamarca.

Ce bel échantillon est cristallisé en tétraèdres bien définis; quelques-uns de ces cristaux montrent leurs angles solides;

intacts et très-aigus, tandis que d'autres les présentent modifiés par trois petites facettes. Dans le plus grand nombre des cristaux, les arêtes sont modifiées par deux faces qui, quelquefois, s'étendent jusqu'au centre des faces du tétraèdre et donnent lieu à un tétraèdre pyramidal.

Ce qui, dans cet échantillon, mérite de fixer l'attention, c'est la couleur gris bleuâtre très-claire qu'offrent ses cristaux, qui ne sont pas très-brillants et paraissent ternis. Néanmoins, quand on pulvérise le minéral, on constate avec étonnement que sa poudre est rougeâtre comme celle de la Pyrargyrite ou Rosicler.

Une analyse de ce minéral, faite, en Italie, par le professeur Oresi, a donné les chiffres suivants qui indiquent sa composition :

Cuivre............	43,30
Plomb	traces
Zinc.............	2,00
Fer.............	4,00
Antimoine........	6,12
Arsenic	16,78
Soufre...........	26,05
	98,25

J'ajouterai que ce minéral contient également une petite quantité d'argent qui est représenté par 0,0016.

La composition que révèle cette analyse diffère très-peu de celle du minéral de Morococha, analysé par M. Merbach, et que le minéralogiste Breithaupt a nommé Sandbergérite. La Sandbergérite doit être comprise dans les Panabases, tant par sa forme cristalline que par sa composition chimique.

N° 167. — Panabase argentifère (sulfure de cuivre, d'antimoine et d'arsenic, avec argent), en tétraèdres modifiés sur les angles solides et sur les arêtes qui paraissent courbes.

Richesse en argent = 0,0075, soit 90 marcs par caisse.

Mine de Mefisto. — Morococha. — Province de Tarma.

N° 168. — Panabase (Sandbergérite) **argentifère** (sulfure de cuivre, d'arsenic et d'antimoine, avec argent), cristallisée en tétraèdres modifiés, tant sur les angles solides que sur les arêtes.

Richesse en argent = 0,0018, soit 21,6 marcs par caisse.

Mine de Yucad. — District de Chetilla. — Province de Cajamarca.

Bien que cet échantillon provienne de la même mine que l'échantillon n° 166, il diffère néanmoins de ce dernier par ses cristaux qui ne sont pas bien définis et qui, outre la modification sur les arêtes, qui détermine le tétraèdre pyramidal, présentent une autre facette, quoique petite, qui appartient au cube.

N° 169. — Panabase (Sandbergérite) **argentifère** (sulfure de cuivre, d'arsenic et d'antimoine, avec argent, plomb, fer et zinc), cristallisée en tétraèdres.

Richesse en argent = 0,0024, soit 28,8 marcs par caisse.

Mine du Señor de la Carcel. — Morococha. — Province de Tarma.

Ce minéral est celui qui a servi de type au minéralogiste Breithaupt pour former l'espèce qu'il a dédiée au professeur Sandberger et nommée Sandbergérite (1). Cette espèce n'a pas été admise par les principaux minéralogistes, qui la considèrent les uns, comme une Tennantite, les autres, comme une variété de Panabase.

Les caractères sur lesquels s'est fondé Breithaupt pour considérer ce minéral comme une espèce nouvelle sont, sa composition distincte et son poids spécifique moindre que ceux des autres variétés de Cuivre gris. Le poids spécifique de la Sandbergérite est 4,369, tandis que celui de la Tennantite, qui est la variété la moins dense du Cuivre gris, est, selon le même auteur, 4,491.

Ce minéral, de couleur gris de fer noirâtre, est doué de peu d'éclat métallique ; néanmoins, les surfaces de fracture récente

---

(1) Mineralogische Studien, von August Breithaupt. Leipzig, 1866.

offrent un brillant plus vif. Sa poudre est noire. Sa dureté est de 4,50 à 4,75.

Il cristallise en tétraèdres modifiés par trois facettes sur les angles solides et par deux faces coupées très-obliquement sur les arêtes. Ces modifications varient d'ailleurs beaucoup avec les divers cristaux ; pour quelques-uns, elles sont à peine visibles, tandis que, pour d'autres, elles sont suffisamment accentuées. Un grand nombre de cristaux offrent, en outre, des stries transversales.

M. Merbach, en analysant en Allemagne la Sandbergérite de Morococha, a obtenu, pour ce minéral, la composition suivante :

Cuivre	41,08
Plomb	2,77
Zinc	7,19
Fer	2,38
Antimoine	7,19
Arsenic	14,75
Soufre	25,12
	100,48

On peut ajouter à ces résultats une petite quantité d'argent que j'ai constamment trouvée dans ce minéral et qui atteint 0,0024.

Comme on le voit, cette variété de cuivre gris est remarquable par la proportion élevée de zinc qu'elle contient, ce qui constitue le caractère le plus saillant pour que l'on conserve la nouvelle espèce créée par le célèbre Breithaupt, car son faible poids spécifique n'est qu'une conséquence de la grande quantité de zinc qu'elle renferme.

Si l'on ne conserve pas le nom de Sandbergérite pour ce minéral, je crois qu'on doit le considérer comme une Panabase ; car, s'il est vrai que, par sa forte proportion d'arsenic et par son poids spécifique plus faible, il se rapproche de la Tennantite, il n'en est pas moins certain que, par la présence d'une assez grande quantité d'antimoine et parce qu'il cristallise constamment en tétraèdres, il doit être considéré comme une Panabase. En agissant autrement, les caractères de la Tennantite deviendraient de plus en plus incertains, car cette espèce manquerait de limites ; et il vaudrait alors mieux la supprimer, ainsi que quelques auteurs ont fait pour la Tétraédrite.

C'est en m'appuyant sur ces considérations que j'ai placé la Sandbergérite de Breithaupt parmi les Panabases.

La Panabase, bien que n'y étant pas cristallisée, est très-commune au Pérou et constitue l'un des principaux minerais que l'on exploite dans le pays pour l'extraction de l'argent, de sorte qu'il serait très-long d'énumérer tous les points du territoire de la République où on la trouve. Elle accompagne fréquemment la Galène, et, bien que, souvent, il ne soit pas possible de la découvrir à la vue simple, parce qu'elle est très-divisée et très-entremêlée avec ce sulfure, on peut toujours la mettre en évidence par l'analyse. C'est presque toujours la Panabase argentifère qui porte à un chiffre assez élevé la richesse en argent de certaines Galènes ou sulfures de plomb.

La Panabase, par son oxydation, a donné naissance à beaucoup de minerais Pacos, à la partie centrale desquels on rencontre souvent une petite quantité de ce sulfure complexe.

Un grand nombre de minerais argentifères connus, principalement dans le nord du Pérou, sous le nom vulgaire de *Chancaca*, ne sont qu'un mélange de minéraux oxydés, ou Pacos, avec de la Panabase et de la Pyrite. La Panabase pourrait donc être considérée comme établissant un passage entre les Pacos et les sulfures.

On trouve dans quelques mines du Cerro-de-Pasco des Pyrites, appelées vulgairement *Bronces*, qui contiennent une assez grande quantité d'argent. Si on les examine attentivement à l'aide d'une loupe, on y découvre de petits points ou des veinules filiformes de Panabase argentifère. On peut dire, d'une manière générale, qu'une Pyrite dont la richesse en argent dépasse deux millièmes, est presque toujours intimement mêlée avec un peu de Panabase argentifère.

J'ajouterai qu'au Pérou, on trouve également des Panabases avec du mercure et avec de l'étain. Comme exemple des premières, je citerai la Panabase mercurielle du Cerro de San-José, dans la province d'Azangaro, et, pour les dernières, je signalerai la Panabase stanifère de Tambillo, dans la province de Huari.

Cette dernière, analysée en Allemagne, par le docteur Rube, a donné les résultats suivants :

$$
\begin{array}{ll}
\text{Argent} & 0{,}27 \\
\text{Cuivre} & 9{,}47 \\
\text{Arsenic} & 3{,}54 \\
\text{Antimoine} & 15{,}27 \\
\text{Etain} & 14{,}40 \\
\text{Soufre, fer et terre} & 57{,}05 \\
\hline
& 100{,}00
\end{array}
$$

Nº 170. — **Énargite** (sulfure de cuivre et d'arsenic) cristallisée en prismes rhomboïdaux à huit faces.

Mine du Señor de la Carcel. — Morococha. — Province de Tarma.

Ce minéral offre beaucoup d'analogie avec la Tennantite, dont il diffère par sa forme cristalline, qui appartient au prisme rhomboïdal. Dans l'échantillon qui porte le numéro 170, on peut observer à la fois le prisme rhomboïdal primitif, et d'autres prismes, à huit faces, dérivés du premier. Cette forme est la plus constante qu'offre l'Énargite.

La composition de ce minéral est, d'après l'analyse de M. Plattner :

$$
\begin{array}{ll}
\text{Soufre} & 32{,}22 \\
\text{Arsenic} & 17{,}59 \\
\text{Antimoine} & 1{,}61 \\
\text{Cuivre} & 47{,}20 \\
\text{Fer} & 0{,}57 \\
\text{Zinc} & 0{,}23 \\
\text{Argent} & 0{,}02 \\
\hline
& 99{,}44
\end{array}
$$

et, d'après le même auteur, correspond à la formule

$$3\,\mathrm{Cu}^2\mathrm{S} + \mathrm{As}^2\mathrm{S}^5.$$

Nº 171. — **Énargite** (sulfure de cuivre et d'arsenic) lamellaire, avec
Pyrite (sulfure de fer).

Mine du Señor de la Carcel. — Morococha. — Province de Tarma.

N° 172. — **Énargite** (sulfure de cuivre et d'arsenic) cristallisée en prismes rhomboïdaux de huit faces, avec
Tennantite (sulfure de cuivre et d'arsenic) cristallisée en tetraèdres modifiés, couverts comme d'un voile noirâtre, avec nuances rougeâtres.
Hubnérite ou **Wolframite** (tungstate de manganèse) cristallisée en prismes très-aplatis, avec
Pyrite (sulfure de fer) et
Quartz.

Mine du Señor de la Carcel. — Morococha. — Province de Tarma.

N° 173. — **Énargite** (sulfure de cuivre et d'arsenic), avec
Pyrite (sulfure de fer) et
Quartz.

Mine de San Francisco. — Morococha. — Province de Tarma.

N° 174. — **Énargite argentifère, ferrifère** et **zinguifère** (sulfure de cuivre et d'arsenic, avec argent, fer et zinc)

Richesse en argent = 0,005, soit 60 marcs par caisse.

Mine Camotera. — Sayapullo. — Province de Cajabamba.

Cet échantillon représente une variété d'Énargite qui provient d'un point bien éloigné de Morococha, où ce minéral fut trouvé pour la première fois.

Elle se présente avec l'aspect d'une masse amorphe dont la surface est couverte d'une foule de petits cristaux confus dont la détermination est difficile. On observe néanmoins, au milieu de cette croûte cristalline, quelques cristaux de forme allongée, qui appartiennent au prisme rhomboïdal, ce qui, ajouté aux autres caractères, fait connaître que ce minéral est une Énargite.

L'Énargite présente une couleur gris de fer obscure et ses surfaces de fracture récente sont douées d'un éclat métallique. Quand on la moud en poudre fine, elle prend une couleur rouge obscure, caractère qui la diffère de l'Énargite de Morococha, dont la poudre est noire, ce qui, sans doute, est dû à la plus grande proportion de zinc qu'elle contient. C'est un fait à peu près démontré, que toutes les Panabases et les Tennantites, riches en zinc, fournissent une poudre rougeâtre qui ressemble à celle de la Pyrargyrite.

L'analyse de ce minéral, avec sa gangue, a donné, pour sa composition, les résultats suivants :

Gangue quarlzeuse.....	19,500
Soufre................	25,984
Arsenic..............	14,668
Fer..................	11,550
Cuivre..............	23,156
Zinc................	4,800
Argent..............	0,500
	100,158

Ce qui donne pour ce minéral, calculé à l'état de pureté :

Soufre..............	31,843
Arsenic.............	18,361
Fer.................	14,441
Cuivre.............	28,768
Zinc...............	5,966
Argent.............	0,621
	100,000

On voit, par les résultats de cette analyse, que dans cette variété d'Énargite, le cuivre est remplacé, en partie, par le zinc et par une grande quantité de fer, ce qui, il est vrai, au moins, quant à la substitution du fer au cuivre, est assez commun aussi pour les Tennantites.

N° 175. — Malinowskite (sulfate d'antimoine, de cuivre, de plomb, d'argent, de fer et de zinc), dans une gangue quarlzeuse.

Nom vulgaire : *Pavonado fino.*

Richesse en argent de la matière métallique, sans la gangue, = 0,13135, soit 1576 marcs par caisse.

Mine de Carpa. — District de Recuay. — Province de Huaraz.

En étudiant les minéraux du département d'Ancachs, en l'année 1872, je trouvai un sulfure multiple d'antimoine, de cuivre, d'argent, de plomb, de fer et de zinc, qui aurait pu être considéré comme une Panabase, à cause de ses caractères généraux, mais que je ne crus aucunement devoir maintenir dans cette espèce minérale, à cause de sa composition chimique.

En effet, la Panabase, la Tennantite et l'Énargite sont désignées sous le nom commun de Cuivre gris, parce que le cuivre est le métal dominant, c'est-à-dire qu'il figure dans le mélange en proportion beaucoup plus grande que les autres métaux, qui n'existent, dans ces minéraux, que d'une manière presque accidentelle. Ainsi, toutes les variétés de Cuivre gris peuvent être considérées comme des sulfures de cuivre, avec antimoine ou arsenic, ou avec l'un et l'autre de ces deux derniers éléments. Ceci admis, je ferai remarquer qu'en aucunes Panabases (qui sont les minéraux qui contiennent le plus grand nombre de métaux), quelque grande que soit la substitution d'un autre métal au cuivre, la proportion de ce dernier ne descend jamais au-dessous de 25 $^0/_0$.

Par conséquent, il est clair qu'un sulfure multiple formé d'antimoine, de cuivre, d'argent, de plomb, de fer et de zinc, et dans lequel la proportion du cuivre, non-seulement n'atteint pas 25 $^0/_0$, mais, encore, dans le plus grand nombre des cas, reste de beaucoup inférieur à 20 $^0/_0$ et arrive à être presque égale à celle de quelques-uns des autres métaux qui entrent dans sa composition, il est clair, dis-je, qu'un tel sulfure ne saurait être considéré comme une Panabase, à moins que l'on n'étende les limites assignées à cette espèce jusqu'aux sulfures multiples formés de divers métaux parmi lesquels le cuivre ne se trouve que d'une manière accidentelle.

Comme ce sulfure multiple contient une assez grande quantité de plomb, on pourrait le prendre pour une variété de Bournonite; mais de la même manière, qu'à cause de sa faible proportion de cuivre, il ne peut être considéré comme une Panabase, il ne saurait, vu la petite proportion de plomb qu'il contient, trouver place parmi les diverses variétés de Bournonite, car cette dernière espèce contient près de 40 $^0/_0$ de plomb, tandis que, dans le minéral en question, la proportion de ce métal n'atteint jamais 15 $^0/_0$.

Bien que, jusqu'à présent, il ne m'ait pas été donné de trouver ce riche minéral à l'état critallin, par la composition peu différente de divers échantillons pris dans diverses mines du district de Recuay, j'ai pu reconnaître qu'il forme une combinaison stable et constitue une nouvelle espèce minérale qui a une certaine analogie avec la Freibergérite, dont elle se sépare par le plomb, qu'elle contient en proportion notable et qui n'entre pas dans la composition de la Freibergérite.

Ce qui fait connaître que ce minéral a un certain caractère de stabilité et qu'il doit être considéré comme une espèce nouvelle, c'est que même les mineurs du pays le distinguent parfaitement des autres et le désignent sous le nom de *Pavonado fino*.

J'ai dédié ce minéral au savant ingénieur M. E. Malinowski, qui a tracé le chemin de fer de Chimbote à Huaraz, grâce auquel on exportera, plus tard, les grandes richesses minérales du département d'Ancachs.

La Malinowskite, que j'ai fait connaître pour la première fois dans le travail que j'ai publié sur le dit département d'Ancachs, offre les caractères suivants :

Elle se présente à l'état amorphe, en petits fragments ou sous forme de taches, dans une roche quartzeuse. Sa couleur est gris de fer, un peu clair, et elle est douée d'un vif éclat métallique.

Son poids spécifique est 4,95 et sa dureté 4.

Soumise à l'action de la flamme du chalumeau, sur le charbon, elle dégage d'abondantes vapeurs antimoniales qui forment un dépôt blanc volatil. Ces vapeurs possèdent une légère odeur d'ail qui décèle la présence d'une petite quantité d'arsenic dans le minéral.

Sous la première action de la flamme du chalumeau, la Malinowskite décrépite, mais, bientôt, elle fond et forme un bouton magnétique qui accuse la présence du fer. En continuant l'action de la flamme, on voit se former une auréole, jaune, d'oxyde de plomb, et ensuite, il se dépose, près du petit bouton métallique, une matière fixe, blanchâtre, formée par de l'oxyde de zinc, que l'on reconnaît à cause de sa propriété de devenir vert quand on continue la calcination après l'avoir mouillé avec une goutte de solution de nitrate de cobalt. Le bouton qui reste est très-riche en argent et en cuivre.

La Malinowskite se trouve toujours disséminée dans une gangue quartzeuse, de sorte que, pour déterminer sa composition, j'ai dû faire l'analyse du minerai, moulu avec sa gangue, et déduire ensuite, par le calcul, la composition du minéral à l'état de pureté.

J'ai fait deux analyses sur des minerais de la même mine, appelée Carpa, mais recueillis à des époques différentes ; et, une troisième, sur un échantillon pris dans la mine nommée Llaccha, qui, ainsi que la première, se trouve dans le district de Recuay.

Voici la composition de la Malinowskite telle qu'elle a été déduite des résultats de ces analyses :

| | | Mine Carpa | |
	Mine de Llaccha	Échantillon recueilli en 1867	Échantillon recueilli en 1869.
Soufre	24,268	22,668	22,970
Antimoine.............	24,744	25,362	22,493
Arsenic	0,559	1,458	1,018
Cuivre....	14,375	14,376	18,784
Argent................	11,917	10,265	13,135
Plomb	13,084	8,906	8,828
Fer...................	9,122	10,595	10,016
Zinc.................	1,934	6,370	2,756

Le premier échantillon, dans son état normal, contenait 29,300 % de gangue ; le deuxième en contenait 56,300 % et, dans le troisième, la proportion de la gangue s'élevait à 68,600 %, la Malinowskite se trouvant disséminée dans la roche quartzeuse, sous forme de petites taches.

Les proportions relatives de l'argent, du fer, du plomb et du cuivre, montrent que la composition de la Malinowskite est entièrement différente de celle de tous les autres sulfures métalliques connus.

Nº 176. — Dürfeldtite (sulfure d'antimoine, d'argent, de plomb et de manganèse), dans une gangue quartzeuse.

La richesse en argent de la partie métallique = 0,0734, soit 880 marcs par caisse.

Mine d'Irismachay. — Auquimarca. — Province de Cajatambo.

C'est par erreur que cette nouvelle espèce minérale a été mise ici, dans la collection : sa véritable place était parmi les minéraux d'antimoine, à la suite de la Jamesonite.

J'ai dédié cette nouvelle espèce à la mémoire d'un intelligent métallurgiste, et ami dévoué, M. Richard Dürfeldt (1). Elle se sépare de tous les autres sulfures multiples, parce qu'elle contient une forte quantité de manganèse dont on constate immédiatement la présence en essayant le minéral, préalablement calciné, à la flamme du chalumeau, sur un fil de platine et avec un peu de borax : il se forme un globule de verre violet.

Bien que ce minéral n'ait pas, jusqu'à ce jour, été trouvé à l'état cristallin, on peut cependant juger, par l'examen de sa structure semi-cristalline, que ses cristaux appartiennent au prisme rhomboïdal droit.

La forme générale qu'affecte la Dürfeldtite est celle d'une masse de couleur gris clair douée d'un faible éclat métallique et dont la structure tend à devenir fibreuse. Elle se présente, dans quelques cavités, sous forme de fines aiguilles, comme le font quelques variétés de Stibine ou sulfure d'antimoine.

Soumise à la flamme du chalumeau, sur le charbon, la Dürfeldtite fond facilement et dégage d'abondantes vapeurs antimoniales. Il se forme, ensuite, une auréole, jaune, d'oxyde de plomb et il reste, enfin, un résidu légèrement magnétique, très-riche en argent, qui donne, avec le borax, une perle de couleur violet.

Si l'on traite ce minéral par l'acide azotique peu concentré, il se dissout en formant un dépôt d'une poudre blanchâtre d'acide antimonique mêlée avec un peu de sulfate de plomb. La solution offre une couleur vert claire par suite d'une petite quantité de cuivre que contient le minéral. Elle précipite du sulfate de plomb, par l'acide sulfurique, et du chlorure d'argent par l'acide chlorhydrique.

Quand on a séparé le sulfate de plomb et le chlorure d'argent par la filtration, le liquide précipite abondamment avec l'ammoniaque et il se forme un dépôt de couleur rougeâtre, constitué par de l'oxyde de manganèse et par une petite

---

(1) Voir la Partie préliminaire du Premier volume du travail « *El Perù* », page 164.

quantité d'oxyde de fer. Ce précipité devient noirâtre quand on le laisse exposé au contact de l'air: c'est à la peroxydation de l'oxyde de manganèse qu'il faut attribuer ce changement de couleur.

La dureté de la Dürfeldtite est exprimée par 2,5. Il est difficile de déterminer son poids spécifique, car ce minéral est très-mêlé avec le quartz; l'échantillon le plus pur a accusé un poids spécifique égale à 5,40.

Une analyse de Dürfeldtite, unie à sa gangue, a donné, pour la composition de ce minéral, les résultats suivants:

Gangue quartzeuse.	31,306
Soufre	16,618
Antimoine.	21,000
Plomb	17,760
Eau.	5,050
Cuivre.	1,277
Fer.	1,540
Manganèse,	5,555
	100,106

En déduisant la gangue, on obtient par le calcul la composition suivante, pour la Dürfeldtite à l'état de pureté :

Soufre.	24,154
Antimoine.	30,523
Plomb.	25,814
Argent	7,340
Cuivre	1,856
Fer.	2,238
Manganèse.	8,075
	100,000

En tenant compte, même de la petite quantité de fer et de cuivre, on obtiendra, pour la composition de la Dürfeldtite la formule suivante :

$$3 (P_b, A_g, M_n, C_u, F_e) S + S_b S^3.$$

N° 177. — **Atacamite** (oxychlorure de cuivre).
Richesse en cuivre = 51 %.

Mines du District de Pica. — Province de Tarapacá.

N⁰ 178. — **Atacamite** (oxychlorure de cuivre), avec
ɣ **imonite** (peroxyde de fer hydraté).
Mines de Canza. — Province d'Ica.

N⁰ 179. — **Atacamite** (oxychlorure de cuivre), avec
Limonite (peroxyde de fer hydraté) et
Gypse (sulfate de chaux).
Mines de Tingue. — Province d'Ica.

N⁰ 180. — **Atacamite** (oxychlorure de cuivre) amorphe,
avec
Gypse (sulfate de chaux),
Fer oligiste micacé (peroxyde de fer
anhydre) et
Limonite (peroxyde de fer hydraté).
Collines près d'Ilo. — Province de Moquegua.

N⁰ 181. — **Atacamite** (oxychlorure de cuivre), avec
Malachite (carbonate de cuivre) et
Cuprite (protoxyde de cuivre)
Richesse en cuivre = 62 %.
Mines de Tingue. — Province d'Ica.

N⁰ 182. — **Atacamite** (oxychlorure de cuivre) cristallisée
en petits prismes.
Baie de Pacocha. — District d'Ilo. — Province de Moquegua.

N⁰ 183. — **Atacamite** (oxychlorure de cuivre) avec
Cuprite (protoxyde de cuivre).
Mines près de Chala. — Province de Camana.

N⁰ 184. — **Atacamite** (oxychlorure de cuivre), avec
Chrysocale (silicate de cuivre) et
Quartz.
Mines de Canza. — Province d'Ica.

N° 185. — Atacamite (oxychlorure de cuivre), avec
Chrysocale (silicate de cuivre) et
Malachite (carbonate de cuivre) fibreuse.

Richesse en cuivre = 44 °/₀.

*Mine de Pampa Colorada. — Hacienda de Chocavento. —
Province de Camana.*

N° 186. — Chrysocale (silicate de cuivre).

Richesse en cuivre = 32, 5 °/₀.

Mine de Tingue. — Province d'Ica.

N° 187. — Chrysocale (silicate de cuivre) disposé en
bandes, avec
Quartz hydraté.

*Mine de Pampa Colorada. — Hacienda de Chocavento.
Province de Camana.*

N° 188. — Chrysocale (silicate de cuivre), avec
Quartz résinite.

*Mine de Pampa Colorada. — Hacienda de Chocavento. —
Province de Camana.*

N° 189. — Chrysocale (silicate de cuivre) compacte

Richesse en cuivre = 34 °/₀.

Mines de Canza. — Province d'Ica.

N° 190. — Chrysocale bleu (silicate de cuivre), dans du
Chrysocale ferrugineux (silicate de cuivre,
avec oxyde de fer).

Mines de Canza. — Province d'Ica.

N° 191. — Chrysocale (silicate de cuivre), avec
Malachite (carbonate de cuivre) te
Limonite (peroxyde de fer hydraté).

Mines de Canza. — Province d'Ica

N° 192. — **Malachite** (carbonate de cuivre) de structure fibro-radiée.

Richesse en cuivre = 51 °/₀.

District de Pica. — Province de Tarapacá.

N° 193. — **Malachite concrétionnée** (carbonate de cuivre).

Richesse en cuivre = 17,5 °/₀.

Mines de Tingue. — Province d'Ica.

N° 194. — **Malachite concrétionnée** (carbonate de cuivre), sur du
Quartz.

Mines de Canza. — Province d'Ica.

N° 195. — **Malachite** (carbonate de cuivre), sur du
Calcaire (carbonate de chaux) lamellaire.

Mines de Tingue. — Province d'Ica.

N° 196. — **Malachite argileuse** (carbonate de cuivre, avec argile) et
Azurite (carbonate de cuivre, bleu).

Mine de Toril. — Yanacancha. — Cerro-de-Pasco.

N° 197. — **Malachite** (carbonate de cuivre), mêlée intimement avec
Chrysocale (silicate de cuivre) et
Atacamite (oxychlorure de cuivre).

Richesse en cuivre = 53,60 °/₀.

Mines de Canza. — Province d'Ica.

Voici un minéral de cuivre formé par l'association, ou mieux, par le mélange intime de trois espèces minérales distinctes, que l'on ne peut distinguer à première vue, car elles manquent des caractères physiques propres à chacune d'elles quand elles sont isolées.

Cet échantillon se présente sous la forme d'une masse amorphe, d'une couleur verte peu uniforme, attendu qu'elle offre des parties d'une couleur plus obscure qui tire au noirâtre. Si on l'examine avec beaucoup d'attention, on y découvre quelques petits points de Chrysocale ou silicate de cuivre.

Si l'on expose un petit fragment de ce minéral à la flamme du gaz, ou simplement à celle d'une lampe à alcool, on voit cette flamme se colorer en vert foncé, ce qui révèle la présence du chlorure de cuivre qui est volatil.

Quand on traite une parcelle de ce minéral par un acide dilué, on voit qu'il fait effervescence, ce qui accuse la présence du carbonate ; et, enfin, en l'attaquant par l'acide nitrique ou par l'acide chlorhydrique, on observe qu'il laisse un résidu blanc formé de silice.

En chauffant dans un petit matras fermé quelques fragments du minéral en question, on voit bientôt de la vapeur d'eau se condenser dans la partie froide du matras, sous forme d'un grand nombre de petites gouttes, ce qui indique que l'eau figure parmi ses composants.

Voici les résultats d'une analyse faite sur la partie de couleur verte qui présente le plus d'homogénéité, dans cet échantillon :

Silice.	6,00
Cuivre 5,36 = oxyde de cuivre	67,12
Acide carbonique	14,86
Chlore	1,48
Eau	10,71
	100,17

En reconstituant, par le calcul, les trois minéraux de cuivre qui sont associés on obtiendra :

MALACHITE	74,32	Oxyde de cuivre	53,52
		Acide carbonique	14,86
		Eau	5,94
ATACAMITE	8,89	Chlore	1,48
		Cuivre	1,32
		Oxyde de cuivre	4,97
		Eau	1,12
CHRYSOCALE	16,43	Oxyde de cuivre	6,78
		Silice	6,00
		Eau	3,65
	99,64		99,64

La petite différence que l'on observe entre ces derniers résultats, obtenus par le calcul, et celui qu'a donné l'analyse du minéral, est due à la petite quantité d'oxygène qui doit être retranchée de l'oxyde de cuivre, car, dans l'analyse, tout le cuivre a été calculé à l'état d'oxyde ; et, une partie de celui de l'Atacamite n'existe pas à un tel état d'oxydation.

N° 198. — **Minéral** égal au précédent, mais poli, afin de mieux montrer l'intimité du mélange.

Mines de Canza. — Province d'Ica.

N° 199. — **Malachite** (carbonate de cuivre) sous forme de concrétions de structure radiée, dans de la **Limonite** (peroxyde de fer hydraté).

Mines de Canza. — Province d'Ica.

N° 200. — **Mélange intime de Malachite** (carbonate de cuivre) avec **Brochantite** (sulfate basique de cuivre) et **Limonite** (peroxyde de fer hydraté).

Richesse en cuivre = 36,30 %.

Mines de Canza. — Province d'Ica.

Cet étrange minéral se présente sous la forme de masses amorphes dont la couleur varie depuis le rouge de l'oxyde de fer terreux, jusqu'au gris noirâtre que l'on observe fréquemment dans quelques variétés de Limonite. Il offre, en outre, quelques petites taches vertes de carbonate de cuivre.

A première vue, et, si on ne tient pas compte des très-petites taches vertes, on croirait que ce minéral est formé par de la Limonite pure, compacte et terreuse ; mais, il suffit d'en dissoudre une partie dans les acides, pour s'apercevoir bientôt, par suite de la couleur verte ou bleue de la solution, qu'il contient une forte proportion de cuivre.

La partie compacte, la plus homogène, de couleur de foie, contient, en effet, jusqu'à 36,30 % de cuivre, qui, calculé à l'état d'oxyde, sous lequel il se trouve dans le minéral, donne 45,49 %.

Si l'on recherche sous quelle forme de combinaison peut se trouver cet oxyde, on reconnaît bientôt, à l'effervescence légère que fait le minéral dans les acides dilués, qu'une partie de l'oxyde est combinée avec l'acide carbonique et forme un carbonate. Si l'on traite par le chlorure de barium la dissolution du minéral dans l'acide chlorhydrique ou dans l'acide nitrique, ou, mieux encore, dans l'acide acétique, on remarque aussitôt qu'il contient une notable proportion d'acide sulfurique, de sorte qu'une partie de l'oxyde de cuivre se trouve combinée avec l'acide sulfurique à l'état de sulfate. Mais, comme le sulfate de cuivre neutre, ou Cyanose, est soluble dans l'eau, et que le minéral en question est absolument insoluble dans ce liquide, on peut conclure qu'une partie du cuivre de ce minéral se trouve à l'état de sulfate basique ou Brochantite.

L'analyse de la partie la plus homogène de ce minéral, un fragment de couleur grise, sans aucune tache verte, a donné, pour sa composition, les résultats suivants :

Eau	19,50
Cuivre 36,30 = oxyde de cuivre	45,49
Acide sulfurique	4,43
Acide carbonique	8,33
Silice	4,00
Peroxyde de fer	17,40
	99,15

Ainsi qu'on le voit par les résultats de cette analyse, le minéral en question contient également un peu de silice qui, probablement, se trouve combinée avec une autre portion de l'oxyde de cuivre, à l'état de silicate ; de sorte que, ce minéral complexe, qu'à cause de son aspect extérieur, on prendrait pour une simple Limonite, est formé de trois espèces minérales de cuivre, à savoir : carbonate, sulfate basique et silicate, intimement mêlées avec de la Limonite ou peroxyde de fer hydraté.

N° 201. — Malachite terreuse (carbonate de cuivre),
avec de petits cristaux de
Gypse (sulfate de chaux).

Richesse en cuivre = 47 %.

Mines de Canza. — Province d'Ica.

N⁰ 202. — **Malachite** (carbonate de cuivre) concrétionnée.

Mines de Canza. — Province d'Ica.

N⁰ 203. — **Malachite** (carbonate de cuivre) fibro-radiée.

Mines de Canza. — Province d'Ica.

N⁰ 204. — **Azurite** (carbonate de cuivre, bleu), avec
Malachite (carbonate de cuivre, vert),
Atacamite (oxychlorure de cuivre) et
Cuprite (protoxyde de cuivre),

Mines de Canza. — Province d'Ica.

N⁰ 205. — **Azurite** (carbonate de cuivre, bleu), avec
Malachite (carbonate de cuivre, vert),
Cuprite (protoxyde de cuivre) et
Chalkosine (protosulfure de cuivre).

Mine de Tuco. — District d'Aquia. — Province de Cajatambo.

N⁰ 206. — **Azurite cristallisée** (carbonate de cuivre,
bleu), dans de la
Limonite (peroxyde de fer hydraté).

Mine du Toril. — Yanacancha. — Cerro-de-Pasco.

N⁰ 207. — **Azurite** (carbonate de cuivre, bleu), dans une
roche quartzeuse et ferrugineuse.

Mine de Yauri. — Province de Yauyos.

N⁰ 208. — **Cuprocalcite** (carbonate de protoxyde de cuivre
et de chaux), avec
Malachite (carbonate de cuivre, vert).

Richesse en cuivre $= 40$ %.

Mines de Tingue. — Province d'Ica.

N° 209. — **Cuprocalcite** (carbonate de protoxyde de cuivre
et de chaux), avec
Calcaire ferrugineux (carbonate de chaux,
avec oxyde de fer).

Mines de Canza. — Province d'Ica.

Ce fut en l'année 1872 que je découvris cet intéressant minéral. J'en ai publié la description dans les *Annales de Farmacia de Lima.* Cette description a été réimprimée, plus tard, avec quelques corrections dans le *5° Apéndice de la Mineralogia de Chile* qu'a publié, au Chili, M. Domeyko.

Comme cette description fut faite sur l'échantillon même qui, dans la collection, porte le n° 209, je vais la reproduire textuellement.

« Parmi les divers minéraux de cuivre que fournissent les mines de Canza, situées à peu de distance de la ville d'Ica, j'en ai trouvé un entièrement inconnu dans la science et fort remarquable, tant au point de vue de sa couleur qu'à celui de sa composition.

Bien que ce minéral ne se présente pas à l'état cristallin, il offre néanmoins des caractères si tranchés qu'il est très-facile de le distinguer des autres, et qu'on est autorisé à le considérer comme une nouvelle espèce minérale à laquelle j'ai donné le nom de *Cuprocalcite* qui rappelle sa composition.

La Cuprocalcite se présente en masses compactes, couleur de vermillon, ce qui, à première vue, la fait confondre avec le Cinabre ou sulfure de mercure. Il est facile de l'en distinguer par son faible poids spécifique qui ne dépasse pas 3,90. Sa dureté est égale à 3.

Calcinée dans un tube de verre fermé à l'une de ses extrémités, la Cuprocalcite dégage des vapeurs d'eau. Au chalumeau, elle donne, en fondant, un bouton de couleur grise avec éclat semimétallique. Si on la mouille préalablement avec une goutte d'acide chlorhydrique, elle communique alors une belle couleur verte à la flamme du chalumeau, ce qui révèle la présence du cuivre.

La Cuprocalcite est soluble avec effervescence, même dans les acides très-étendus, ce qui fait connaître qu'elle contient de l'acide carbonique. Sa solution, traitée par un excès d'ammoniaque, prend une couleur bleue intense, et il se produit quelquefois un léger précipité d'oxyde de fer, et, d'alumine, qu'elle contient d'une manière accidentelle.

Le liquide cupro-ammoniacal filtré, traité par l'oxalate d'ammoniaque, donne un abondant précipité blanc d'oxalate de chaux. La Cuprocalcite est donc un carbonate double de cuivre et de chaux ; mais, ce qu'elle offre de plus intéressant, c'est que le cuivre qu'elle contient se trouve à l'état de protoxyde, ou oxydule, ainsi que le prouvent les réactions suivantes :

Quand on traite le minéral pulvérisé par l'acide chlorhydrique dilué et à l'abri du contact de l'air, on obtient une solution presque incolore qui contient du protochlorure de cuivre et qui devient peu à peu verte, quand on l'expose au contact de l'air. La solution de Cuprocalcite dans l'acide chlorhydrique jouit, en outre, d'un grand pouvoir désoxydant : elle réduit énergiquement les sels d'or en produisant, dans les solutions de ce métal, un précipité, gris rougeâtre, d'or métallique, qui a un reflet bleuâtre quand on le regarde en face de la lumière ; cette solution décolore celle de permanganate de potasse, et elle produit une coloration bleue dans les solutions de molibdate d'ammoniaque,

La Cuprocalcite finement pulvérisée et traitée, à l'abri de l'air, par l'ammoniaque liquide, produit une dissolution presque incolore en laissant un résidu blanc de carbonate de chaux ; mais, au contact de l'air, cette dissolution prend une couleur bleue, caractéristique des solutions cupro-ammoniacales.

COMPOSITION. — La Cuprocalcite étant, presque toujours, accompagnée par d'autres substances minérales, il est assez difficile d'en obtenir un morceau complétement pur pour en faire l'analyse quantitative. C'est pour cette raison que dans les résultats de l'analyse suivante on voit figurer un peu d'oxyde de fer, de magnésie, d'alumine et de silice ; mais, ces substances sont en si petite quantité relativement à l'oxyde de cuivre, à la chaux et à l'acide carbonique, qu'on voit clairement qu'elles ne sont qu'accidentelles, et que le minéral est exclusivement formé de carbonate de protoxyde de cuivre et de chaux, avec un peu d'eau.

Voici sa composition :

Protoxyde de cuivre	50,45
Chaux	20,16
Acide carbonique	24,00
Eau	3,20
Oxyde de fer	0,60
Magnésie	0,97
Alumine	0,20
Silice	0,30
	99,88

Si l'on combine, par le calcul, la quantité d'acide carbonique nécessaire pour former, avec la chaux qu'indique l'analyse, du carbonate de chaux, il restera, pour le protoxyde de cuivre, une quantité d'acide carbonique suffisante pour former un carbonate basique, comme la Malachite, c'est-à-dire dans lequel entreront deux équivalents d'oxyde de cuivre, pour un d'acide carbonique, ce qui pourrait s'exprimer par la formule suivante :

$$2\,(CuO),\ CO^2 + 2\,CaO,\ CO^2 + HO$$

ANALOGIE. — La Cuprocalcite n'a d'analogie avec aucune autre espèce minérale, excepté par sa couleur qui, ainsi que je l'ai dit plus haut, pourrait la faire confondre avec le Cinabre. Mais on la distingue très-facilement du Cinabre par son poids spécifique peu élevé et, en outre, parce qu'elle n'est pas, comme ce dernier, volatile sous l'action de la chaleur.

S'il arrivait que quelques personnes, peu accoutumées à apprécier les différences de couleur, puissent confondre la Cuprocalcite avec d'autres minéraux de couleur rouge, tels que la Cuprite ou Cuivre rouge (protoxyde de cuivre), la Pyrargyrite ou Argyrithrose (sulfure d'argent et d'antimoine), la Proustite (sulfure d'argent et d'arsenic), ou certaines variétés de peroxyde de fer, je ferai remarquer qu'on distingue facilement la Cuprocalcite de la Cuprite, de la Pyrargyrite et de la Proustite par sa couleur rouge, moins claire, parce qu'elle est complétement opaque et manque de l'éclat semi-métallique que possèdent ces divers minéraux, quand ils ne sont pas cristallisés.

On distingue immédiatement la Cuprocalcite de toutes les variétés de peroxyde de fer, à l'aide du chalumeau : le peroxyde

de fer, en effet, est infusible, et acquiert des propriétés magnétiques par la calcination, tandis que la Cuprocalcite est fusible
au chalumeau, et donne un bouton gris, doué d'un éclat
semi-métallique, et ne jouissant pas de propriétés magnétiques.

Enfin, la Cuprocalcite pourrait être confondue avec une
variété de Blende (sulfure de zinc), de couleur rouge très-vif,
que j'ai rencontrée, avec une Galène, dans la montagne de Hualgayoc ; mais, il suffit de mettre un petit fragment de Cuprocalcite dans un acide très-dilué et noter la vive effervescence
qui se produit, par le dégagement d'acide carbonique qui ne
possède aucune odeur, pour pouvoir la distinguer de tous les
minéraux de couleur rouge.

ETAT NATUREL. — La Cuprocalcite est un minéral assez rare,
qui fut d'abord trouvé, seulement en petits morceaux, dans les
mines de Canzà. Plus tard on l'a trouvé en plus grande quantité, mais moins pur, dans les mines de Tingue (1) situées à
peu de distance de celles de Canza.

Dans les mines de Canza, la Cuprocalcite est accompagnée
de carbonate de chaux intimement mêlée avec du peroxyde de ·fer qui lui donne une couleur variable, avec des
nuances jaunâtres, grises et noirâtres et qui contient, en
outre, un peu de magnésie, d'alumine et de silice. Certains
échantillons portent également quelques taches vertes de
Malachite.

Mais ce qui est digne de remarque, c'est la tendance qu'a
la Cuprocalcite à se séparer du carbonate de chaux ferrugineux,
démontrant ainsi, jusqu'à un certain point, que bien que ce
minéral ne se présente pas à l'état cristallin, il tend néanmoins, à avoir une composition fixe, et constitue réellement
une espèce minérale.

On est surpris, en effet, de voir, au milieu d'une masse de
carbonate de chaux avec oxyde de fer, de couleur jaunâtre,
gris ou noirâtre, des taches ou des bandes de Cuprocalcite de

---

(1) Dans la mine dite *Desengaño* que nous visitâmes en 1876, et qui était
alors exploitée par Don José Santos Olivares, nous eûmes l'occasion d'observer, dans
l'une des galeries, une veine de Cuprocalcite qui ne mesurait pas moins de 40 à 50
centimètres d'épaisseur. (*Note du trad.*)

couleur vermillon dont les limites sont bien séparées. Il est également étonnant que le cuivre de la Cuprocalcite se trouve à l'état de protoxyde, tandis que le fer, mêlé avec le carbonate de chaux, est totalement à l'état de peroxyde, de sorte qu'il ne peut se combiner avec l'acide carbonique pour former du carbonate de fer.

On est presque conduit à croire qu'au moment de la production de la Cuprocalcite, il y avait en présence les éléments de la Malachite avec du carbonate de chaux et de protoxyde de fer, et que ce dernier s'est suroxydé aux dépens de l'oxygène de l'oxyde de cuivre de la Malachite, le réduisant ainsi à l'état de protoxyde, pour former la Cuprocalcite.

Si la Cuprocalcite existait en masses plus considérables, elle constituerait une magnifique pierre d'ornement, car elle prend un assez grand lustre quand elle est polie, et ses couleurs vives produisent le plus bel effet, en imitant les plus brillantes variétés de jaspe, ainsi qu'on peut le voir par l'échantillon suivant :

N° 210. — Cuprocalcite (carbonate de protoxyde de cuivre et de chaux),

Pierre polie pour mieux faire ressortir les couleurs qu'affecte ce minéral.

Mines de Canza. — Province d'Ica.

N° 211. — Cuprocalcite (carbonate de protoxyde de cuivre et de chaux).

Mines de Canza. — Province d'Ica.

N° 212. — Cuprocalcite (carbonate de protoxyde de cuivre et de chaux), avec

Malachite (carbonate de cuivre) et

Calcaire ferrugineux (carbonate de chaux, avec oxyde de fer).

Mines de Canza. — Province d'Ica.

Nᵒ 213. — Arséniate de cuivre, sur de la
Tennantite (sulfure de cuivre et d'arsenic),
avec
Acerdèse (sesquioxyde de manganèse hydraté),
Céruse (carbonate de plomb) et
Quartz rosé.

Mine de San Antonio. — Morococha. — Province de Tarma.

Nᵒ 214. — Arséniate de cuivre, avec
Kérargyre (chlorure d'argent).

*Montagne de Pucarà à 45 ou 50 kilomètres de Lima, dans la
vallée de Lurin.*

Nᵒ 215. — Antimoniate de cuivre et de fer, sur de la
Malachite (carbonate de cuivre), avec
Céruse (carbonate de plomb).
Richesse en argent = 0,034, soit 408 marcs par caisse.

District de Macate. — Province de Huaylas.

Nᵒ 216. — Antimoniate de cuivre et de fer, sur de la
Panabase argentifère et ferrifère (sulfure de cuivre, d'antimoine et d'arsenic, avec
argent et fer).

Mine de San José. — Queropalca. — Province Dos de Mayo.

Cet échantillon présente la Panabase cristallisée en tétraèdres
imparfaits, couverts par une croûte ocreuse de plus d'un millimètre d'épaisseur.

Cette matière ocreuse, produite par l'oxydation de la Panabase, est formée d'antimoniate de cuivre et de fer mélangé
d'un peu d'arsenic.

Nᵒ 217. — Antimoniate avec **Arséniate de cuivre et
de fer,** sur de la
Panabase (sulfure de cuivre, d'antimoine et
d'arsenic) cristallisée en tétraèdres.

Mine de Tambillo. — Province de Huari.

N° 218. — **Antimoniate** avec **Arséniate de cuivre et de fer** couvrant de gros cristaux de
Panabase (sulfure de cuivre, d'antimoine et d'arsenic).

Mine de Tambillo. — *Province de Huari.*

N° 219. — **Antimoniate** avec **Arséniate de cuivre et de fer,** sur des cristaux épigéniques de la Panabase, avec
Stibferrite ou **Pseudo-Limonite** (antimoniate de fer).

Mine de Tambillo. — *Province de Huari.*

Cet échantillon est le résultat de l'oxydation d'une Panabase dont il conserve encore la cristallisation tétraédrique.

La partie qui correspond à la Panabase, c'est-à-dire la partie cristallisée, offre une couleur jaunâtre qui tire au verdâtre. Elle est formée, presque entièrement, d'un mélange d'antimoniate et d'arséniate de cuivre et de fer.

La partie inférieure de l'échantillon, c'est-à-dire la partie amorphe, sur laquelle reposent les cristaux, offre une couleur orangé-rougeâtre. Elle a un aspect terreux et elle est formée, par de la Stibferrite ou Pseudo-limonite, c'est-à-dire par de l'antimoniate de fer.

L'antimoniate, avec arséniate de cuivre dans la partie centrale, contient encore un peu de sulfure, et, il est presqu'impossible de l'obtenir pur pour faire l'analyse quantitative de ce minéral.

N° 220. — **Brochantite terreuse** (sulfate basique de cuivre), sur de la
Covelline (sulfure de cuivre), avec
Pyrite (sulfure de fer).

Collines d'Ilo. — *Province de Moquegua.*

N° 221. — **Cyanose** (sulfate de cuivre), sur une roche feldspathique.

Galeries des mines du Cerro-de-Pasco.

N° 222. — **Cyanose** (sulfate de cuivre), avec
Mélantérie (sulfate de protoxyde de fer).

Galeries des mines du Cerro-de-Pasco.

N° 223. — **Cyanose** (sulfate de cuivre), dans une roche
argileuse.

Hacienda de Cañasbamba, près de Caraz. — Province de Huaylas.

N° 224. — **Cyanose** (sulfate de cuivre), avec
Limonite (peroxyde de fer hydraté).

Environs de Coris. — Province de Tarapacá.

MINÉRAUX DE PLOMB

Parmi les divers minéraux métalliques qui constituent l'une des principales sources de richesse du Pérou, ceux de plomb sont assurément les plus abondants. Le minerai le plus commun est la Galène (sulfure de plomb) plus ou moins argentifère. Peu de pays, en vérité, je ne dis pas surpasseront, mais même égaleront le Pérou pour l'abondance et la variété des Galènes : de toute part, en effet, on trouve ce minéral, sous les aspects les plus différents et offrant une richesse en argent des plus variables.

Bien que très-abondante, au Pérou, la Galène est suffisamment rare sur la côte et, quand on l'y trouve, elle y est, presque toujours, peu abondante. Ce n'est qu'à 50 ou 60 kilomètres de la mer que, généralement, les Galènes commencent à se montrer. Ce fait doit être attribué, naturellement, à la formation géologique de la région de la *Costa* qui est presque composée uniquement de roches cristallines.

Les Galènes, au Pérou, sont presque toujours antimoniales et j'ai dit, déjà, que l'antimoine était très-répandu dans tous les centres miniers de la République, accompagnant partout les minéraux d'argent.

Les Galènes cristallisées sont très-rares au Pérou. Je n'ai trouvé ce minéral, en cristaux bien définis, que dans le district de Vilque de la province de Pasco et dans le gisement minier de Chonta de a province Dos de Mayo. Mais si la Galène est très-rare cristallisée, elle est suffisamment commune en masses affectant une structure cristalline cubique qui est caractéristique de ce minéral.

Outre la structure cubique, la Galène, au Pérou, présente différentes autres structures qui lui donnent des aspects très-variés qui ont valu à ce minerai divers noms vulgaires sous lesquels le désignent · les mineurs du pays. Ainsi quand la Galène offre une structure à grandes facettes, elle est connue sous le nom étrange de *Carne de vaca* (viande de vache); quand, au contraire, elle présente de petites facettes, on l'appelle *Soroche;* si elle a une structure granulaire, on lui donne le nom de *Acerilla;* enfin si sa structure rappelle la structure fibreuse, on la désigne sous le nom de *Frangilla.*

La Galène dont la structure est fibreuse ainsi que celle de structure granulaire, contiennent toujours de l'antimoine, et la première en contient plus que la seconde. Cela ne veut pas dire que les Galènes qui présentent une autre structure soient dépourvues d'antimoine. Même celles de structure cubique bien déterminée, que j'ai trouvées au Pérou, contenaient une certaine proportion d'antimoine; et, comme ce métal accompagne constamment l'argent, au Pérou, il en résulte que presque toutes les Galènes contiennent une plus ou moins grande proportion d'argent, et, il est, en effet, très-rare de trouver des Galènes complétement dépourvues de ce métal.

L'antimoine se combine en toutes proportions avec le sulfure de plomb, de sorte que les variétés de Galène sont infinies. Quelquefois, en effet, on trouve, au Pérou, des masses presque entièrement compactes formées de sulfure de plomb et d'antimoine et qui ont perdu tous les caractères physiques de la Galène pour prendre insensiblement ceux de la Boulangérite (sulfure de plomb et d'antimoine).

Le sulfure triple de plomb, de cuivre et d'antimoine, connu sous le nom de Bournonite, n'est pas très-rare, au Pérou. On le trouve, soit à l'état cristallin, soit à l'état amorphe et on le désigne, dans le pays, sous le nom de *Pavonado plomizo*, à cause de sa ressemblance avec le Pavonado, ou Cuivre gris, quand il se trouve en masses amorphes.

Le phosphate et l'arséniate de plomb sont assez rares au Pérou ; mais, il n'en est pas de même du sulfate ou Anglésite et de l'antimoniate ou Bleiniérite, qui sont très-communs et accompagnent presque toutes les Galènes antimoniales de l'oxydation desquelles ils sont le résultat. Presque tous les minéraux de plomb à nuances de couleur jaune, et qui sont connues, dans le pays, sous le nom de *Limonados* contiennent de l'antimoniate de plomb : il est très-rare que cette coloration en jaune, qui rappelle plus ou moins la couleur des citrons, soit due à l'arséniate.

On trouve également, au Pérou, quelques combinaisons du plomb avec le chlore, telles que la Cotunnite (chlorure de plomb), la Matlockite (oxychlorure de plomb) et la Percylite (chlorure double de plomb et de cuivre). Parmi ces minéraux il faut faire une mention spéciale de la Cotunnite qui, jusqu'à ce jour, n'avait été trouvée à l'état naturel, que sur les laves du Vésuve. Au Pérou, on la trouve en masses, plus ou moins volumineuses, mêlée avec l'oxychlorure de plomb et avec le chlorure double de plomb et de cuivre.

Ces minéraux, ainsi que leurs analogues d'argent et de cuivre, tels que la Kérargyre (chlorure d'argent) l'Atacamite (oxychlorure de cuivre) ne se rencontrent que dans la région de la côte, et les conditions au milieu desquelles ils se trouvent me conduisent à croire qu'ils ont la même origine, c'est-à-dire qu'ils sont dus aux réactions de l'eau de mer sur la matière métallifère, à l'époque du soulèvement des veines, ou durant la période volcanique.

Jusqu'à présent, en effet, je n'ai trouvé ces diverses chlorures de plomb que dans la montagne de Challacollo, de la province de Tarapacá : et, là, ils sont mêlés avec le chlorure de sodium, le sulfate de soude et d'autres sels contenus dans l'eau de mer.

A une certaine profondeur on trouve des mélanges de chlorure de plomb et de Galène, ou sulfure du même métal, ce qui établit une ressemblance de plus entre l'état naturel de ce chlorure et de ceux d'argent et de cuivre qui, ainsi que je l'ai établi plus haut, semblent tirer leur origine des sulfures.

Parmi les minéraux de plomb que j'ai étudiés au Pérou, j'ai trouvé une nouvelle espèce : c'est un silico-antimoniate de plomb, auquel j'ai donné le nom d'*Aréquipite* qui rappelle le lieu de sa provenance qui est une mine située à peu de distance de la ville d'Aréquipa.

Voici les principaux types des minéraux de plomb du Pérou :

N⁰ 225. — Plomb natif, avec grains de
Galène (sulfure de plomb) et de sulfo-carbonate de plomb.

Montagne de Santa Bárbara. — Huancavelica.

Cet échantillon se présente à l'état de grains quelque peu volumineux, de forme et d'aspect variés. En les examinant avec soin, on reconnaît qu'ils sont constitués par trois minéraux distincts.

Quelques grains sont malléables, c'est-à-dire se laissent aplatir sans se briser, et sont constitués par du plomb métallique. Ils sont de petites dimensions, comme s'ils eussent été formés par une seule goutte de plomb ou par deux ou trois réunies.

D'autres grains sont formés par une matière blanchâtre, quelque peu jaunâtre, poreuse, légère, et qui offre l'aspect d'une scorie. Ces grains, quoique plus gros que les précédents, ne dépassent pas un centimètre dans leur plus grand diamètre, et sont formés par du sulfo-carbonate de plomb.

Un grand nombre de grains de plomb métallique se présentent comme incrustés dans la masse scoriacée, ce qui leur donne l'apparence d'un métal incomplétement fondu.

Outre les grains de plomb métallique et ceux de matière scoriacée on en trouve d'autres formés par de la Galène plus ou moins cristalline, qui offre quelquefois une structure cubique.

A première vue, on dirait que toutes ces matières doivent être attribuées à des déchets de quelque fonderie de plomb; mais, le lieu où on les trouve, qui est le sommet d'une montagne et le fait de rencontrer quelques grains constitués par les trois substances en question, c'est-à-dire du plomb métallique, de la matière scoriacée et de la Galène, ne permet aucunement de voir dans ces minéraux des débris d'une industrie quelconque, car il n'est pas possible, dans l'hypothèse d'une telle origine, que, dans une petite masse, dont les dimensions ne dépassent pas quelques millimètres, puissent coexister le plomb à l'état métallique, la matière scoriacée, dont l'aspect poreux indique suffisamment qu'elle a souffert une fusion et la Galène, avec sa structure cristalline.

Si ces matières étaient des déchets de quelque fonderie, la Galène se serait décomposée et n'aurait certainement pas conservé sa structure métallique caractéristique. La réunion de ces substances ne peut donc être considérée que comme un produit du grand laboratoire de la nature, où les opérations s'effectuent dans des conditions bien différentes de celles que nous réunissons dans nos ateliers de fonderie.

Quelques grains de plomb métallique et quelques-uns de Galène, également, offrent, quand on les observe avec une loupe, de petits points de couleur rouge de cuivre, mais si petits, qu'il est complétement impossible d'en étudier la nature. Ne serait-ce pas la même substance qu'a obtenu le chimiste Wöhler, en faisant passer un courant électrique dans une solution d'azotate de plomb, substance que cet auteur croit être un état allotropique du plomb ou de l'oxyde de plomb?

Les grains de plomb, et, quelquefois aussi, ceux de Galène sont couverts d'un voile blanchâtre d'hydrocarbonate de plomb qui s'est probablement formé sous l'action des agents extérieurs.

L'analyse de la matière scoriacée a donné les résultats suivants :

Oxyde de plomb	70,80
Acide sulfurique	10,70
Acide carbonique	4,50
Eau	3,00
Matières terreuses insolubles	11,00
	100,00

Cet échantillon m'a été remis par M. Frédérique Phlücker qui le recueillit presque à la surface du sol, au sommet de la montagne de Santa Bárbara, près de Huancavelica.

N⁰ 226. — **Galène** (sulfure de plomb) en cristaux octaédriques, sur du
Calcaire (carbonate de chaux) et sur une roche dioritique.

Près de Maravillas. — District de Vilque. — Province de Puno.

N⁰ 227. — **Galène** (sulfure de plomb) cristallisée en octaèdres, avec concrétions de
Calcaire ferrugineux (carbonate de chaux avec oxyde de fer).

Près de Maravillas. — District de Vilque. — Province de Puno.

N⁰ 228. — **Galène cuivrique** (sulfure de plomb, avec cuivre) en petits cristaux disposés par groupes.

Mine appelée Mefisto. — Morococha. — Province de Tarma.

N⁰ 229. — **Galène** (sulfure de plomb) cristallisée en octaèdres, cubo-octaèdres et dodécaèdres.

District minier de Chonta. — Province Dos de Mayo.

N⁰ 230. — **Galène stalactitique** (sulfure de plomb).

Mine de Carahuacra. — Province de Tarma.

Cet échantillon rare présente la Galène en stalactites cylindriques, pourvues d'un canal central, comme il arrive pour beaucoup de stalactites de Calcaire ou carbonate de chaux. Ces stalactites semblent, en outre, s'être produites comme ces dernières, par l'action de l'eau, car l'échantillon a été recueilli dans une grande cavité mise à découvert dans une mine, et dans des conditions analogues à celles au milieu desquelles se forment les stalactites calcaires.

Nº 231. — **Galène argentifère** (sulfure de plomb, avec argent) à structure cubique, avec **Anglésite** (sulfate de plomb).

Richesse en argent = 0,00166, soit 20 marcs par caisse.

Mines de Chupra. — *District de Marcapomacocha.* — *Province de Tarma.*

Nº 232. — **Galène argentifère** (sulfure de plomb, avec argent) à grandes facettes, connue sous le nom vulgaire de *Carne de vaca.*

Richesse en argent = 0,005, soit 60 marcs par caisse.

Mine Purisima. — *District de Recuay.* — *Province de Huaraz.*

Nº 233. — **Galène antimoniale argentifère** (sulfure de plomb, avec antimoine et argent) à structure écailleuse, connue sous le nom vulgaire de *Soroche.*

Richesse en argent = 0,0006, soit 7,2 marc par caisse.

Hauteurs de Tambo de Viso — *Province de Huarochiri.*

Nº 234. — **Galène argentifère** (sulfure de plomb, avec argent) à structure écailleuse et granulaire, connue sous le nom vulgaire de *Soroche avec Acerillo.*

Richesse en argent = 0,00075, soit 9 marcs par caisse.

District de Carampoma. — *Province de Huarochiri.*

Nº 235. — **Galène antimoniale argentifère** (sulfate de plomb, avec antimoine et argent) à structure granulaire très-fine, connue sous le nom vulgaire d'*Acerillo,* avec **Blende** (sulfure de zinc).

Richesse en argent = 0,01, soit 120 marcs par caisse.

Mines Murcielagos. — *Montagne de Chilete.* — *Province de Cajamarca.*

Nᵒ 236. — Galène antimoniale argentifère (sulfure de plomb, avec antimoine et argent) à structure fibro-granulaire.

Richesse en argent = 0,0045, soit 18 marcs par caisse.

Mine Cuatro Amigos. — District de Macate. — Province de Huaylas.

Nᵒ 237. — Galène argentifère (sulfure de plomb, avec argent) à petites facettes, connue sous le nom vulgaire de *Soroche.*

Richesse en argent = 0,002, soit 24 marcs par caisse.

Mine de la Contadora. — Province de Huaraz.

Nᵒ 238.— Galène antimoniale argentifère (sulfure de plomb, avec antimoine et argent) à structure fibro-cubique.

Richesse en argent 0,00633, soit 76 marcs par caisse.

*Mine de San Francisco. — District de Recuay. —
Province de Huaraz.*

Nᵒ 239. — Galène antimoniale argentifère (sulfure de plomb, avec antimoine et argent) à structure fibreuse, connue sous le nom vulgaire de *Frangilla.*

Richesse en argent = 0,0045, soit 54 marcs par caisse.

District de Recuay. — Province de Huaraz.

Nᵒ 240. — Johnstonite (persulfure de plomb), avec **Galène antimoniale argentifère** (sulfure de plomb, avec antimoine et argent) à structure fibreuse.

*Mine du Carmen. — Montagne de Pasacancha. —
Province de Pomabamba.*

Cet échantillon rare est formé de deux minéraux distincts : une Galène antimoniale et un sulfure de plomb très-sulfuré. La Galène antimoniale, qui forme comme le nucleus ou partie centrale de l'échantillon, est très-brillante et offre une structure fibro-cubique. L'autre minéral qui forme la partie extérieure, en quelque sorte, et qui est très-distinct de la Galène, tant par son aspect physique que par sa composition, mérite une mention spéciale : c'est pour cette raison que je vais reproduire ici la description que j'en ai faite dans le travail que j'ai publié sur le département d'Ancachs.

« Ce sulfure se présente en masses amorphes à structure presque granulaire, avec de petites surfaces planes, qui, en quelques points rares, offrent une structure cubique peu apparente ; ce n'est que difficilement qu'on peut les diviser à angle droit selon trois directions différentes.

» Sa couleur est gris noirâtre tirant au bleu et au violet. Il est presque sans éclat métallique et, par son aspect, rappelle quelque peu certains échantillons de graphite.

» Ce minéral est tendre et se laisse rompre facilement avec la main. Sa dureté est comprise entre 2 et 2,5. Quand on le raye il présente une impression brillante comme le graphite, ou certains minéraux d'aspect résineux ; mais, sa poudre n'a aucun éclat et sa couleur est gris obscure.

» Son poids spécifique n'est que 4,36 ; c'est, par conséquent, le plus léger de tous les minerais de plomb.

» Ce qui caractérise la Johnstonite, c'est la grande quantité de soufre qu'elle contient et qui se manifeste immédiatement quand on approche un petit morceau de ce minéral de la flamme d'une bougie : il s'enflamme aussitôt et brûle longtemps avec une flamme bleue, comme celle du soufre.

» Quand on chauffe, au moyen d'une lampe à alcool, un fragment de ce minéral, dans un tube de verre fermé à l'une de ses extrémités, il se dégage une si grande quantité de soufre qu'on voit ce métalloïde se déposer dans le tube, à l'état liquide.

» Dans la partie la plus voisine de la Galène, ce sulfure se trouve, presque toujours, plus ou moins mêlé avec cette dernière, et, au milieu de la masse de couleur gris noirâtre, terne, que forme le minéral en question, on voit de petites facettes brillantes de galène. Dans de telles conditions, le poids spécifique du sulfure et sa dureté, sont plus considérables, tandis que la proportion de soufre est moindre.

» Si l'on traite ce minéral par l'acide nitrique, on observe d'abord qu'il n'est attaqué qu'avec beaucoup de difficulté; mais, quand la réaction s'effectue, il se sépare une grande quantité de soufre qui vient nager à la surface du liquide; une certaine partie du soufre se transforme en acide sulfurique qui reste avec le plomb à l'état de sulfate de plomb.

» Dans la seconde édition de son *Traité de Minéralogie*, M. Dufrénoy cite deux exemples de sulfure de plomb, avec excès de soufre. M. Johnston a fait connaître l'un de ces exemples, dans une Galène de Hanz, qui contient 8,71 % de soufre en excès, et l'autre se trouve dans une Galène de Phœnixville, en Pensylvanie, Galène dont le naturaliste américain M. Archbald a enrichi la collection minéralogique du Muséum d'histoire naturelle de Paris.

» Selon M. Dufrénoy, le soufre en excès existe dans ces Galènes à l'état de mélange, et l'on peut même le distinguer avec une loupe.

» Je doute, moi aussi, que dans le présent échantillon l'excès de soufre se trouve chimiquement combiné avec le plomb; pourtant, il ne se trouve pas à l'état de simple mélange mécanique, attendu que, même avec l'aide du microscope on n'arrive pas à découvrir de parties de nature distincte, dans ce minéral.

» Ce qui me fait croire que cet excès de soufre n'est pas combiné chimiquement avec le plomb, c'est qu'on peut le dissoudre par le sulfure de carbone. En effet, ayant traité un poids déterminé de ce minéral, finement pulvérisé, par le sulfure de carbone, complétement exempt de soufre, et l'ayant lavé plusieurs fois avec le même liquide, j'ai pu extraire une grande quantité de soufre que j'ai pesé directement, après avoir évaporé le sulfure de carbone au bain-marie, et que j'ai reconnu être égale à 20,24 % du poids du minéral.

» Comme on voit, ce sulfure de plomb contient un excès de soufre beaucoup plus grand que celui que cite M. Johnston, et, à cause de sa facile dissolution dans le sulfure de carbone, il y a davantage de raison pour croire que ce soufre se trouve à l'état de mélange.

» Il se présente néanmoins deux caractères qui détruisent en partie cette manière de voir et montrent que, s'il n'y a pas une véritable combinaison chimique, le soufre en excès ne se trouve pas, non plus, à l'état de simple mélange mécanique et qu'il y a, entre le soufre et le sulfure de plomb, une véritable fusion, c'est-à-dire, qu'on me permette l'expression, une combinaison physique.

» Ces deux caractères qui détruisent l'opinion d'un simple mélange, sont la grande difficulté qu'éprouve l'acide nitrique pour attaquer ce sulfure, et son poids spécifique de beaucoup inférieur à celui que donnerait un mélange de Galène et de soufre dans les proportions trouvées par l'analyse.]

» Si, en effet, le soufre formait un simple mélange avec la Galène, en traitant, avec l'aide de la chaleur, le sulfure par l'acide nitrique, il y aurait une forte réaction par suite de laquelle la Galène se transformerait immédiatement en sulfate, tandis que le soufre en excès se séparerait bientôt avec sa couleur jaune caractéristique.

» Mais les choses ne se passent pas ainsi avec ce sulfure qui, nous le répétons, se laisse attaquer difficilement par l'acide nitrique; il faut, pour l'attaquer, ajouter un grand nombre de fois de nouvelles doses d'acide nitrique et, encore, le soufre ne se sépare-t-il qu'avec beaucoup de difficultés, tandis que ce n'est que fort lentement qu'a lieu l'oxydation du sulfure et sa transformation en sulfate; il reste presque toujours un résidu noirâtre de sulfure, comme s'il y avait là une force qui s'opposât à la séparation du soufre. Ceci n'arriverait certainement pas s'il n'y avait pas de combinaisons entre le sulfure et l'excès de soufre.

» L'autre caractère, ai-je dit plus haut, qui s'oppose à ce que l'on considère ce sulfure comme un mélange de Galène et de soufre, c'est son poids spécifique peu élevé.

» On admet généralement que le changement de volume est l'un des caractères d'une combinaison chimique entre deux corps, c'est-à-dire que le volume du corps qui résulte de la combinaison, n'est pas égal à la somme des volumes des deux corps combinés.

» Si l'on calcule le poids spécifique qu'aurait un mélange de soufre et de sulfure de plomb dans les proportions qu'a données l'analyse du minéral dont je m'occupe actuellement, même, en tenant compte de la petite quantité d'antimoine, d'argent et de fer qu'il contient, on obtient une densité beaucoup plus grande que celle que donne le minéral directement : cette densité serait à peu près 6,00 au lieu de 4,36. Ce fait établit clairement que, bien que le soufre se dissolve dans le sulfure de carbone, comme s'il était complétement libre, il n'en forme pas moins une espèce de combinaison avec le sulfure de plomb. Ces deux corps, par suite de leur union, acquièrent un volume plus grand, et, par conséquent, un poids spécifique moindre que celui qu'ils accuseraient s'ils étaient à l'état de simple mélange.

» Voici la composition de ce minéral :

Soufre (soluble dans le sulfure de carbone)..	20,21
— (qui reste combiné avec les métaux)...	11,58
Plomb..................................	61,98
Argent................................	1,82
Fer...................................	0,51
Antimoine.............................	3,80
	99,90

» Ainsi qu'on le voit par ces résultats, lorsqu'on traite le minéral par le sulfure de carbone, le soufre qui reste représente presque exactement la quantité qui correspond aux proportions de plomb, d'argent, de fer et d'antimoine. »

J'ajouterai maintenant que la proportion de soufre qui se dissout dans le sulfure de carbone est double de celle qui reste unie au plomb; de sorte que, si l'on considère ce persulfure de plomb comme une espèce minérale, ce serait un tri-sulfure dont la formule serait PS^3. Il serait, par conséquent, différent de la Johnstonite, dont la formule est PS^2.

La Galène antimoniale qui constitue la partie centrale de cet échantillon contient une

Richesse en argent = 0,0235, soit 282 marcs par caisse.

Plomb : 67,85 %.

Or : vestiges.

N° 241. — **Galène antimoniale** (sulfure de plomb, avec antimoine), dans de la
Limonite (peroxyde de fer hydraté).

Hauteurs de Seccha. — Province de Pomabamba.

N° 242. — **Galène ferrugineuse** (sulfure de plomb, avec fer), avec
Limonite (peroxyde de fer hydraté),
Blende (sulfure de zinc) et
Pyrite (sulfure de fer).

Richesse en argent $= 0,0065$, soit 78 marcs par caisse.

Cordillera nevada, entre Recuay et Huari.

N° 243. — **Galène arsenicale, antimoniale** et **argentifère** (sulfure de plomb, avec arsenic, antimoine et argent), avec
Chañarcillite (arsenio-antimoniure d'argent) dans de la
Manganocalcite (carbonate de manganèse et de chaux.)

Mines de Huanta-Huayllay. — Province de Huanta.

N° 244. — **Galène arsenicale, antimoniale** et **argentifère** (sulfure de plomb, avec arsenic, antimoine et argent), avec
Chañarcillite ferrifère (arsenio-antimoniure d'argent, avec fer) et
Arsenio-antimoniate de fer et d'argent.

Mines de Huanta-Huayllay. — Province de Huanta.

N° 245. — **Galène antimoniale** (sulfure de plomb, avec antimoine), et
Panabase argentifère (sulfure de cuivre, d'antimoine et d'arsenic, avec argent.

Mine de Mefisto. — Morococha. — Province de Tarma.

N° 246. — **Galène** (sulfure de plomb), avec
Bournonite argentifère (sulfate de plomb,
de cuivre et d'antimoine, avec argent).
Richesse en argent = 0,015, soit 180 marcs par caisse.
Mine de Santa Rosa. — Parac. — Province de Huarochiri.

N° 247. — **Galène argentifère** (sulfure de plomb, avec
argent), et
Anglésite (sulfate de plomb) en petits cristaux.
Richesse en argent = 0,002, soit 24 marcs par caisse.
Mine Los Negros. — Hualgayoc. — Province de Chota.

N° 248. — **Galène** (sulfure de plomb), avec
Malinowskite (sulfure de cuivre, d'argent,
de plomb, de fer et de zinc).
Richesse en argent = 0,05633, soit 676 marcs par caisse.
Mines de Cajavilca. — District de Chacas. — Province de Huari.
La Galène est tellement disséminée, au Pérou, qu'il serait
par trop difficile d'énumérer tous les points du territoire de la
République où l'on trouve ce minéral. Je me contenterai de
dire que les centres les plus abondamment pourvus de Galènes
argentifères sont les districts de Recuay et de Macate, dans le
département d'Ancachs.

N° 249. — **Boulangérite argentifère** (sulfure de plomb
et d'antimoine, avec argent), avec
Limonite (peroxyde de fer hydraté) et
Bleiniérite (antimoniate de plomb).
Richesse en argent = 0,0035, soit 42 marcs par caisse.
Mines de San Francisco. — Montagnes de Pasacancha. — Pro-
vince de Pomabamba.

N° 250. — **Boulangérite compacte argentifère** (sulfure de plomb et d'antimoine, avec argent) et
Galène antimoniale (sulfure de plomb, avec
antimoine).
Cordillère d'Antarangra. — Près de Morococha. — Province
de Tarma.

Nᵒ 251. — **Boulangérite argentifère** (sulfure de plomb
et d'antimoine, avec argent), avec
Galène (sulfure de plomb) et
Bleiniérite (antimoniate de plomb).

Richesse en argent = 0,001, soit 12 marcs par caisse.

District de Corongo. — Province de Pallasca.

Nᵒ 252. — **Bournonite** (sulfure de plomb, de cuivre et
d'antimoine) cristallisée, avec
Blende (sulfure de zinc),
Panabase (sulfure de cuivre, d'antimoine et
d'arsenic) et
Quartz.

*Agua caliente. — Entre Casapalca et Piedra parada. — Province
de Huarochiri.*

Nᵒ 253. — **Bournonite** (sulfure de plomb, de cuivre et
d'antimoine) cristallisée, avec
Panabase (sulfure de cuivre, d'antimoine et
d'arsenic), sur du
Quartz.

Cordillère d'Antarangra. — Province de Huarochiri.

Nᵒ 254. — **Bournonite** (sulfure de plomb, de cuivre et
d'antimoine) cristallisée, sur du
Quartz cristallisé en rhomboèdres.

*Agua caliente. — Entre Casapalca et Piedra parada. — Province
de Huarochiri.*

Nᵒ 255. — **Bournonite** (sulfure de plomb, de cuivre et
d'antimoine), sur du
Quartz.

*Mine de Salteada. — District de Recuay. — Province
de Huaraz.*

N⁰ 256. — Bournonite argentifère et ferrifère (sulfure de plomb, de cuivre et d'antimoine, avec argent et fer).

Richesse en argent = 0,0013, soit 16 marcs par caisse.

Mine de San Cayetano. — District de Recuay. — Province de Huaraz.

On trouve la Bournonite amorphe sur un grand nombre d'autres points, au Pérou, et l'on peut dire qu'elle existe presque partout où se trouvent à la fois des Galènes et du Cuivre gris. On peut, en effet, considérer la Bournonite comme une association de ces deux minéraux. Mais où on la trouve le plus abondamment, c'est dans plusieurs mines du district de Recuay et de Macate, dans le département d'Ancachs; dans quelques mines de Huallanca de la province Dos de Mayo; dans les mines de Parac et d'Agua caliente, de la province de Huarochiri.

N⁰ 257. — Céruse (carbonate de plomb) amorphe, avec **Quartz.**

Environs de Tiabaya. — Province d'Arequipa.

N⁰ 258. — Céruse (carbonate de plomb) amorphe, avec **Limonite** (peroxyde de fer hydraté).

Hacienda d'Araqueda. — Province de Cajabamba.

N⁰ 259. — Céruse (carbonate de plomb) cristallisée en prismes.

Mines du Cerro-de-Pasco.

N⁰ 260. — Céruse (carbonate de plomb), en cristaux imparfaits, avec **Limonite** (peroxyde de fer hydraté).

District de Yanacancha. — Cerro-de-Pasco.

N° 261. — **Céruse** (carbonate de plomb), avec
Galène (sulfure de plomb),
Malachite (carbonate de cuivre, vert),
Azurite (carbonate de cuivre, bleu), et oxydes
de fer et de manganèse.

Richesse en argent = 0,012, soit 144 marcs par caisse.

Mine Casandra. — Tunnel près de Yauliyaco, sur le chemin de fer de la Oroya. — Province de Huarochiri.

La Céruse, au Pérou, est très-rare à l'état cristallin, mais assez commune à l'état amorphe. On l'a trouvée dans le district de Pica, de la province de Tarapacá ; à Culluchaca, près de Huanta ; dans la montagne de la Trinidad, à peu de distance de Tiabaya, dans la province d'Arequipa ; et dans un grand nombre de mines du district de Macate, dans la province de Huaylas, où elle se montre quelquefois sous forme de petits cristaux intimement mêlés avec les minéraux argentifères, d'argent terreux, connu dans le pays sous le nom de Pacos. Dans ce cas, on ne peut mettre sa présence en évidence qu'en traitant le minéral par l'acide acétique ou par l'acide nitrique très-dilué, et, en cherchant le plomb dans ce liquide filtré, à l'aide des réactifs.

Il est bon de faire remarquer aussi, qu'au Pérou, la Céruse, ou carbonate de plomb, se présente souvent avec une couleur gris obscur ou noirâtre : dans ce cas, ce minéral contient une assez grande quantité d'argent. Il faut observer aussi que le carbonate de plomb noirâtre ne contient pas l'argent à l'état de carbonate, mais bien à l'état de sulfure, ce qu'il est très-facile d'établir, en traitant le minéral pulvérisé par l'acide acétique ou l'acide nitrique très-étendu. Ces acides dissolvent totalement le carbonate de plomb et laissent le sulfure d'argent sous forme d'une poudre noirâtre. Pour montrer ensuite que cette poudre est du sulfure d'argent, on la dissout dans de l'acide nitrique concentré ; cette solution, traitée par l'acide chlorhydrique, donne un précipité floconneux de chlorure d'argent, et un précipité de sulfate de baryte quand on la traite par le nitritate de la même base, car il se produit de l'acide sulfurique, par suite de l'oxydation du soufre du sulfure d'argent.

N° 262. — **Anglésite** (sulfure de plomb), avec
Galène argentifère (sulfure de plomb, avec argent) et
Bleiniérite terreuse (antimoniate de plomb).

Mine de Los Negros. — Hualgayoc. — Province de Chota.

N° 263. — **Anglésite argentifère** (sulfate de plomb, avec argent), partie amorphe et partie cristallisée, avec
Galène (sulfure de plomb).

Veine Podersas. — Hualgayoc. — Province de Chota.

N° 264. — **Anglésite** (sulfate de plomb) cristallisée en octaèdres cunéiformes, avec
Galène (sulfure de plomb) et
Quartz.

Mine de Alpaquitas. — District de Aija. — Province de Huaraz.

N° 265. — **Anglésite concrétionnée argentifère** (sulfate de plomb avec argent), avec nucleus de
Galène antimoniale (sulfate de plomb, avec antimoine) et
Limonite (peroxyde de fer hydraté).

Mine de Los Puerlos. — Chilete. — Province de Cajamarca.

Cet intéressant échantillon établit clairement la transformation de la Galène, ou sulfure de plomb, en Anglésite ou sulfate de plomb : la première, en effet, douée d'un éclat métallique très-vif et offrant une structure cubique caractéristique, occupe sa partie centrale.

Cette Galène ne passe pas immédiatement du sulfate à l'Anglésite, car la partie intermédiaire, ou ligne de séparation de ces deux minéraux, n'est formée, ni par de la Galène, ni par de l'Anglésite, mais bien par un oxysulfure de plomb d'une couleur gris obscur et sans éclat métallique.

La partie externe de l'échantillon est formée d'Anglésite, ou sulfate de plomb, disposée en couches concentriques autour d'un nucleus de Galène. Chaque couche est, en quelque sorte, séparée de la suivante par un voile de Limonite.

L'Anglésite est connue, à Chilete, sous le nom vulgaire de *Asta de venado*.

N° 266. — Anglésite concrétionnée argentifère (sulfate de plomb, avec argent), avec un nucleus de Galène antimoniale argentifère (sulfure de plomb avec antimoine et argent).

Mine de Santa Rosa. — Chilete. — Province de Cajamarca.

Cet échantillon fournit un autre exemple précieux de la transformation du sulfure de plomb en sulfate, et présente un nucleus de Galène recouvert d'Anglésite. Ce qu'il y a de plus curieux, c'est qu'en s'oxydant, la Galène antimoniale a donné naissance à des couches concentriques de nuance et de composition différentes. En effet, dans cet échantillon on observe de petites zones ou bandes de couleur jaunâtre obscur et d'autres de couleur noirâtre, et, chose plus étrange encore, les premières sont formées par du sulfate mêlé avec de l'antimoniate de plomb, contenant très-peu d'argent ; tandis que les bandes obscures sont assez richement pourvues de ce précieux métal qui s'y trouve à l'état de chlorure, mêlé avec du sulfate de plomb.

Dans cet échantillon, il n'y a donc pas eu seulement oxydation et chloruration des éléments qui forment la galène antimoniale argentifère, mais aussi séparation et transposition de ces mêmes éléments, puisque l'antimoine, et une partie du plomb de la Galène se sont réunis dans les bandes de couleur jaunâtre, à l'état d'antimoniate de plomb, tandis que l'argent s'est concentré, à l'état de chlorure, dans les bandes de couleur obscure.

N° 267. — Anglésite argentifère (sulfate de plomb avec argent) concrétionnée, disposée en nucleus avec couches concentriques.

Mine de Santa Rosa. — Chilete. — Province de Cajamarca.

N° 268. — **Anglésite argentifère** (sulfate de plomb, avec argent) concrétionnée, avec de grands nucleus de formes variées.

Mine de Santa Rosa. — Chilete. — Province de Cajamarca.

Au lieu d'un seul nucleus central, on observe dans ces deux derniers échantillons plusieurs centres d'attraction autour desquels se sont disposées des zones, ou couches concentriques, de nature différente. Ces couches n'offrent que peu d'adhérence entre elles, de sorte que les nucleus s'en séparent facilement.

N° 269. — **Anglésite argentifère** (sulfate de plomb, avec argent) concrétionnée.

Richesse en argent = 0,0025, soit 30 marcs par caisse,
— plomb = 61,70 %.

Mine de Chulluc. — District de la Pampa. — Province de Pallasca.

N° 270. — **Anglésite argentifère** (sulfate de plomb, avec argent) concrétionnée, avec plusieurs centres de
Galène (sulfure de plomb).

Mine de Santa Rosa. — Chilete. — Province de Cajamarca.

N° 271. — **Anglésite argentifère** (sulfate de plomb), avec
Céruse (carbonate de plomb),
Galène (sulfure de plomb) et
Chlorure de plomb.

Richesse en argent = 0,00616, soit 74 marcs par caisse.

Mine de Chulluc. — District de la Pampa. — Province de Pallasca.

Ce complexe minéral de plomb se présente sous la forme de masses concrétionnées, disposées par couches concentriques de nature distincte, et dont quelques-unes, ayant une structure semi-cristalline, présentent une foule de points brillants.

La partie centrale de la masse est formée de carbonate et de sulfate de plomb; on observe ensuite une bande étroite de sulfure, puis une autre zone de sulfate et de carbonate, mêlé avec du sulfure; puis, enfin, une couche rouge et jaune de peroxyde de fer, qui couvre le tout.

Quant au chlorure de plomb, il se trouve combiné au carbonate et au sulfate.

L'argent existe, partie à l'état de sulfure, combiné avec la Galène ou sulfure de plomb et partie à l'état de chlorure, soluble dans l'ammoniaque.

La composition de ce curieux minéral est la suivante :

Sulfate de plomb	54,20
Carbonate de plomb	14,44
Sulfure de plomb argentifère	18,02
Chlorure de plomb	2,03
Chlorure d'argent	0,20
Gangue quartzeuse	11,00
	99,89

N° 272. — **Anglésite** (sulfate de plomb), compacte, mêlée avec
Antimoniate de plomb et
Chlorure d'argent.

Richesse en argent = 0,016, soit 192 marcs par caisse.

Mine de Santa Rosa. — Chilete. — Province de Cajamarca.

Cet échantillon se présente en masses amorphes, noirâtres, pesantes, avec des taches jaunâtres, et sous un aspect très-différent de celui des autres échantillons d'Anglésite.

Ce minéral est formé, en grande partie, de sulfate de plomb, mêlé avec de l'antimoniate du même métal. Il contient, en outre, un peu de chlorure et de phosphate de plomb, ainsi qu'une petite quantité de chlorure d'argent que l'on peut extraire en traitant par l'ammoniaque le minéral préalablement pulvérisé.

La proportion d'antimoniate de plomb varie beaucoup d'un échantillon à l'autre.

Voici la composition que l'analyse a indiquée pour l'un des échantillons de cet étrange minéral.

Sulfate de plomb	74,00
Chlorure de plomb	0,41
Phosphate de plomb	0,53
Antimoniate de plomb	22,60
Chlorure d'argent	2,14
	99.68

N⁰ 273. — Anglésite argentifère (sulfate de plomb, avec argent) concrétionnée, formant des dessins bizarres, avec
Argent natif,
Chlorure d'argent et
Antimoniate de plomb.

Mine de Santa Rosa. — Chilete. — Province de Cajamarca.

Cet échantillon a été poli afin que l'on puisse mieux voir la disposition des dessins formés par les diverses nuances, blanc, jaunâtre, jaune, gris, brun et noirâtre.

Il est bien difficile de décrire le mode de distribution des divers minéraux de cet échantillon; on peut dire, néanmoins que la masse est formée, en grande partie, de sulfate de plomb; que l'argent natif se découvre à simple vue sur la partie polie de la pierre, sous forme de petites veines très-minces; que le chlorure d'argent se trouve distribué dans toute la masse, mais plus spécialement dans la partie de couleur noirâtre. On peut le mettre facilement en évidence, en traitant le minéral, préalablement pulvérisé, par l'ammoniaque qui se dissout, et, en le précipitant ensuite de la solution filtrée, à l'aide d'un acide. Quant à l'antimoniate de plomb, il est abondant et forme la plus grande partie des taches jaunes.

On peut dire, en outre, que la partie de couleur noirâtre contient une petite quantité de sulfure de plomb qui est intimement mêlé avec le sulfate de la même base, le chlorure d'argent et une quantité insignifiante de cuivre qui donne une légère coloration bleue à l'ammoniaque, quand on traite le minéral par ce réactif.

N⁰ 274. — Anglésite (sulfate de plomb), avec
Antimoniate d'oxyde d'antimoine, de plomb, de fer et d'argent.

Mine Yanaico, — District de Pueblo-libre. — Province de Huaylas.

Ce minéral se présente avec un aspect terreux, sous forme de masses amorphes jaunâtres. Il a quelque analogie avec certaines variétés de Cassitérite ou oxyde d'étain terreux, avec lequel il a été longtemps confondu ; mais si on l'examine avec attention, on reconnaît bientôt qu'il en diffère considérablement. Il est, en effet, moins pesant que le minéral d'étain et, fort souvent, il présente une structure qui se rapproche beaucoup de la structure fibreuse et qui, jointe à sa couleur jaunâtre, lui donne l'aspect d'un bois fossile. Cette structure est due à celle du sulfure dont il tire son origine et qui est, sans doute, une Galène antimoniale argentifère.

Beaucoup d'échantillons offrent une infinité de petits points brillants de sulfate de plomb. D'autres sont poreux, d'apparence scoriacée et couleur de terre.

Chauffé dans un tube de verre, ce minéral dégage de la vapeur d'eau.

Soumis, sur le charbon, à la flamme du chalumeau, il se réduit en un bouton de plomb, et dégage, en même temps, d'abondantes vapeurs antimoniales.

Si, après l'avoir réduit en poudre, on le fait bouillir avec du carbonate de soude, tout le plomb du sulfate se transforme en carbonate, et tout son acide sulfurique reste dans la solution de carbonate de soude, dont il est facile de le précipiter à l'aide du chlorure de baryum, après avoir additionné la solution d'un excès d'acide chlorhydrique.

Quand on fond rapidement ce minéral avec de la soude caustique, l'acide antimonique s'unit à la soude et forme de l'antimoniate de soude insoluble; mais, si l'on dissout la matière fondue dans de l'eau, on peut reconnaître la présence de l'oxyde d'antimoine, à l'aide du nitrate d'argent, qui, outre le précipité d'oxyde d'argent, soluble dans l'ammoniaque, qu'il donne, détermine, également, un précipité d'oxydule insoluble.

Traité par l'acide azotique, ce minéral ne donne presque pas de vapeurs rutilantes d'acide hypoazotique, parce que, tous les métaux se trouvant à l'état d'oxyde, ne peuvent décomposer l'acide nitrique; et, s'il se manifeste une très-légère décomposition de cet acide, elle est due à la transformation de l'oxyde d'antimoine en acide antimonique.

L'analyse de ce minéral m'a donné :

Oxyde de plomb	26,31	} Sulfate de plomb.	35,75
Acide sulfurique	9,44		
Oxyde de plomb	13,01		
— d'argent.	0,16		
— de fer.	1,30	} Antimoniate multiple	63,99
— d'antimoine	4,52		
Acide antimonique	40,00		
Eau	5,00		
	99,74		99,74

L'Anglésite, ou sulfate de plomb, est très-commune au Pérou. On peut dire qu'elle se trouve sur tous les points où l'on trouve en même temps la Galène et les minéraux oxydés appelés Pacos.

N° 275. — **Bleiniérite argentifère** (antimoniate de plomb, avec argent).

Richesse en argent = 0,001, soit 12 marcs par caisse.

Mine de Shangalorco. — District et province de Pallasca.

Ce minéral se présente à l'état de masses amorphes et pesantes, de couleur jaunâtre, mais de plusieurs nuances qui passent jusqu'au brun. Il n'a pas d'éclat métallique, mais les parties les plus pures et les plus denses sont douées d'un lustre résineux.

Quelques fragments paraissent concrétionnés et présentent des couches de divers aspects; d'autres sont terreux et se brisent facilement sous la pression des doigts.

Si on calcine ce minéral dans un tube de verre fermé à l'une de ses extrémités, on voit de la vapeur d'eau se condenser sur les parois du tube.

Quand on le soumet, sur le charbon, à la flamme de réduction du chalumeau, il fond et donne un bouton de plomb métallique un peu aigre, en même temps qu'il dépose sur le charbon une grande quantité d'oxyde blanc d'antimoine.

Avec le carbonate de soude, la réduction se fait immédiatement.

Sa dureté varie entre 4 et 5, selon que l'échantillon a un

aspect terreux ou qu'il est compacte. Son poids spécifique varie également : dans les parties les plus pures et les plus compactes, il est égal à 5,46.

N° 276. — **Bleiniérite** (antimoniate de plomb), avec **Boulangérite argentifère** (sulfure de plomb et d'antimoine, avec argent).

Richesse en argent = 0,0024, soit 28 marcs par caisse.

Mines de Chinchu. — District de Chavin. — Province de Huari.

N° 277. — **Bleiniérite argentifère** (antimoniate de plomb, avec argent).

Richesse en argent = 0,00125, soit 15 marcs par caisse.

Mine de San-Jorge de Chayramonte. — District de l'Asuncion. — Province de Cajamarca.

N° 278. — **Bleiniérite** (antimoniate de plomb), avec **Antimoniate de plomb et de fer.**

District de l'Asuncion. — Province de Cajamarca.

N° 279. — **Bleiniérite ferrugineuse** (antimoniate de plomb, avec fer), sur de la **Jamesonite** (sulfure d'antimoine et de plomb), et de la **Blende** (sulfure de zinc).

Mines de Tambillo. — District de Chavin. — Province de Huari.

N° 280. — **Bleiniérite** (antimoniate de plomb), sur de la **Boulangérite** (sulfure de plomb et d'antimoine).

Mines de Tambillo. — District de Chavin. — Province de Huari.

N° 281. — **Antimoniate de plomb et d'argent** terreux, avec **Limonite** (peroxyde de fer hydraté).

Richesse en argent = 0,026, soit 312 marcs par caisse.

Mine de Mogollon. — District de Corongo. — Province de Pallasca.

Nᵒ 282. — Coronguite (antimoniate de plomb et d'argent), sur de la
Jamesonite argentifère (sulfure d'antimoine et de plomb, avec argent).

Richesse en argent = 0,05, soit 600 marcs par caisse.

Mine d'Empalme. — District de Corongo. — Province de Pallasca.

Nᵒ 283. — Partzite terreuse manganésifère (antimoniate de plomb, de cuivre et d'argent, avec manganèse).

Richesse en argent = 0,01, soit 120 marcs par caisse.

Montagne Pumahuain. — Province de Cajatambo.

Nᵒ 284. — Crocoise (chromate de plomb), avec
Quartz.

Environs du Cerro-de-Pasco.

Nᵒ 285. — Mélinose (molybdate de plomb), avec
Malachite (carbonate de cuivre, vert),
Chrysocale (silicate de cuivre),
Atacamite (oxyclorure de cuivre),
Calcaire (carbonate de chaux); imprégné de
Chlorure de sodium.

Mines près de Huantajaya. — Province de Tarapacá.

Nᵒ 286. — Arequipite (silicio-antimoniate de plomb), avec
Céruse argentifère (carbonate de plomb, avec argent),
Chrysocale (silicate de cuivre) et
Quartz.

Mine Victoria dans la Montagne de la Trinité, à 10 kilomètres de Tiabaya. — Province d'Arequipa.

J'avais reçu de M. Albistur des minéraux provenant de quelques mines des environs d'Arequipa, et parmi ces minéraux je remarquai quelques échantillons qui présentaient de petites taches ou veinules d'une belle couleur jaune, et qu'à première vue, je crus formées par de la Mélinose ou molybdate de plomb ; mais, un simple essai au chalumeau me révéla immédiatement qu'il s'agissait d'un minéral bien différent ; car, à la flamme de réduction, sur le charbon, il dégageait des vapeurs antimoniales. Je pensai dès lors, et naturellement, que ce minéral était une variété d'antimoniate de plomb; néanmoins sa couleur jaune, plus foncée et plus uniforme, que je n'avais jamais remarquée dans le grand nombre de variétés d'antimoniates de plomb que j'ai eu l'occasion d'observer dans diverses parties du Pérou; et, en outre, le fait que ce minéral, soumis à la flamme du chalumeau, ne donnait pas immédiatement un bouton de plomb, comme le fait l'antimoniate, me firent supposer qu'il était d'une nature distincte.

Une étude plus approfondie me fit connaître que cette matière jaune contient de la silice, de l'oxyde de plomb, de l'acide antimonique, et que, par conséquent, elle doit être considérée comme un silicio-antimoniate de plomb. Elle constitue une nouvelle espèce minérale, à laquelle j'ai donné le nom d'*Arequipite*, dérivé d'Arequipa, qui est le nom de la ville la plus voisine du lieu où on la trouve.

Jusqu'à ce jour, l'Arequipite n'a pas été trouvée à l'état cristallin, ni en masses isolées, mais bien en petite quantité, disséminée dans une gangue quartzeuse, avec du carbonate de plomb, qui est mêlé avec du sulfure d'argent et du silicate de cuivre.

Sa couleur est jaune de miel, et sa structure compacte. Ses surfaces de fracture offrent un aspect conchoïdal. La dureté de l'Arequipite est plus grande que celle de l'antimoniate de plomb avec lequel on pourrait la confondre. Ce minéral, en effet, raie le verre, et sa dureté est presque égale à celle du feldspath qui est indiquée par le nombre 6.

Il est presque impossible de déterminer exactement le poids spécifique de l'Arequipite à cause de la difficulté d'en isoler un petit morceau à l'état de pureté ; néanmoins, on peut admettre avec certitude qu'il est compris entre 4, 5 et 6.

Soumise, sur le charbon, à la flamme du chalumeau, elle ne fond qu'avec difficulté et se transforme en une scorie de laquelle se séparent quelques très-petits boutons de plomb, en même temps que des vapeurs antimoniales se dégagent et forment un dépôt blanc sur le charbon.

L'acide nitrique attaque l'Arequipite avec beaucoup de difficultés, tandis que l'acide chlorhydrique, préalablement additionné de quelques gouttes d'acide nitrique, ou d'un peu de chlorate de potasse, la dissout, mais, toujours, avec un peu de difficulté, même avec l'aide de la chaleur. Il reste un résidu de silice.

Quand la solution chlorhydrique se refroidit, le chlorure de plomb se dépose, sous forme d'écailles cristallines, et le liquide précipite avec l'eau distillée, par suite de l'antimoine qu'il tient en dissolution.

La difficulté d'isoler un peu d'Arequipite à l'état de pureté ne m'a pas permis, jusqu'à ce jour, d'en faire une analyse quantitative.

N° 287. — Pyromorphite (phosphate de plomb), en petits prismes hexagonaux.

District de Marcapomacocha. — Province de Tarma.

N° 288. — Pyromorphite (phosphate de plomb), avec
Céruse (carbonate de plomb) et
Argyrose (sulfure d'argent).

Richesse en argent = 0,4, soit 4.800 marcs par caisse. Ce riche échantillon contient aussi un peu d'arséniate de plomb.

Montagne de Toldojirca. — District de Yauli. — Province
de Tarma.

N° 289. — Pyromorphite terreuse (phosphate de plomb), avec
Limonite (peroxyde de fer hydraté).

Montagne de Chupra. — District de Marcapomacocha. — Province
de Tarma.

N° 290. — **Mimetèse** (arséniate de plomb), avec mélange de phosphate, de carbonate et d'antimoniate de plomb, sur de la

Galène argentifère antimoniale (sulfure de plomb, avec argent et antimoine).

Mine de San Antonio. — Montagne de Toldojirca, près de Morococha. Province de Tarma.

N° 291. — **Mimetèse phosphorée** (arséniate de plomb, avec phosphate de la même base), en concrétions cristallines sur de la

Pyrolusite (peroxyde de manganèse).

District de Chilia. — Province de Pataz.

La Pyromorphite, ou phosphate de plomb, et la Mimetèse, ou arséniate du même métal, sont très-peu abondantes, au Pérou, et, ce n'est que fort rarement qu'on les trouve à l'état de pureté.

N° 292. — **Matlockite** (oxychlorure de plomb) mêlée avec une gangue quartzeuse.

Montagne de Challacollo. — Province de Tarapacá.

Bien que, dans la collection, cet échantillon porte le nom de Mendipite, je crois, après l'avoir étudié de nouveau, qu'il doit être regardé comme une Matlockite. Il diffère, en effet, de la Mendipite en ce qu'il contient une moindre quantité d'oxyde de plomb, et on peut dire, même, qu'il en contient moins que la véritable Matlockite; mais il est probable que cette différence est due à ce que ce minéral est mélangé avec un peu de chlorure neutre, ou Cotunnite, qui existe dans la même mine.

La Matlockite se présente sous forme de masses de dimensions diverses, de couleur blanche, quelquefois un peu sale. Ses surfaces sont couvertes de petits cristaux qui, bien qu'il soit fort difficile de les distinguer nettement, peuvent être considérés comme appartenant à un prisme à base carrée, ainsi que permettent de l'assurer quelques petits cristaux allongés et un certain nombre de faces carrées. Cette forme est, en outre, celle que l'on assigne à la Matlockite, minéral qui tire son nom de la localité de Matlock, dans le Derbyshire.

Il n'est cependant pas rare d'apercevoir quelques faces hexaédriques au milieu des croûtes cristallines.

Quand on est arrivé à se procurer un petit fragment pur de ce minéral, ce qui est très-difficile, on peut observer qu'il fond facilement et se sublime en grande partie. Ce n'est qu'avec difficulté qu'on en obtient un bouton de plomb, ce à quoi, au contraire, on arrive facilement, si on le fond avec du carbonate de soude.

Si on l'essaie au chalumeau, avec un peu d'oxyde de cuivre, il colore la flamme en vert, décelant ainsi la présence du chlore.

Traité par l'eau distillée, on reconnaît, quelquefois, après filtration, que l'eau dissout un peu de chlorure de sodium et de sulfate de soude, sels dont était imprégné le minéral. D'autres fois, l'eau dissout un peu de chlorure de plomb, dû au chlorure neutre, ou Cotunnite, qui se trouve fréquemment mêlé avec la Matlockite. Mais il suffit d'ajouter à l'eau un peu d'acide azotique pour que tout le chlorure et l'oxyde de plomb se dissolvent et qu'il ne reste qu'un peu de gangue quartzeuse qui accompagne le minéral.

L'analyse d'un échantillon de Matlockite a donné les résultats suivants :

Chlorure de plomb.	43,26
Oxyde de plomb.	22,91
Gangue quartzeuse.	32,20
	98,37

à l'aide desquels on obtient, par le calcul, pour la composition de ce minéral, sans gangue :

Chlorure de plomb	65,37
Oxyde de plomb	34,63
	100,00

On voit par ces chiffres que ce minéral contient une plus grande proportion de chlorure de plomb que la véritable Matlockite; mais, ainsi que je l'ai dit plus haut, cette différence doit, sans doute, être attribuée à la présence de la Cotunnite dans cet échantillon.

N° 293. — Cotunnite (chlorure de plomb).

Montagne de Challacollo. — District de Pica. — Province de Tarapacá.

Ce rare minéral, qui, jusqu'à ce jour, n'a été trouvé qu'à l'état d'efflorescences formées de petits cristaux asciculaires ou bacillaires, sur des laves du Vésuve, se rencontre, dans la province de Tarapacá, en morceaux plus ou moins grands, mêlés avec d'autres minéraux de plomb.

La propriété que possède la Cotunnite de se dissoudre dans une grande quantité d'eau distillée permet de la distinguer de toutes les autres combinaisons naturelles de plomb, et fournit un caractère pour la reconnaître facilement.

Ce n'est que dans la région de la côte du Pérou, où les fortes pluies sont inconnues, et, principalement, dans la province de Tarapacá, qui semble être la patrie de tous les sels solubles, que l'on peut trouver ce minéral à l'état naturel et en certaine quantité.

Cette variété de Cotunnite se présente en masses amorphes de couleur blanchâtre, avec de légères nuances jaunâtres ou verdâtres, dues au mélange d'autres combinaisons de plomb. Sa structure est semi-cristalline, et, dans certaines parties, elle offre un lustre nacré, tandis que, dans d'autres, elle est plus brilante.

Soumise à la flamme du chalumeau, sur le charbon, elle se vaporise en donnant à la flamme une teinte bleuâtre; et ce n'est que quand elle est mêlée à des corps étrangers qu'elle laisse un résidu, lequel, généralement, est constitué par de la silice ou par une scorie formée par la combinaison de la silice avec un peu d'oxyde de plomb.

Si on la mélange avec un peu d'oxyde de cuivre, ou même de limaille de cuivre, et qu'on la soumette, sur le charbon, à la flamme du chalumeau, elle lui communique une belle couleur verte.

Le caractère distinctif de la Cotunnite est, ainsi que je l'ai dit déjà, de se dissoudre dans une grande quantité d'eau. Pour mettre cette propriété en évidence, il suffit de traiter une petite quantité du minéral, finement pulvérisé, par l'eau froide, ou mieux encore, par l'eau chaude. Après avoir filtré la solution, on essaie le liquide par l'iodure de potassium, ou par le chromate de potasse; on le voit se troubler, et donner lieu à un précipité jaune d'iodure de potassium ou de chromate de potasse. En l'essayant par l'acide sulfurique, on obtient un précipité blanc de sulfate de plomb. Ce même liquide, traité par le nitrate d'argent, donne un précipité floconneux de chlorure d'argent qui met en évidence la présence du chlore.

Il se présente cependant des cas dans lesquels le même minéral, traité par l'eau distillée et par les réactifs que je viens d'indiquer, ne fournit pas les caractères qui révèlent la présence du plomb, et l'on pourrait alors croire que l'échantillon essayé n'est pas de la Cotunnite. Ce phénomène se produit quand le minéral se trouve mélangé, ou, mieux, imprégné de chlorure de sodium et de sulfate de soude.

Dans ce cas, le sulfate de soude, se dissolvant dans l'eau avec beaucoup de facilité, empêche la dissolution du chlorure de plomb, qu'il transforme en sulfate de plomb insoluble; de sorte que, quand on essaie le liquide qui passe à travers le filtre, on ne trouve pas de plomb. Il faut alors, en pareille circonstance, laver le minéral pulvérisé deux ou trois fois avec de l'eau distillée, afin de dissoudre et de séparer tout le sulfate de soude. On le traite ensuite par une nouvelle quantité d'eau distillée et l'on peut mettre en évidence la présence du plomb, à l'aide des réactifs indiqués plus haut.

On trouve également, dans quelques morceaux de ce minéral, de l'antimoine qui paraît exister à l'état d'acide antimonieux, combiné avec le plomb sous forme d'antimonite de plomb; de sorte que ce minéral établit, en quelque sorte, un passage à la Nadorite, qui, comme on sait, est un antimonite de plomb avec chlorure du même métal.

N° 294. — **Percylite argentifère** (oxychlorure de plomb et de cuivre hydraté, avec argent) et **Matlockite** (oxychlorure de plomb).

Montagne de Challacollo. — District de Pica. — Province de Tarapacá.

On trouve, avec les minéraux précédents, une matière compacte d'une belle couleur bleu de ciel qui, essayée, tant au chalumeau que par les réactifs ordinaires, fournit les caractères du plomb, du cuivre, de l'argent et du chlore, étant formée, en grande partie, d'oxychlorure double de plomb et de cuivre avec un peu d'argent.

À cause de sa composition analogue à celle du minéral appelé Percylite, trouvé au Mexique, sous forme de petits cubes de couleur bleu clair, lequel est également un oxychlorure de plomb et de cuivre, on peut considérer ce minéral comme une variété de Percylite, nom sous lequel je l'ai classifié, bien que cet échantillon contienne un peu d'argent, d'antimoine et de manganèse qui se trouve accidentellement dans ce minéral.

Cet échantillon de Percylite contient, en outre, une forte quantité de silice; mais cette substance s'y trouve à l'état de mélange mécanique, car sa proportion varie d'un morceau du minéral à l'autre, et, on peut même la découvrir quelquefois à simple vue, sous forme de petites taches blanchâtres.

La Percylite se présente, dans cet échantillon, en petites masses compactes, d'une belle couleur bleue, formant comme des taches au milieu de la Matlockite. Sa dureté varie selon la quantité de silice avec laquelle elle est mêlée; de sorte que l'on ne peut pas tenir compte de ce caractère. Il en est de même de son poids spécifique : celui des parties les plus pures est 4,35.

La Percylite colore la flamme du chalumeau en vert; sur le charbon, elle se sublime et se volatilise en grande partie, si on la soumet à une forte chaleur; et laisse une tache jaune d'oxyde de plomb et, un peu plus loin, un léger dépôt blanchâtre d'oxyde d'antimoine. A cause de la silice que contient presque toujours ce minéral, il se forme une petite scorie;

quelque peu vitreuse, et qui contient du plomb, du cuivre et de l'argent.

La Percylite n'est pas soluble dans l'eau, mais elle l'est suffisamment dans l'acide nitrique dilué et laisse un résidu de silice, de chlorure d'argent et d'acide antimonieux.

La solution doit sa couleur bleu clair au cuivre qu'elle contient. Quand on la traite par l'acide sulfurique, elle donne un précipité de sulfate de plomb, et par le nitrate d'argent un précipité de chlorure d'argent.

Chauffée dans un tube de verre, elle dégage de la vapeur d'eau qui se condense dans la partie froide du tube.

L'analyse d'un échantillon de ce minéral a donné :

Plomb	36,93
Cuivre	6,80
Argent	0,90
Chlore	9,56
Eau	6,52
Acide antimonieux	2,50
Oxyde de manganèse	1,30
Silice	30,00
	94,51

La perte est due à l'oxygène, qui, dans ce minéral, se trouve combiné avec partie du plomb, et avec le cuivre, pour former l'oxychlorure.

MINÉRAUX DE BISMUTH.

Le bismuth, un peu rare dans toutes les parties du globe, n'est représenté, au Pérou, que par un seul minéral, qui est la Chiviatite (sulfure de bismuth et de plomb), et que, jusqu'à ce jour, je n'ai rencontrée que sur un seul point et, encore non pas à l'état de pureté, mais bien mêlée avec une forte proportion de fer, d'antimoine et d'argent, et accompagnée, en outre, de Mispickel ou Pyrite arsenical.

On trouve également le bismuth, non pas comme minéral

de bismuth, mais, d'une manière accidentelle et en très-petite quantité, dans quelques Jamesonites (sulfure d'antimoine et de plomb) du département d'Ancachs.

N° 295. — Chiviatite ferrifère, antimonifère et argentifère (sulfure de bismuth et de plomb avec du fer, de l'antimoine et de l'argent).

Montagne voisine de Chicla. — District de San Mateo. — Province de Huarochiri.

Cet important minéral se présente en masses amorphes de couleur gris bleuâtre. Il n'est pas très-homogène, car il présente des parties presque dépourvues d'éclat et d'autres très-brillantes de structure légèrement fibreuse, qui lui donnent l'apparence de certaines variétés de sulfure d'antimoine et, principalement, de celle qui contiennent un peu de plomb et qui passent à la Jamesonite ou à la Zinkénite.

Soumis, sur le charbon, à la flamme du chalumeau, ce minéral fond facilement et forme un dépôt de couleur jaunâtre obscur. Mais ce qui décèle en lui la présence du bismuth, et cela de la manière la plus évidente, c'est la réaction que l'on obtient eu soumettant, de la même manière, au chalumeau, un mélange de ce minéral avec de l'iodure de potassium et du soufre ; il se forme sur le charbon un dépôt d'une belle couleur rouge vermillon. Si on continue l'action de la flamme, on voit se produire un second dépôt, blanc, dû aux vapeurs antimoniales et situé plus près du bouton d'essai que le premier, dû au bismuth. En chauffant davantage, on voit apparaître une tache jaune d'oxyde de plomb et il reste une scorie magnétique pour résidu.

On peut également mettre en évidence la présence du bismuth, et avec beaucoup de facilité, par la voie humide. Il suffit, en effet, de dissoudre une petite portion du minéral dans de l'acide nitrique, et d'ajouter une grande quantité d'eau au liquide filtré : cette eau se trouble, et il se forme un abondant dépôt de sous-nitrate de bismuth.

On peut, dans le liquide filtré, précipiter le plomb par l'acide sulfurique.

En voyant que ce minéral contient du bismuth, de l'antimoine et du plomb, et, comme il se trouve à l'état amorphe, on pourrait croire qu'il appartient à l'espèce minérale appelée Kobellite; mais, après en avoir fait une analyse quantitative et avoir noté que la proportion de l'antimoine est très-petite, j'ai cru plus rationnel de le considérer comme une Chiviatite antimonifère et ferrifère.

Ce minéral contient également des traces de cobalt et de tellure que l'on peut mettre en évidence de la manière qui suit.

On pourrait démontrer la présence du cobalt en fondant directement le minéral avec du verre borax; néanmoins, comme il contient une grande proportion de fer, on ne peut pas, de la sorte, distinguer clairement la couleur bleue de la perle, qui paraît quelque peu verdâtre.

Mais si l'on dissout le minéral dans de l'acide nitrique, auquel on ajoute, ensuite, un excès d'ammoniaque, tous les oxydes métalliques, sont précipités, excepté ceux du cuivre, de l'argent et du cobalt.

On évapore alors le liquide ammoniacal qui contient la petite quantité de cuivre, d'argent et de cobalt, et on soumet le résidu sec, avec du verre de borax, à la flamme du chalumeau. On obtient ainsi une perle d'une belle couleur bleue, qui est caractéristique des combinaisons de cobalt.

Quant à la très-petite quantité de tellure, il suffit, pour la mettre en évidence, de dissoudre dans l'acide sulfurique, à l'aide de la chaleur, une assez grande quantité du minéral pulvérisé : l'acide prend une légère couleur jacinthe, fournissant ainsi la réaction caractéristique du tellure. Mais, pour s'assurer davantage que cette coloration est due au tellure, il suffit d'étendre, avec de l'eau, l'acide sulfurique ainsi coloré, pour que la coloration disparaisse et qu'il se dépose, au bout de quelque temps, une petite quantité de poudre noirâtre qui, séparée de l'eau par décantation et dissoute de nouveau dans de l'acide sulfurique, lui communique la coloration primitive caractéristique du tellure.

Quant au Mispickel, qui accompagne ce minéral, bien qu'il se présente en partie à l'état presque pur, ce que l'on reconnaît facilement à sa dureté et à des caractères pyrognostiques, il offre toujours une autre partie si intimement mêlée avec le minéral, qu'il est impossible de l'en séparer. Une analyse de ce mélange a donné, pour ce minéral, la composition suivante :

Bismuth.	26,00
Arsenic	14,50
Soufre.	11,58
Plomb.	7,50
Antimoine.	2,20
Cuivre.	0,30
Argent.	0,05
Fer	16,52
Cobalt et tellure	traces
Gangue quartzeuse.	21,00
	99,65

Si à l'aide de la proportion de l'arsenic, on calcule celle du fer et du soufre nécessaires pour former du Mispickel, on obtiendra, pour ce minéral, les quantités suivantes :

Arsenic	14,50
Fer	10,71
Soufre	4,13
	29,34

qui représente la proportion du Mispickel mêlé avec le minéral de bismuth.

En retranchant de la quantité totale du soufre, 11,58, la quantité 4,13, contenue dans le Mispickel, il reste 7,45 pour la proportion du soufre contenu dans le minéral de bismuth. Si maintenant l'on retranche de la quantité totale du fer qui est 16,52 la quantité de ce métal que le calcul indique exister dans le Mispickel, c'est-à-dire, 10,71, il reste 5,81 pour la proportion du fer contenu dans le minéral de bismuth, sans le Mispickel.

Si, à l'aide de la proportion de l'arsenic, on calcule celle du fer et du soufre nécessaires pour former du Mispickel, on obtiendra pour ce minéral les quantités suivantes :

Arsenic	14,50	}		
Fer	10,71	}	Mispickel	29,34
Soufre	3,13	}		
Bismuth	26,00	}		
Soufre	7,45	}		
Plomb	7,50	}		
Fer	5,81	}	Chiviatite (ferrifère,	
Antimoine	2,20	}	antimonifère et	
Cuivre	0,30	}	argentifère)	49,31
Argent	0,05	}		
Cobalt et tellure	traces	}		
Gangue quartzeuse	21,00	. . . .		21,00
	99,65			99,65

MINÉRAUX DE MERCURE

Le Pérou, qui fut autrefois un grand producteur de mercure à l'époque où florissait la célèbre mine de Santa Bárbara, près de Huancavelica, ne produit plus aujourd'hui qu'une quantité fort réduite de cet utile et important métal. Le mercure ou vif-argent se trouve, au Pérou, tant à l'état natif qu'à celui de sulfure ou Cinabre, désigné sous le nom vulgaire de *Vermellon*.

Un fait très-intéressant au point de vue géologique est celui de trouver le mercure à l'état natif, sur plusieurs points du Pérou, au milieu de formations volcaniques où ce métal paraît être arrivé, d'en bas, à l'état de vapeur et s'être condensé, sous forme de gouttelettes, dans la partie supérieure de la même formation volcanique, ou au milieu des terrains qui couvrent cette formation.

La première fois que j'ai eu l'occasion de constater la présence du mercure à l'état natif, ce fut dans la montagne de Santa Apolonia, voisine de la ville de Cajamarca, où, au milieu de la roche trachitique, on observe une espèce de veine

inclinée, de nature quelque peu argileuse et remplie de petites cavités dans lesquelles on trouve de petits globules de
mercure à l'état natif.

J'ai eu l'occasion, depuis, d'observer un fait analogue près
du village d'Ayaviri, dans le département de Puno, où j'ai
également trouvé du mercure dans une roche trachitique.

Plus tard je reçus une terre argileuse, de couleur rougeâtre,
formée de détritus provenant de la décomposition de roches
volcaniques. Cette terre, qui provient de Chuschi, dans la province de Cangallo, repose sur une lave trachitique ; elle contient du mercure à un très-grand état de division, mais que
l'on peut extraire par des lavages successifs.

On a également trouvé du mercure dans une autre terre
argileuse, aux environs d'Arica, dans le voisinage d'une formation trachitique. Enfin, il m'a été donné de constater la
présence du mercure à l'état métallique dans de la terre et
dans une roche qui m'avaient été envoyées de Guayaquil et qui
étaient en contact avec une formation volcanique.

Les échantillons qui suivent proviennent des points principaux où l'on trouve des minéraux de mercure, au Pérou.

N⁰ 296. — Mercure natif, trouvé dans la cavité d'une
roche.

Mine de Santa Bárbara. — Province de Huancavelica.

N⁰ 297. — Mercure natif, extrait d'une terre argileuse
qui couvre des roches volcaniques.

Lieu nommé Chuschi. — Province de Cangallo.

N⁰ 297 bis. — Mercure natif, dans une roche trachitique.

Montagne de Santa Apolonia. — Cajamarca.

N⁰ 298. — Mercure natif, dans une terre provenant de
la décomposition de roches trachitiques.

Près d'Ayaviri. — Province de Lampa.

N⁰ 299. — Mercure natif, dans une terre argileuse qui couvre des roches trachitiques.

Près de la ville d'Arica.

N⁰ 300. — Cinabre (sulfure de mercure), de structure cristalline connu sous le nom vulgaire de *Vermellon.*

Mine de Santa Bárbara. — Huancavelica.

N⁰ 301. — Cinabre (sulfure de mercure), formant le ciment d'une agglomération de grains siliceux, avec carbonate de chaux ferrugineux.

Mine de Santa Bárbara. — Huancavelica.

N⁰ 302. — Cinabre (sulfure de mercure), mêlé de grains quartzeux.

Mine de Santa Bárbara. — Huancavelica.

N⁰ 303. — Cinabre (sulfure de mercure), sur un grès blanchâtre.

Mine de Punabamba, à 15 kilomètres de Morococha. — Province de Tarma.

N⁰ 304. — Cinabre (sulfure de mercure), avec **Pyrite** (sulfure de fer) en décomposition.

Lieu appelé Querarquichqui, près de Huancavelica.

N⁰ 305. — Cinabre (sulfure de mercure), sur les pierres d'une agglomération de grès.

District minier de Chonta. — Province Dos de Mayo.

N⁰ 306. — Cinabre (sulfure de mercure), dans une roche quartzeuse.

Mine de Santa Cruz. — District et province de Caraz.

Cette mine est remarquable par le dégagement d'acide carbonique qui s'effectue dans son intérieur; ce gaz, par suite

de sa densité plus grande que celle de l'air atmosphérique, y
forme une couche d'un peu plus d'un mètre d'épaisseur, en
sorte qu'on ne peut pas s'y accroupir sans courir le danger
d'être asphyxié : il se passe le même phénomène que dans la
célèbre *Grotte du Chien*, près de Naples. Il n'est pas rare, en
effet, de trouver dans cette mine les cadavres de quelques animaux qui, en y cherchant un asile, y ont trouvé la tombe.

N° 307. — **Cinabre** (sulfuré de mercure), sur de la
Panabase argentifère (sulfure de cuivre,
d'antimoine et d'arsenic, avec argent), et
de la
Pyrite (sulfure de fer).

District minier de Chonta. — Province Dos de Mayo.

N° 308. — **Cinabre** (sulfure de mercure), de structure
cristalline, avec
Calcaire (carbonate de chaux).

District minier de Chonta. — Province Dos de Mayo.

En outre des lieux que je viens d'indiquer, on a reconnu la
présence du Cinabre sur un grand nombre d'autres points ; et
selon don M. Eduardo de Rivero (1), rien que dans les environs
de la mine de Santa Bárbara, il existe 41 montagnes pourvues
de Cinabre.

On a également trouvé du Cinabre à Antocallana, dans la
lagune de Lauricocha ; à Quipan, près du Cerro-de-Pasco ; et,
selon certaines personnes, à Pacha, province Dos de Mayo ; à
Ayaviri, province de Lampa et près de Chachapoyas.

MINÉRAUX DE MOLYBDÈNE

Ce métal, fort peu répandu dans la nature, ne se rencontre
que dans un petit nombre d'espèces minérales. Au Pérou,

(1) Memoria sobre la mina de Azogue de Huancavelica, por Mariano Eduardo
de Rivero (*Coleccion de Memorias científicas*, tomo 11.)

outre la Mélinose ou molybdate de plomb, qui, à cause de sa base, a déjà été considérée parmi les minéraux de plomb, on trouve la Molybdénite (sulfure de molybdène), que je rencontrai pour la première fois parmi les minerais d'Antamina de la province de Huari, et depuis sur plusieurs autres points, et la Molybdine (acide molybdique), qui accompagne quelquefois la Molybdénite, mais en très-petite quantité.

La Molybdénite, au Pérou comme en Europe, se trouve presque toujours dans les terrains anciens (granits); néanmoins dans la montagne d'Antamina, de la province de Huari, elle accompagne le protoxyde de cuivre ou Cuprite, et forme une petite veine parallèle à une autre veine de ce dernier minéral qui s'est ouvert un passage à travers des terrains calcaires et des grès de formation beaucoup plus récente.

N° 309. — Molybdénite (sulfure de molybdène).

Montagne de Parahuayniyoc. — Entre Ollantaytambo et Chahuillay.— Province de la Convencion.

N° 310. — Molybdénite (sulfure de molybdène), dans du quartz.

Montagnes voisines de la ville de Trujillo.

N° 311. — Molybdénite (sulfure de molybdène).

Montagne d'Antamina. — District de San Marcos. — Province de Huari.

N° 312. — Molybdénite (sulfure de molybdène), avec **Molybdine** (acide molybdique).

Montagne près de Caraz. — Province de Huaylas.

N° 313. — Mobybdénite (sulfure de molybdène), sur du **Quartz ferrugineux.**

Cordillera nevada de Quilca y Guanca, près de Huaraz.

La Molybdénite se trouve également dans les montagnes près de Huamantanga de la province de Canta et dans la Cordillera Nevada de la province de Carabaya.

MINÉRAUX D'ARSENIC

On trouve l'arsenic, au Pérou, à l'état natif, et sous forme d'acide arsénieux ou Arsénolite, de sulfure rouge ou Réalgar et de sulfure jaune ou Orpiment.

A l'état natif, l'arsenic est assez rare et c'est dans la vallée de Camarones, au sud d'Arica, qu'on le trouve le plus abondamment. A l'état de sulfure soit rouge, soit jaune, il est plus commun et existe sur différents points du territoire péruvien.

Quant à l'Arsénolite, ou acide arsénieux, on le trouve sur l'arsenic natif, sous forme de taches ou de croûtes blanchâtres, ou bien il se produit quand on calcine des minerais arsenicaux.

Mais c'est surtout à l'état de combinaison avec les sulfures métalliques que l'arsenic se trouve le plus communément au Pérou, comme, par exemple, dans la Pyrite arsenicale ou Mispickel, l'Enargite (sulfure de cuivre et d'arsenic), et un grand nombre de Panabases (sulfure de cuivre, d'antimoine et d'arsenic).

N⁰ 314. — Arsenic natif.
Vallée de Camarones. — Province de Tarapacá.

N⁰ 315. — Arsénolite (acide arsénieux), sur de l'
Arsenic natif.

Vallée de Camarones. — Province de Tarapacá.

N⁰ 316. — Arsénolite (acide arsénieux) cristallisée en octaèdres, avec
Réalgar (sulfure rouge d'arsenic).

Hacienda minière de Morococha. — Province de Tarma.

Ce bel échantillon, non plus que le suivant, ne représente pas le minéral à l'état naturel : les cristaux d'Arsénolite se sont produits par suite d'une lente sublimation, durant la calcination au contact de l'air, de l'Énargite, ou Tennantite.

L'Arsénolite se présente en beaux cristaux octaédriques réguliers, complétement transparents quand ils sont récemment formés. Ces cristaux sont modifiés par une facette sur toutes les arêtes et établissent un passage de l'octaèdre au dodécaèdre.

Le Réalgar se trouve en petites masses d'une couleur rouge vif, et bien qu'il présente une structure cristalline, il n'a réellement pas de forme déterminée.

L'Énargite, ou Tennantite, dont la calcination a donné origine aux deux précédentes espèces, se présente en masses agglutinées par un commencement de fusion et sa surface est couverte comme d'un vernis vitrifié.

N° 317. — **Arsénolite** (acide arsénieux) cristallisée en octaèdres creux, avec

Orpiment (sulfure jaune d'arsenic), produit par la calcination de l'Énargite, ou Tennantite.

Hacienda de Morococha. — Province de Tarma.

L'Arsénolite de cet échantillon reconnaît la même origine que la précédente, mais elle en diffère par ses cristaux qui sont creux. On observe à la partie centrale de chaque face de l'octaèdre une petite ouverture triangulaire qui semble être bordée.

N° 318. — **Réalgar** (sulfure rouge d'arsenic), dans une roche calcaire.

Cordillère entre Chancay et le Cerro-de-Pasco.

N° 319. — **Réalgar** (sulfure rouge d'arsenic), avec

Calcaire manganésifère (carbonate de chaux, avec oxyde de manganèse).

Mine d'Anamaray. — Quichas. — Province de Cajatambo.

N° 320. — **Réalgar** (sulfure rouge d'arsenic), dans un aggloméré argileux.

Près de Pachachaca. — District de Yauli. — Province de Tarma.

N° 321. — **Orpiment** (sulfure jaune d'arsenic), en gros cristaux de structure laminaire.

Près d'Acobambilla. — Province de Huancavelica.

Ce bel échantillon présente l'Orpiment en très-gros cristaux imparfaits de structure laminaire, aussi apparente que celle du Mica, avec lequel on l'a quelquefois confondu, à première vue. Avec un peu de soin on peut, comme il arrive pour le Mica, en détacher des lames transparentes, d'une couleur jaune, très-brillantes, dont les dimensions atteignent 8 ou 10 centimètres, et d'une épaisseur moindre que celle d'une feuille de papier ordinaire. Quand on approche ces lames d'une bougie allumée, elles brûlent avec une flamme bleuâtre, comme le fait le soufre, en dégageant des vapeurs arsenicales qui font connaître leur nature.

N° 322. — **Orpiment** (sulfure jaune d'arsenic), à structure écailleuse, avec
Réalgar (sulfure rouge d'arsenic).

District de Conchucos. — Province de Pallasca.

N° 323. — **Réalgar** (sulfure rouge d'arsenic), avec
Orpiment (sulfure jaune d'arsenic), sur une roche calcaire, avec oxyde de manganèse.

Mine d'Anamaray — Quichas. — Province de Cajatambo.

N° 324. — **Réalgar** (sulfure rouge d'arsenic), avec
Orpiment (sulfure jaune d'arsenic).

Entre Izcuchaca et Huando. — Province de Huancavelica.

N° 325. — **Réalgar** (sulfure rouge d'arsenic), dans du
Calcaire (carbonate de chaux) et du
Quartz.

A 10 kilomètres du Cerro-de-Pasco.

N° 326. — **Orpiment** (sulfure jaune d'arsenic), à structure granulaire terreuse.

Près d'Ayaviri. — Province de Lampa.

En outre des lieux que je viens d'indiquer, on trouve l'arsenic natif dans le district de Mayoc de la province de Tayacaja, où il est uni à un peu d'argent.

Quant au sulfure jaune, ou Orpiment, on le trouve également à 40 ou 50 kilomètres à l'est d'Ica et dans la mine de mercure de Huancavelica, où il est quelquefois mêlé avec du Cinabre.

MINÉRAUX D'ÉTAIN.

Les minéraux d'étain, qui sont assez abondants dans la République voisine de Bolivie, sont, au contraire, très-rares au Pérou : je ne les y ai trouvés que dans le district de Moho, de la province de Huancané. Mais, par compensation, outre la Cassitérite qui est le minéral d'étain le plus commun, j'ai pu découvrir une nouvelle espèce, formée par un sulfure triple de plomb, d'étain et d'antimoine, auquel j'ai donné le nom de *Plumbostannite.*

Quant au minéral qu'on a découvert, en 1859, dans la montagne de Yanaico, à peu de distance de Caraz, dans la province de Huaylas, et que l'on croyait être un minéral d'étain (il a, en effet, toute l'apparence d'une variété de Cassitérite terreuse), je me suis assuré, en l'analysant, que ce n'était qu'un mélange de sulfate et d'antimoniate de plomb.

N 327. — **Cassitérite** (oxyde d'étain) amorphe.
District de Moho. — Province de Huancané.

N° 328. — **Plumbostannite** (sulfure de plomb, d'étain et d'antimoine).
District de Moho. — Province de Huancané.

Ce nouveau minéral d'étain se présente en masse amorphe d'une structure granulaire qui tire à la structure écailleuse. Sa couleur est le gris obscur, avec un faible éclat métallique, et il offre au toucher la sensation d'une matière onctueuse, qui rappelle celle de quelques variétés de Graphite ou Plombagine.

La Plumbostannite n'est pas très-fragile : elle semble être, plutôt, un peu ductile ; en effet, quand, pour la rompre, on la frappe avec un marteau, il arrive, fort souvent, qu'elle s'aplatit et présente une surface plane qui a tout l'aspect du plomb métallique.

A première vue, on découvre, dans cet échantillon, une foule de petits cristaux allongés, prismatiques, que l'on pourrait attribuer à la Plumbostannite ; mais si on les examine attentivement, on reconnaît sans peine que ces cristaux sont formés par du quartz et non par le minéral d'étain.

Quand on attaque, sans le moudre, un fragment de ce minéral par l'acide chlorhydrique additionné de quelques gouttes d'acide nitrique, la Plumbostannite se dissout entièrement, et les cristaux de quartz restent intacts. On peut les reconnaître facilement, parce qu'ils se présentent sous forme de prismes à six faces, terminés, quelquefois, par une ou deux pyramides hexagonales.

Le poids spécifique de ce minéral est 4,5, mais ce poids spécifique n'est pas celui de la Plumbostannite pure, qu'il est imposible d'obtenir dans un tel état, attendu qu'elle est intimement mêlée avec le quartz, puisqu'on peut dire qu'elle sert, en quelque sorte, de ciment aux très-petits cristaux de ce dernier minéral.

La dureté de la Plumbostannite est faible : elle est exprimée par le chiffre 2.

Soumis à l'action de la flamme du chalumeau, sur le charbon, ce minéral fond, en dégageant des vapeurs antimoniales et en donnant lieu à un dépôt jaune d'oxyde de plomb et à une tache blanche d'oxyde d'étain : il reste un bouton magnétique pour résidu. Quand on le traite par l'acide nitrique concentré, il se transforme, presque totalement, en une poudre blanche, très-peu soluble, formée de sulfate de plomb, d'oxyde d'étain et d'acide antimonieux.

Au contraire, si on le traite par l'acide chlorhydrique, additionné de quelques gouttes d'acide nitrique, il se dissout complétement, ainsi que je l'ai dit plus haut, et la solution précipite en blanc par l'eau distillée. Si on n'a pas mis un excès d'acide chlorhydrique, on obtient une solution qui, avec le chlorure d'or, donne la réaction caractéristique de l'étain, la précipitation de l'or à l'état d'oxyde, c'est-à-dire la Pourpre de Cassius.

La Plumbostannite, telle qu'on la trouve à l'état naturel, c'est-à-dire, avec le quartz qui lui est mélangé, mécaniquement, a donné à l'analyse les résultats suivants :

Quartz	38,80
Plomb	18,42
Antimoine	10,20
Étain	9,80
Fer	6,12
Zinc	0,45
Soufre	15,11
	98,90

En éliminant le quartz, qui n'est|qu'accidentel, on obtient, par le calcul, pour la Plumbostannite, la composition suivante :

Plomb	30,66
Antimoine	16,98
Étain	16,30
Fer	10,18
Zinc	0,74
Soufre	25,14
	100,00

N° 329. — Plumbostannite (sulfure de plomb, d'étain et d'antimoine) mêlée avec de la **Blende** (sulfure de zinc) et du **Quartz.**

District de Moho. — Province de Huancané.

MINÉRAUX D'ANTIMOINE

L'antimoine, au Pérou, est suffisamment abondant, à l'état de combinaison, car il y accompagne constamment les minéraux métalliques. On rencontre, en effet, au Pérou, tous les minéraux d'antimoine, sauf un très-petit nombre d'espèces que l'on trouvera, sans doute, plus tard. Le vulgaire même est convaincu de cette abondance de l'antimoine au Pérou, car c'est aux vapeurs de ce métal qu'il attribue les singuliers effets de la raréfaction de l'air, dans les hautes montagnes, sur l'organisme de l'homme et des animaux, effets qui sont connus sous le nom vulgaire de *soroche*.

On trouve également l'antimoine natif au Pérou, quoique, il est vrai, en très-petite quantité ; mais son sulfure, la Stibine est suffisamment répandu dans le pays, où on le désigne généralement, sous le simple nom d'*Antimoine*. On rencontre aussi, au Pérou, rarement, il est vrai, les combinaisons de l'antimoine avec l'argent et avec l'arsenic. Mais de tous les minéraux d'antimoine, les plus abondants sont, sans contredit, les sulfures doubles d'antimoine et de plomb, tels que la Jamesonite, la Zinkénite, la Boulangérite, etc.

La Stiblite, ou antimoniate d'oxyde d'antimoine, qui est suffisamment rare en Europe, est, au contraire, très-commune au Pérou, où elle accompagne, presque toujours, la Stibine, ou sulfure d'Antimoine. La Stiblite, ainsi que je l'ai dit déjà, n'est que le résultat de l'oxydation de l'antimoine de la Stibine, laquelle se transforme en oxyde d'antimoine et en acide antimonique, qui, en se combinant, forment la Stiblite.

Ce phénomène a eu lieu, au Pérou, sur un grand nombre de points parmi lesquels Chayramonte, dans la province de Cajamarca, mérite une mention spéciale. Là on trouve, en effet, de gros morceaux de Stiblite qui conservent encore la structure fibreuse de la Stibine dont ils proviennent et que l'on désigne, dans cet endroit, sous le nom vulgaire de *Hueso de muerto*. Il n'est pas rare de trouver, au centre de ces morceaux de Stiblite, une certaine quantité de Stibine, avec sa couleur gris bleuâtre et son brillant métallique caractéristique.

Il est facile de comprendre que cette transformation de la Stibine, ou sulfure d'antimoine, en Stiblite, ou antimoniate d'oxyde d'antimoine, n'est pas, ainsi que je l'ai dit en parlant de la formation des minéraux appelés Pacos, le résultat produit simplement par l'action des agents extérieurs, qui auraient été impuissants à déterminer l'élimination complète du soufre de la Stibine.

Il faut, dans ce phénomène, outre l'oxydation, reconnaître les conséquences d'une calcination naturelle qui a laissé pour résidu la combinaison la plus fixe de l'antimoine, laquelle est l'acide antimonieux, ou antimoniate d'oxyde d'antimoine, c'est-à-dire la Stiblite. On peut également admettre que, dans ce cas, la calcination naturelle a eu lieu sous l'influence de la vapeur d'eau, car ce liquide entre comme élément composant de la Stiblite.

N° 330. — Antimoine natif, arsenical et argentifère.

Il contient :

Antimoine.	96,3563
Arsenic	3,6300
Argent	0,0137
	100,0000

Mine Perejil. — District de Macate. — Province de Huaylas.

N° 331. — Antimoine natif, argentifère.

District et province d'Otuzco.

N° 332. — Alémontite (arséniure d'antimoine), avec Stiblite arsenicale (acide antimononieux ou antimoniate d'oxyde d'antimoine, avec arsenic).

District de Salpo. — Province d'Otuzco.

N° 333. — Stibine (sulfure d'antimoine).

District et province de Cajatambo.

N° 334. — Stibine (sulfure d'antimoine), de structure fibro-prismatique, avec Stiblite (antimoniate d'oxyde d'antimoine),

Mine de Carahuacra. — District de Yauli. — Province de Tarma.

N° 335. — **Stibine** (sulfure d'antimoine), de structure fibro-radiée, avec
Stiblite (antimoniate d'oxyde d'antimoine) et
Quartz.

Cordillère de Piedra parada. — Province de Huarochiri.

N° 336. — **Stibine** (sulfure d'antimoine).

Yauliyaco. — District de San Mateo. — Province de Huarochiri.

N° 337. — **Stibine** (sulfure d'antimoine) fibreuse, avec
Pyrite (sulfure de fer) et
Quartz.

Mine d'Ayrihuanca. — District de Recuay. — Province de Huaraz.

N° 338. — **Stibine** (sulfure d'antimoine) cristallisée en prismes.

Mine appelée El Antimonio. — District de Recuay. — Province de Huaraz.

N° 339. — **Stibine** (sulfure d'antimoine) de structure granulaire et écailleuse.

Mine de Cancalla. — District et province de Pallasca.

N° 340. — **Jamesonite argentifère et ferrifère** (sulfure d'antimoine et de plomb, avec argent et fer), avec
Pyrite (sulfure de fer).

Richesse en argent = 0,0035, soit 42 marcs par caisse.

Hacienda de Calipuy. — Province de Huamachuco.

N° 341. — **Jamesonite** (sulfure d'antimoine et de plomb), avec
Pyrite (sulfure de fer).

Mines de Collaracra — District de Recuay. — Province de Huaraz.

N° 342. — Jamesonite argentifère (sulfure d'antimoine et de plomb, avec argent).

Richesse en argent = 0,02166, soit 260 marcs par caisse.

Mine de Urpairca, près de Urcon. — Province de Pallasca.

La Jamesonite n'est pas rare au Pérou : on la trouve, en effet, dans beaucoup de mines du district de Recuay de la province de Huaraz, telles que celles de San-Bartolomé de Collaracra, San-Idelfonso de Carpa et Ayrihuanca. On la rencontre également dans la mine de Shangalorco, du district de Pallasca ; dans la mine de l'Asno, de la montagne de Pasacancha, province de Pomabamba ; dans la mine Dolores, près de la Punta de Cayan, du district de Huaraz. La Jamesonite de cette dernière mine mérite une mention spéciale : elle offre certaine analogie avec celle de Valencia de Alcántara dans la province de l'Estramadure, en Espagne ; elle contient, en effet, comme cette dernière, un peu de fer, de bismuth et de zinc, mais elle en diffère un peu par la petite quantité de cuivre et d'argent qui entre dans sa composition.

Un échantillon de cette Jamesonite, avec sa gangue quartzeuse, a donné à l'analyse :

Gangue quartzeuse	59,400
Soufre	8,605
Antimoine	11,690
Plomb	15,030
Fer	0,980
Zinc	2,320
Cuivre	0,625
Bismuth	0,430
Argent	0,860
	99,940

En ramenant, par le calcul, ces résultats à ce qu'ils seraient si le minéral était à l'état de pureté, c'est-à-dire, sans gangue, on obtient pour la composition de la Jamesonite :

Soufre	21,225
Antimoine	28,835
Plomb	37,075
Fer	2,418
Zinc	5,723
Cuivre	1,542
Bismuth	1,060
Argent	2,122
	100,000

13

N° 343. — Berthiérite (sulfure d'antimoine et de fer) compacte.

Mine de San José de Queropalca. — Province Dos de Mayo.

La Berthiérite est assez rare au Pérou ; néanmoins, outre le lieu que je viens d'indiquer, je l'ai trouvée également dans la mine de Huaycho du district de Pallasca, dans la province du même nom, et, à Mina-Uran, dans le district de Recuay, de la province de Huaraz.

N° 344. — Exitèle ou **Valentinite** (oxyde d'antimoine), disséminée dans une masse de

Stibine (sulfure d'antimoine), avec

Alemontite (arséniure d'antimoine), avec une croûte de

Stiblite (acide antimonieux ou antimoniate d'oxyde d'antimoine).

A 7 kilomètres de Chancacapa, vers Otuzco. — District de Salpo. — Province d'Otuzco.

Cet étrange et complexe minéral se présente sous forme de grandes masses arrondies, espèce de boules pesantes et d'une couleur jaune rougeâtre à l'extérieur, couleur qu'elles doivent à une petite croûte de Stiblite, ou antimoniate d'oxyde d'antimoine, dont l'épaisseur est de 1 ou 2 millimètres.

Quand on brise ces masses, on voit que leur partie interne est formée d'une matière de couleur gris bleuâtre un peu clair, douée d'un éclat métallique et dont la structure, à première vue, paraît granulaire. Si on examine la surface de fracture avec une loupe, on reconnaît que la partie interne est constituée par une matière granulaire intimement mêlée avec une substance qui se présente sous forme de prismes minces, ou aiguilles, et dont une partie est douée d'un éclat métallique, tandis que l'autre est blanchâtre et d'aspect salin.

Quand on essaie ce minéral au chalumeau, sur le charbon, il fond immédiatement, et, si l'on continue l'action de la flamme, il se volatilise complétement en dégageant de denses vapeurs antimoniales et arsenicales que l'on reconnaît, les premières, au dépôt blanc qu'elles forment sur le charbon, et les dernières à leur odeur alliacée caractéristique.

Si l'on traite ce minéral pulvérisé par l'acide chlorhydrique, avec l'aide de la chaleur, il se dissout facilement en dégageant du gaz sulfhydrique, mais en petite quantité, ce qui fait connaître qu'une partie seulement du minéral se trouve à l'état de sulfure.

En faisant déflagrer le minéral avec du nitrate de soude, on n'observe pas cette violente réaction de la Stibine, ou sulfure d'antimoine, par suite de la faible quantité de soufre qu'il contient. En traitant la masse fondue par l'eau distillée, on trouve dans le liquide, après filtration, une forte quantité d'arséniate de soude que l'on peut facilement mettre en évidence par le nitrate d'argent qui produit dans le liquide un abondant précipité de couleur rouge brique formé d'arséniate d'argent.

Ces réactions montrent, par conséquent, que la matière, avec éclat métallique, est formée par un mélange de Stibine ou sulfure d'antimoine et d'Alemontite, arséniure du même métal, laquelle, sur quelques points de la masse, se présente à l'état compacte comme dans l'échantillon qui précède.

La matière dépourvue d'éclat métallique et qui se trouve entremêlée avec les précédentes, pouvait être de l'Arsénolite (acide arsénieux), ou de l'Exitèle (oxyde d'antimoine), qui toutes deux sont dimorphes et cristallisent tantôt en octaèdres et tantôt en prismes. Pour reconnaître leur nature, j'ai traité, préalablement, le minéral pulvérisé par de l'eau chaude, dans laquelle l'acide arsénieux est soluble, et, ayant fait passer à travers le liquide filtré un courant d'acide sulfhydrique, je n'obtins pas de précipité jaune de sulfure d'arsenic, mais le liquide prit une teinte orangée, sans précipité aucun. En ajoutant quelques gouttes d'acide chlorhydrique à cette solution, il se forma quelques petits flocons orangés de sulfure d'antimoine.

Quand on traite ce minéral par un peu de bitartrate de potasse, ou crème de tartre, et d'eau, et qu'après avoir filtré le liquide, on l'essaie avec du gaz sulfhydrique, on obtient un abondant précipité orangé, ce qui fait connaître que le minéral en question est de l'oxyde d'antimoine, qui se dissout dans le bitartrate de potasse pour former de l'Emétique, ou tartrate double de potasse et d'antimoine.

La réaction s'opère même à froid; mais, si l'on fait bouillir le mélange, l'oxyde d'antimoine se dissout en plus grande abondance, et l'on peut obtenir des cristaux d'Emétique.

Il est bon de noter également que cet oxyde d'antimoine est légèrement soluble dans l'eau chaude, comme le démontre la réaction que je viens d'indiquer.

Or, on sait que l'oxyde d'antimoine est dimorphe et qu'il cristallise tantôt en octaèdres et tantôt en prismes rhomboïdaux; c'est ce qui a donné lieu à la création de deux espèces distinctes : la Sernamontite, qui cristallise en octaèdres, et l'Exitèle, ou Valentinite, qui affecte la forme prismatique. Comme l'oxyde d'antimoine de l'échantillon dont je m'occupe se trouve sous la forme de petits prismes, je l'ai classé sous le nom d'Exitèle ou Valentinite.

Cet étrange minéral se trouve, ainsi que je l'ai dit, sous forme de boules ; ces boules sont enveloppées par une couche de terre argileuse de 10 à 20 centimètres d'épaisseur, et forment une espèce de veine, sans caisse, de plus d'un mètre de large et dirigée de l'E. N. E. à l'O. S. O.

N° 345. — Stibine (sulfure d'antimoine), avec
　　　　Stiblite (antimoniate d'oxyde d'antimoine).
District et province d'Azángaro.

N° 346. — Stiblite. — (antimoniate d'oxyde d'antimoine)
　　　　de structure fibro-prismatique épigénique de
　　　　celle de la Stibine, avec
　　　　Stibine (sulfure d'antimoine).

Nom vulgaire : *Hueso de muerto.*

Chayramonte. — District de l'Asuncion. — Province de Cajamarca.

Ce singulier minéral se présente en masses de couleur blanchâtre qui tirent au jaunâtre, avec des taches de couleur gris clair ou rougeâtre à l'intérieur.

Cet échantillon affecte une forme cristalline de prismes et d'aiguilles entrelacés, qui est propre de la Stibine, ou sulfure d'antimoine, dont il a tiré son origine. On trouve encore, en effet, à la partie centrale des grands morceaux, de la Stibine avec son éclat métallique, de sorte que la forme cristalline de ce minéral est épigine de celle du sulfure d'antimoine.

La dureté de ce minéral est presque égale à celle du Feldspath, c'est-à-dire, est exprimée par 6. Quand on le moud dans un mortier d'agate, on observe même qu'il y a des parties plus dures encore qui arrivent à dépolir l'agate même. Son poids spécifique est 4,188.

Ce minéral se dissout difficilement, et toujours incomplétement, dans l'acide chlorhydrique, et sa dissolution précipite abondamment par l'eau : mais, le précipité se redissout facilement par l'addition d'acide tartrique. Il semblerait que l'acide chlorhydrique ne dissout que l'oxyde d'antimoine et laisse l'acide antimonique. Néanmoins, si on traite ce minéral, même finement pulvérisé, par une solution d'acide tartrique, et à la température de l'ébullition, il ne se dissout pas et le liquide n'accuse pas de traces d'oxyde d'antimoine.

Bien que, par un grand nombre de ses caractères, ce minéral paraît être le même que celui de Zamora en Espagne, cité par M. Dufrénoy dans sa *Minéralogie*, il en diffère, cependant, par sa solubilité partielle dans l'acide chlorhydrique. Il pourrait se faire que la plus grande proportion de carbonate de chaux que contient le minéral d'Espagne le rendît plus soluble dans l'acide. L'échantillon dont je m'occupe contient, en outre, 5 % d'eau qui ne figure pas dans la composition du minéral espagnol.

Ce minéral a donné à l'analyse :

Acide antimonique	45,825
Oxyde d'antimoine	41,073
Oxyde de plomb	0,572
Carbonate de chaux.	7,030
Eau	5,200
	99,100

N° 347. — Stiblite ferrugineuse (antimoniate d'oxyde d'antimoine, avec oxyde de fer) et
Anglésite (sulfate de plomb).

Mine de Yanaico, près de Caraz — Province de Huaylas.

N° 348. — **Stiblite ferrugineuse** (antimoniate d'oxyde
d'antimoine, avec fer) en prismes entrelacés,
mêlée avec
Anglésite (sulfate de plomb).

Mine de Yanaico, près de Caraz. — Province de Huaylas.

MINÉRAUX DE ZINC

Les minéraux de zinc que, jusqu'à ce jour, j'ai pu observer
au Pérou, sont peu nombreux, mais, en revanche, l'un d'eux,
la Blende, ou sulfure de zinc, est très-abondant et on le rencontre presque partout.

La Blende, au Pérou, non-seulement est très-commune, mais
encore elle se présente sous des aspects plus divers et avec des
couleurs plus variées que dans nulle autre région du globle.
C'est, en effet, un véritable *Protée* que ce minéral, et il offre les
structures les plus différentes : tantôt il est compacte, tantôt
granulaire ; ici il offre une structure écailleuse, là il se présente
sous la forme lamellaire ; plus loin il se montre cristallisé ou en
lames courbes, avec croisement hexagonal, constituant alors
l'espèce minérale que le célèbre Breithaupt a appelée Spiautérite
et que l'on doit regarder comme une variété de Wurtzite.

Quant à la couleur, les variations de la Blende sont encore
plus nombreuses que celles de la structure : on la trouve, en
effet, tour à tour, jaunâtre, grise, brune, verte, noire ou rouge
et toujours offrant les nuances les plus variées.

On peut dire la même chose de sa composition : elle se mêle,
soit avec le sulfure de plomb, pour former le sulfure double de
zinc et de plomb que M. Domeyko a nommé Huascolite ; soit
avec une forte proportion de fer, donnant ainsi lieu au sulfure
double de zinc et de fer que M. Boussingault a appelé Marmatite.

Au Pérou, la Blende accompagne tous les minéraux métalliques, mais surtout la Galène argentifère, ou sulfure de plomb

avec argent, dont elle diminue la valeur, en rendant plus difficile sa fusion, ainsi que l'extraction de l'argent qu'elle contient. Mais, grâce au perfectionnement des appareils de séparation mécanique des minéraux, on arrive, aujourd'hui, à séparer toute la Blende de la Galène, ainsi qu'on le fait dans les mines de Chilete, de la province de Cajamarca, par la simple différence des poids spécifiques de ces deux minéraux.

Les mineurs du Pérou désignent la Blende sous divers noms vulgaires, dont le plus commun est *Chumbe* que l'on applique à presque toutes les variétés de ce minéral. On appelle également, dans certaines parties du pays, *Inciensado* ou *Sahumerio*, les variétés de couleur jaunâtre ou grise qui, par leur aspect, rappellent l'encens.

Voici les principales variétés de Blende et autres minéraux de zinc du Pérou.

N° 349. — Blende (sulfure de zinc) lamellaire, de couleur grise.

Mine de la Peña colorada. — Montagne de Quiruvilca. — Province de Huamachuco.

N° 350. — Blende (sulfure de zinc) lamellaire, avec **Galène** (sulfure de plomb).

Mine de las Ánimas. — District de Macate. — Province de Huaylas.

N° 351. — Blende (sulfure de zinc) cristallisée, avec reflets bleus.

Mine de Mefisto. — Morococha. — Province de Tarma.

N° 352. — Blende (sulfure de zinc) couleur bleu de tournesol, avec **Quartz.**

Mine de San Francisco. — Morococha. — Province de Tarma.

N° 353. — Blende (sulfure de zinc) concrétionnée en masses arrondies.

District minier de Chonta. — Province Dos de Mayo.

N° 354. — Blende argentifère (sulfure de zinc, avec argent), mêlée intimement avec
Galène (sulfure de plomb).

Mine de Binchos. — District d'Aquia. — Province de Cajatambo.

N° 355. — Blende rouge (sulfure de zinc, rouge).

Montagne de Hualgayoc. — Province de Hualgayoc.

Cette variété de Blende est très-remarquable, non-seulement par sa couleur rouge, mais encore par sa propriété d'être très-phosphorescente.

Elle se présente en masse amorphe de structure semi-granulaire et d'une couleur rouge, qui, dans les morceaux purs, ressemble à celle de certaines variétés de Réalgar, ou sulfure d'arsenic ; mais il suffit d'en soumettre un petit fragment à la flamme du chalumeau, sur le charbon, pour la distinguer immédiatement du Réalgar : n'étant pas volatile, comme le sulfure d'arsenic, elle dépose, sur le charbon, un oxyde blanc qui devient vert quand on le calcine immédiatement après l'avoir humecté avec une goutte de la solution de nitrate de cobalt, ce qui est caractéristique de l'oxyde de zinc.

Quant à la propriété phosphorescente de cette variété de Blende, elle est très-remarquable, à cause de son intensité : il suffit, en effet, d'en moudre un morceau ou de le frotter contre un corps dur, dans un lieu obscur, pour voir se dégager de vives rafales d'une lumière très-claire.

N° 356. — Blende (sulfure de zinc) cristallisée, avec
Céruse (carbonate de plomb) et
Panabase argentifère (sulfure de cuivre, d'antimoine et d'arsenic, avec argent).

Mine d'Acacocha. — District de Recuay. — Province de Huaraz.

N° 357. — Blende verte (sulfure de zinc), de structure lamellaire.

Mine de Tambo Viso. — District de Matucana. — Province de Huarochiri.

N° 358. — **Marmatite** ou **Blende ferrugineuse** (sulfure de zinc et de fer), de structure lamellaire, avec
Pyrite (sulfure de fer).

Mine de Sullac, sur les hauteurs de Casapalca. — Province de Huarochiri.

N° 359. — **Marmatite** ou **Blende ferrugineuse** (sulfure de zinc et de fer), avec
Galène (sulfure de plomb) et
Argent natif.

Mine de Vinchos, à 55 kilomètres du Cerro-de-Pasco.

N° 360. — **Marmatite** ou **Blende ferrugineuse** (sulfure de zinc et de fer), de structure granulaire cristalline.

Mine de Los Inocentes. — District minier de Chonta. — Province Dos de Mayo.

N° 361. — **Marmatite** ou **Blende ferrugineuse** (sulfure de zinc et de fer), de structure granulaire écailleuse.

Mine de Santo Toribio. — Cordillera negra, en face Huaray.

N° 362. — **Marmatite** ou **Blende ferrugineuse** (sulfure de zinc et de fer), couleur bleu de tournesol et de structure lamellaire.

District et province de Huaray.

N° 363. — **Spiautérite** ou **Wurtzite** (sulfure de zinc et de fer), avec croisements qui appartiennent au système hexagonal.

District minier de Chonta. — Province Dos de Mayo.

La Blende se trouve, au Pérou, sur d'innombrables points, de sorte que je m'abstiendrai d'en faire l'énumération qui serait par trop longue.

Quant à la Spiautérite, on la trouve également dans la mine

de Quispisiza, dans la province de Castrovireyna, d'où provient l'échantillon sur lequel le minéralogiste Breithaupt créa cette espèce minérale.

N° 364. — **Huascolite** (sulfure de zinc et de plomb), avec **Blende** (sulfure de zinc).

Mines de Parac. — District de San Mateo. — Province de Huarochiri.

On trouve également la Huascolite dans quelques mines situées dans la Cordillière noire, en face de la ville de Huaraz, où on la connaît sous le nom vulgaire de *Chumbe blanco* ou sous celui de *Pavonado blanco*. Elle contient un peu d'argent.

Dans la province Dos de Mayo, à 50 kilomètres du village d'Ovas et dans un endroit appelé Huancamina, on trouve, en très-grande abondance, une autre variété de ce minerai qui, à cause de sa proportion de zinc plus grande que dans la Huascolite analysée par M. Domeyko, pourrait être considérée comme une nouvelle espèce, si on la trouvait à l'état cristallin. La mine qui fournit cette variété de Huascolite porte le nom de *Poderosa*, et le minéral s'y présente à l'état amorphe, sous forme de masses pesantes d'une couleur gris bleuâtre.

L'essai au chalumeau révèle la présence du plomb, du zinc et du soufre, ce qui montre que ce minéral est un sulfure double de zinc et de plomb.

Soumis à l'analyse, il a donné les résultats suivants :

Zinc.	38,05
Plomb.	22,88
Fer.	0,75
Soufre.	23,80
Gangue quartzeuse	14,50
	99,98

Ce qui donne, pour la composition du minéral, sans gangue :

Zinc.	44,50
Plomb.	26,86
Fer.	0,88
Soufre.	27,76
	100,00

Nº 365. — Goslarite ou **Galiznite** (sulfate de zinc).

Galerie du Cerro-de-Pasco.

On trouve également ce minéral en efflorescences blanches, dans les mines de Chonta, de la province Dos de Mayo.

Nº 366. — Smithsonite (carbonate de zinc), dans de la **Blende** (sulfure de zinc).

Mines de Murciélagos. — Chilete. — Province de Cajamarca.

MINÉRAUX DE NICKEL

Les minéraux de nickel sont assez peu répandus au Pérou, mais ils sont en assez grande abondance dans le district où ils existent et pourraient, à la faveur des prix qu'atteint le nickel aujourd'hui, donner lieu à une exploitation très-avantageuse.

Le minéral le plus connu est la Nickéline, ou arséniure de nickel, que l'on pourrait fondre sur les lieux et obtenir une masse, beaucoup plus riche, qui supporterait les frais de transport.

Un autre minéral de nickel, qui n'est pas très-rare, c'est l'Ullmannite, ou sulfo-antimoniure de nickel, qui accompagne fréquemment la Nickéline.

Par son oxydation, la Nickéline a donné lieu à la production de l'Annabergite, ou arséniure de nickel, qui, il est vrai, n'est pas en très-grande quantité, mais qui est très-fréquente, se présentant sous forme de taches vertes ou de petites masses terreuse, et accompagnant presque toujours la Nickéline dont elle tire son origine.

Dans le même district de San Miguel, dans la province de La Mar, là où l'on trouve tous les minéraux de nickel que je viens de citer, il en existe trois autres espèces, mais beaucoup plus rares : ce sont la Pimélite, ou hydrosilicate de nickel, la

Texasite, ou carbonate de nickel et la Pyroméline ou Morénosite (sulfate de nickel).

La gangue des deux minéraux de nickel les plus abondants, la Nickéline et l'Annabergite, est la Manganocalcite ou
carbonate de chaux et de Manganèse.

Nº 367. — Ullmannite (sulfo-antimoniure de nickel), dans
de la
Manganocalcite (carbonate de chaux et de
manganèse.)

*Montagne de Rapi. — District de San Miguel. — Province
de La Mar.*

Nº 368. — Ullmannite (sulfo-antimoniure de nickel), avec
Nickéline (arséniure de nickel).

*Montagne de Rapi. — District de San Miguel. — Province
de La Mar.*

Nº 369. — Nickéline compacte antimonifère (arséniure de nickel, avec antimoine).

*Mines de Rapi. — District de San Miguel. — Province
de La Mar.*

Nº 370. — Nickéline (arséniure de nickel), dans de la
Manganocalcite (carbonate de chaux et de
manganèse).

*Montagne de Rapi. — District de San Miguel. — Province
de La Mar.*

Nº 371. — Ullmannite (sulfo-antimoniure de nickel), avec
Nickéline antimonifère (arséniure de nickel,
avec antimoine) et
Galène (sulfure de plomb).

*Mines de nickel du district de San Miguel. — Province
de La Mar.*

N° 372. — Pimélite (hydrosilicate de nickel), dans de la **Nickéline ferrifère** (arséniure de nickel, avec fer).

Mines de nickel du district de San Miguel. — Province de La Mar.

Cet échantillon est formé, en grande partie, par de la Nickéline ferrifère, qui offre une couleur plus obscure que la Nickéline ordinaire. On remarque, dans ce minéral, de petites taches d'une matière compacte, présentant un lustre graisseux, infusible au chalumeau, et composée de silice, d'oxyde de nickel et d'eau, formant ainsi un hydrosilicate de nickel. Comme les caractères de ce minéral sont, moins une petite différence dans la dureté, ceux que l'on assigne à la Pimélite, j'ai considéré la matière verte en question comme une variété de Pimélite, possédant un gisement distinct.

Quant à la dureté de cette variété de Pimélite, elle est au moins 4, tandis que la Pimélite que l'on trouve dans la Serpentine n'a qu'une dureté de 3, 5.

N° 373. — Annabergite (arséniate de nickel), dans de la **Manganocalcite** (carbonate de chaux et de manganèse), avec **Nickéline** (arséniure de nickel).

Mines de Rapi. — District de San Miguel. — Province de La Mar.

N° 374. — Annabergite (arséniate de nickel) terreuse.

Mines de nickel du district de San Miguel. — Province de La Mar.

N° 375. — Annabergite (arséniate de nickel), avec **Limonite** (peroxyde de fer hydraté).

Mines de nickel du district de San Miguel. — Province de La Mar.

N° 376. — Texasite, Pennite ou Zaratite (carbonate de nickel, de structure fibro-radiée).

Mines de Rapi. — District de San Miguel. — Province de La Mar.

On a donné le nom de Texasite, Pennite ou Zaratite à certaines variétés de carbonate de nickel qui ont été trouvées, en petites croûtes, sur le fer chromaté du Texas, ou bien qui accompagnaient le fer magnétique du cap Ortégal, en Espagne.

Cet échantillon, fort rare, représente une nouvelle variété de carbonate de nickel qui se trouve sous forme de petites masses arrondies comme de petites sphères, d'une couleur vert obscur et d'une structure fibro-radiée qui rappelle celle de certaines variétés de Malachite.

Ce minéral se dissout, avec effervescence, dans l'acide chlorhydrique, même dilué, mais avec l'aide de la chaleur. Sa solution, d'une couleur verte, présente tous les caractères des sels de nickel, c'est-à-dire ne précipite pas le cuivre sur une lame de fer et donne, avec la potasse, un précipité vert pomme et verdâtre clair avec le ferrocyanure de potassium, réactif avec lequel la solution de cuivre donne un précipité rouge vineux.

Cette variété de carbonate de nickel diffère de celles décrites déjà, par sa couleur également, qui, dans le présent échantillon, est d'un vert très-obscur, presque noirâtre, tandis que les autres variétés de carbonate de nickel sont présentées dans les ouvrages de minéralogie, comme possédant une couleur vert émeraude. Mais, comme ses variations de couleur s'observent également dans la Malachite ou carbonate de cuivre, je n'ai pas jugé convenable d'augmenter la nomenclature d'un nouveau nom, et, par conséquent, j'ai conservé à cet échantillon les noms que portent les variétés déjà connues de carbonate de nickel.

N° 377. — Pyroméline ou Morénosite (sulfate de nickel), avec de la
Texasite (carbonate de nickel) noirâtre.

Mines de nickel de Rapi. — District de San Miguel. — Province de La Mar.

Cet échantillon est formé de petites masses noirâtres d'une variété de carbonate de nickel, recouvertes de croûtes salines, de couleur bleu verdâtre, de sulfate de nickel, ou Pyroméline.

La couleur bleue, plutôt que verte, de ces croûtes salines me fit, à première vue, croire qu'elles étaient formées par un sel de cuivre, ce qui, néanmoins, ne laissait pas de m'étonner, car j'avais recueilli cet échantillon dans les mines de nickel, où je n'avais presque pas trouvé de traces de cuivre. J'entrepris alors une étude complète de ce minéral. Je le fis dissoudre dans de l'eau distillée et je traitai ensuite la solution par tous les réactifs du cuivre et du nickel : j'acquis promptement la conviction que ce sel, malgré sa couleur bleue, n'était pas un sulfate de cuivre, mais bien un sulfate de nickel. En effet, il ne précipite pas de cuivre sur une lame de fer; il ne donne pas de précipité rouge, mais bien un précipité verdâtre sale, avec le ferrocyanure de potassium ; il donne un précipté verdâtre avec la potasse caustique, même à la température de l'ébullition, conditions dans lesquelles le cuivre donne un précipité d'oxyde noir. Il ne précipite pas, comme le cuivre, à la température de l'ébullition, avec l'hyposulfite de soude, etc., etc.

Enfin, au chalumeau, il fournit clairement le caractère qui lui a valu son nom de Pyroméline, c'est-à-dire qu'il change de couleur sous l'action du feu et prend une teinte jaune.

Quand on dissout dans l'eau distillée toute la Pyroméline de cet échantillon, il reste une matière noirâtre qui, traitée par l'acide chlorhydrique, et avec l'aide de la chaleur, se dissout avec une vive effervescence et donne lieu à une seconde dissolution de nickel, qui, soumise à l'étude, montre que cette matière noirâtre est une variété de carbonate de nickel analogue à celle de l'échantillon précédent.

N° 378. — **Pyroméline** ou **Morénosite** (sulfate de nickel) terreuse.

Mines de nickel de Rapi. — District de San Miguel. — Province de La Mar.

MINÉRAUX DE COBALT

Le nombre des minéraux de cobalt, que l'on rencontre au Pérou, est encore plus limité que celui des minéraux de nic-kel; mais, en revanche, les minéraux de cobalt sont dissémi-nés sur un plus grand nombre de points.

Les minéraux de nickel, en effet, jusqu'à ce jour, n'ont été trouvés que dans un seul district, celui de San-Miguel, de la province de la Mar, tandis qu'on a trouvé des minéraux de cobalt dans le district minier de San-Antonio de Esquilache, de la province de Puno, ainsi que dans les provinces de la Mar, Tayacaja, Andahuaylas et Convencion ; on a également trouvé des indices de minéraux de cobalt dans la province de Huarochiri et dans celle d'Otuzco.

Les principaux minéraux de cobalt, trouvés au Pérou, sont la Cobaltine, ou sulfo-arséniure de cobalt, et la Smaltine, qui est un arséniure du même métal.

La Cobaltine se trouve mêlée avec les minéraux de nickel du dictrict de San-Miguel, de la province de La Mar. La Smal-tine se trouve dans plusieurs endroits, mais en plus grande abondance dans le district de Vilcabamba de la province de la Convencion, où on la connaît sous le nom vulgaire de *Metal para matar murciélagos* (métal pour tuer les chauves-souris) ; c'est, en effet, uniquement pour tuer les chauves-souris qu'on emploie ce minéral dans le district de Vilcabamba. On le brûle sur des brasiers dans les lieux infectés de chauves-souris, et principalement dans les églises. Comme la Smaltine est un arséniure de cobalt, elle dégage, sous l'action de la chaleur, d'abondantes vapeurs arsenicales, qui, dans un milieu clos, remplissent l'atmosphère et tuent rapidement tous les animaux qui les respirent.

Un autre minéral de cobalt, un peu plus rare que le précé-dent, c'est l'Erythrine, ou arséniate de cobalt, qui provient de l'oxydation de la Smaltine ou arséniure et que l'on reconnaît facilement à sa belle couleur rose. Bien que ce minéral se trouve dans presque tous les endroits où l'on rencontre la Smaltine, il n'y existe toujours qu'en petite quantité et sous forme de taches ou de petites croûtes à la surface de cette dernière espèce.

N° 379. — **Cobaltine** (sulfo-arséniure de cobalt), avec
      Nickéline (arséniure de nickel),
      Calcaire (carbonate de chaux) cristallisé et
      Manganocalcite (carbonate de chaux et de manganèse).

Montagne de Rapi. — District de San Miguel. — Province de La Mar.

N° 380. — **Cobaltine** (sulfo-arséniure de cobalt), en masses testacées, et présentant des cristaux octaédriques imparfaits.

Mines du district de San Miguel. — Province de La Mar.

N° 381. — **Cobaltine** (sulfo-arséniure de cobalt), avec
      Panabase (sulfure de cuivre, d'antimoine et d'arsenic), et
      Erythrine (arséniate de cobalt).

Mine de Las tres horcas. — District minier de San Antonio de Esquilache. — Province de Puno.

N° 382. — **Smaltine** (arséniure de cobalt), avec
      Erythrine (arséniate de cobalt).

District d'Anco. — Province de Tayacaja.

N° 383. — **Smaltine ferrifère** (arséniure de cobalt, avec fer), avec
      Erythrine (arséniate de cobalt) et
      Limonite arsenical (peroxyde de fer hydraté, avec arsenic).

District et province d'Andahuaylas.

Ce minéral, qui se présente en morceaux pesants, est de

couleur grise et d'aspect terreux, à sa partie extérieure, et de couleur grise obscure, avec éclat métallique, dans sa partie interne. Cet éclat métallique est vif sur les surfaces de fracture récente, mais bientôt il se voile et le minéral devient noirâtre quand il est exposé au contact de l'air.

On observe quelquefois, au milieu de la masse de couleur grise, des taches roses d'Erythrine qui, dans quelques échantillons, se montrent avec une structure fibro-radiée. Ces taches rosées révèlent la présence du cobalt qui, sans elles, aurait peut-être passé inaperçu à la simple inspection du minéral.

La partie extérieure terreuse est formée, en grande partie, de Limonite arsenical, due à l'oxydation du fer que ce minéral contient en grande quantité.

Au chalumeau, et sur le charbon, ce minéral dégage d'abondantes vapeurs arsenicales et donne, en fondant, un bouton de fer magnétique.

Avec le borax, il donne une perle de couleur bleu intense qui révèle, d'une manière très-évidente, la présence du cobalt.

Une analyse faite sur la partie centrale du minéral, sans aucun mélange de Limonite ni d'Erythrine, a donné les résultats suivants :

Cobalt	9,42
Fer	19,18
Arsenic	69,32
Soufre	1,38
	99,30

Par la grande quantité de fer qu'il renferme, cet échantillon pourrait être regardé comme un minéral de fer ; et, dans ce cas, si on tient compte de la quantité insuffisante de soufre qu'il contient, on ne saurait lui donner le nom de Mispickel, et il faudrait alors le considérer comme une Lollingite ou une Leucopyrite cobaltifère. Néanmoins, la propriété qu'a ce minéral de devenir très-obscur, quand il reste exposé au contact de l'air le sépare des deux espèces que je viens de citer, qui sont presque d'une couleur blanc d'argent qu'ils ne perdent pas facilement sous l'influence de l'air. C'est pour ces raisons qu'il m'a paru convenable de le considérer comme une Smaltine dans laquelle le fer a remplacé une grande partie du cobalt.

N° 384. — Erythrine (arséniate de cobalt), sur de la **Smaltine** (arséniure de cobalt).

District et province d'Andahuaylas.

N° 385. — Erythrine (arséniate de cobalt), avec **Smaltine** (arséniure de cobalt).

District de Vilcabamba. — Province de la Convencion.

MINÉRAUX DE FER

Les minéraux de fer sont très-communs et très-abondants au Pérou : on en trouve sur tous les points du territoire de la République.

Dans la région de la *Costa* on rencontre abondamment, même aux environs de Lima, du Fer oligiste (peroxyde de fer anhydre) de la Magnétite, ou pierre d'aimant (oxyde de fer magnétique), minerais qui pourraient donner lieu à l'exploitation du fer sur une vaste échelle, si le combustible était meilleur marché dans cette zone.

Les minéraux que je viens d'indiquer n'existent pas seulement dans la région de la Costa, mais encore sur beaucoup d'autres points de l'intérieur, soit dans la *Sierra* et la *Cordillera*, soit également dans la région des forêts vierges ou *Montaña*. Par exemple, dans la vallée du Chanchamayo, qui appartient au bassin de l'Ucayali, non-seulement il existe d'abondants dépôts de fer oligiste, mais encore les sauvages Campas qui habitent cette région possèdent des fours pour fondre le minéral et affiner le métal, de sorte qu'ils produisent tout le fer dont ils ont besoin pour leurs instruments.

L'oxyde de fer, à l'état terreux, tant anhydre qu'hydraté ou

Limonite et, même, argileux, sous la forme d'ocres de diverses nuances, jaunes et rouges, qui pourraient être employées comme matières colorantes, n'est pas moins abondant que le fer oligiste.

Il y a d'autres minerais de fer très-communs, au Pérou, et qui n'ont aucune application dans le pays, comme la Pyrite (sulfure de fer), connue sous le nom vulgaire de *Bronce*, et le Mispickel ou Pyrite arsenicale (sulfo arséniure de fer) désignée, dans quelques endroits, sous le nom vulgaire de *Bronce blanco* ou, également, sous celui d'*Agujillas*, quand elle est cristallisée en petits prismes.

Comme produits de l'oxydation de la Pyrite, on trouve, sur différents points du territoire péruvien, la Mélantérie (sulfate de protoxyde de fer), appelée vulgairement *Alcaparrosa verde ;* le Botriogène (sulfate de protoxyde et de peroxyde de fer), connu sous le nom vulgaire d'*Alcaparrosa amarilla*, et la Raimondite (sulfate basique de fer, en lames hexagonales), minéral dédié à l'auteur de ce travail par le célèbre minéralogiste Breithaupt.

Il n'est pas rare, non plus, de trouver au Pérou quelques arséniates de fer qui proviennent de l'oxydation du Mispickel, et d'autres minéraux de fer avec arsenic. Ces arséniates sont la Pharmacosidérite, la Scorodite et la Sidéritine.

Parmi ces minéraux de fer, le Pérou compte également le fer natif ou Météorite, dont on a trouvé une masse, du poids de 12 kilogrammes, enfoncée dans un terrain salpêtrier de la province de Tarapacá.

Enfin, j'ai pu découvrir également, parmi les minéraux de fer, une nouvelle espèce qui consiste en un sulfate double de peroxyde de fer et de soude, et à laquelle j'ai donné le nom de *Sidéronatrite* qui rappelle les deux éléments, fer et soude, qui sont la base de sa composition.

Cette nouvelle espèce provient de la province de Tarapacá, féconde en minéraux rares et nouveaux, et qui, par son extrême richesse, est, en quelque sorte, la patrie des sels solubles.

Les échantillons qui suivent représentent les principaux types des minerais de fer du Pérou.

N° 386. — **Fer natif météorique** d'aspect scoriacé.

Désert d'Atacama.

J'ai placé ici cet échantillon, bien qu'il ait été recueilli hors du territoire péruvien, tant parce qu'il est d'un pays limitrophe du Pérou que parce qu'il peut servir de comparaison avec l'échantillon suivant trouvé sur le sol de la République, et qui est très-différent. quant à son aspect extérieur.

Cet échantillon a un aspect scoriacé, car il est entièrement rempli de cavités. La surface extérieure est complétement oxydée et ses cavités sont, en partie, remplies par une terre granulaire peu consistante, offrant une couleur blanc jaunâtre, plus ou moins mêlée avec de l'oxyde de fer et qui, par sa composition, doit être considérée comme une variété d'Olivine.

La composition de ce fer météorique est déjà connue par les analyses qu'en ont faites MM. Domeyko, au Chili, et Trappoli, dans le laboratoire de Bunsen, en Europe.

N° 387. — **Fer natif météorique,** compacte.

Province de Tarapacà.

Ce fer météorique fut enlevé d'une masse du poids de près de 12 kilogrammes, trouvée enfoncée dans les terrains salpêtriés de la province de Tarapacà à 50 kilomètres, à l'Est, du port d'Iquique, sur le versant des montagnes, et du côté Ouest, de la Pampa de Tamarugal. La moitié du météorite se trouvait enfoncée dans le *Caliche*, ou nitrate de soude brut, et l'autre moitié dans la couche supérieure.

Quand on le retira du sol il avait une forte odeur d'iode, due, sans doute, à la réduction de l'iodate de soude contenu dans le salpêtre.

La forme de la masse de ce fer météorique est quelque peu irrégulière : elle présente, d'un côté, une surface concave, rugueuse et oxydée par l'action du salpêtre ; et, de l'autre, une surface légèrement convexe avec des cannelures et des côtes saillantes.

L'épaisseur de cette masse est variable et dans la partie la plus épaisse, les côtes présentent des pointes saillantes et, quelquefois, se bifurquent, et donnent à ce bloc de fer météorique une forme qui s'approche quelque peu de celle que présente un fragment d'une grande ammonite.

Quand on observe sa surface concave, on croirait que ce morceau de fer natif a appartenu à une grande masse sphérique et creuse à son centre comme une immense bombe.

Les personnes qui découvrirent cette masse de fer météorique, en voyant sa couleur blanchâtre, presque comme celle du *Pachfong*, crurent être en présence d'un bloc d'argent natif; mais, quand elles voulurent en couper un morceau, elles reconnurent qu'il était beaucoup plus dur que l'argent, et se rapprochait du fer par la propriété qu'il présentait de se ramollir quand on le chauffait au rouge.

La pâte de ce météorite se montre très-homogène principalement quand on la coupe en surface plane et qu'on la polit, opération qui lui communique un éclat très-vif.

Les surfaces polies, traitées par les acides dilués, ne présentent aucune figure dans certaines parties de la masse; mais, dans d'autres, on voit apparaître des taches et des bandes confuses qui, cependant ne représentent pas clairement les figures dites de Widmannstaetten.

Cette masse de fer météorique est formée de fer et de nickel, mais ne contient pas de cobalt, ou, si elle en contient, c'est à peine, sous forme de traces insignifiantes. Bien que sa pâte semble être très-homogène, la proportion des deux métaux qui entrent dans sa composition n'en varie pas moins, cependant, d'une manière notable d'un point à un autre de la masse, de sorte que ce météorite paraît être formé par différents alliages de fer et de nickel ce qui, d'ailleurs est assez commun dans les fers météoriques.

Quand on chauffe, lentement et uniformément, un peu de limaille, ou une lame mince de ce fer, on la voit d'abord prendre une couleur jaune bronzé; ensuite, elle devient d'un rouge qui passe au violet et peu à peu sa couleur passe à un bleu foncée d'indigo. Si on continue l'action du feu, on voit disparaître la couleur bleue que remplace la teinte grise, mais un peu plus foncée que la première. Il est bon de noter, cependant, que ces couleurs ne sont pas entièrement uniformes et il arrive, quelquefois, que les lames conservent des taches de diverses nuances, ce qui confirmerait le peu d'homogénéité de ce fer, et peut-être, la réunion des divers alliages de fer et de nickel, découverts par M. Reichemback et connus sous les noms de Kamacite, (Balkeneisen), dont la formule est $Fe^{14}Ni$; de Ténite (Bandeisen) dont la composition est indiquée par la formule Fe^6Ni, et de Plésite, qui est un alliage intermédiaire, dont la formule, $Fe^{10}Ni$, fait connaître la composition.

Le chimiste M. Meunier, dans ses importantes études sur les météorites, dit être arrivé à séparer mécaniquement, du fer météorique de Caille, les deux alliages connus sous les noms de Kamacite et de Ténite et, cela, simplement en chauffant uniformément un peu de limaille et séparant ensuite les grains qui étaient devenus bleus de ceux qui avaient pris une couleur jaunâtre: les premiers, selon son opinion, sont formés de Kamacite et, les seconds, de Ténite.

Néanmoins, bien que ces fers météoriques ne soient pas homogènes et soient formés de deux ou plusieurs alliages distincts, la séparation mécanique de ces alliages me semble impossible: car, il n'est presque pas croyable que quelques grains détachés de la masse, par une lime grossière, soient constitués, les uns par un certain alliage et les autres par un alliage différent; et je persiste dans cette croyance malgré que M. Meunier dit avoir rejeté les grains qui présentaient les deux couleurs à la fois.

La limaille de l'échantillon qui, dans la collection, porte le numéro 387 devient, quand on la chauffe, presqu'entièrement bleue; de sorte que, selon M. Meunier, elle appartiendrait à la Kamacite. Néanmoins l'analyse indique une proportion de nickel beaucoup plus grande que celle que le même chimiste assigne à la Kamacite.

Des trois analyses pratiquées sur des échantillons pris en divers points de la masse de ce météorite, l'une a indiqué une composition égale à celle de la Ténite; une autre a donné une proportion de nickel un peu moindre, mais toujours supérieure à celle que contient la Kamacite ; enfin, la troisième donne une composition dans laquelle le nickel figure en plus grande proportion même que dans la Ténite, ainsi qu'on peut le voir par les chiffres du tableau suivant :

SUBSTANCES cherchées	ANALYSE DE TROIS ÉCHANTILLONS pris en trois points distincts du météorite de Tarapacá			ANALYSE, SELON M. MEUNIER, de la	
	1ᵉʳ échantillon	2ᵉ échantillon	3ᵉ échantillon	Ténite	Kamacite
Fer. . . .	81.42	85.61	87.59	85.00	91.90
Nickel. . .	18.51	14.37	12.38	14.00	7.90
	99.93	99.98	99.97	99.00	98.90

On pourrait déduire de ces résultats que si le fer qui devient bleu quand on le chauffe appartient à la Kamacite, le météorite de Tarapacá, dont la limaille devient complétement bleue, devrait appartenir à cet alliage ; mais, comme, d'une part, il a donné à l'analyse une quantité de nickel beaucoup plus grande que celle que contient la Kamacite, et, de l'autre, comme il n'offre pas le caractère de la coloration de la Ténite, il doit, par conséquent, contenir des parties formées par un alliage plus riche en nickel que la Ténite, alliage qui existe comme on sait, dans le météorite d'Octibbeha, découvert, en 1857, aux Etats-Unis, lequel, selon M. Taylor, contient plus de 0,50 de nickel.

Quant au deuxième échantillon prélevé sur le météorite de Tarapacá, on voit, par les chiffres du tableau précédent, qu'il offre une composition presque égale à celle de la Ténite analysée par M. Meunier.

Comme le météorite de Tarapacá, avant d'être envoyé à Lima, a été chauffé au rouge, afin d'en couper un morceau, je n'ai pas pu déterminer la dureté qu'il avait à l'état naturel, et qu'avait modifiée la perte de sa trempe. Tel que j'ai reçu cet échantillon, sa dureté a été reconnue égale à celle du fer malléable ; mais, en chauffant un morceau au rouge et en le refroidissant rapidement, il acquiert une dureté un peu plus grande, à peine suffisante, toutefois, pour rayer le verre avec difficulté.

Ce fer nickélifère est suffisamment malléable et on peut en obtenir des lames très-minces.

Son poids spécifique est plus grand que celui du fer et un peu moindre que celui du nickel : le terme moyen de deux expériences, en vue de prendre sa densité, est 7,860 résultat presque identique à celui que l'on obtient en cherchant, par le calcul, le poids spécifique d'un alliage de fer et de nickel dont la composition égale celle de l'échantillon n° 2, en prenant pour base le poids spécifique du fer égal à 7,79 et celui du nickel égal à 8,279.

Un alliage de fer et de nickel, dans la proportion trouvée par l'analyse de cet échantillon n° 2, c'est-à-dire de 85 de fer pour 14 de nickel, donnerait, pour poids spécifique, en admettant qu'il n'éprouvât ni contraction ni dilatation, 7,858 au lieu de 7,860 qu'a donné le météorite de Tarapacá.

N° 388. — **Pyrite cubique** (sulfure de fer), connue sous le nom vulgaire de *Bronce*, avec

Quartz cristallisé.

Mine de San Dimas. — Queropalca. — Province Dos de Mayo.

N° 389. — **Pyrite cubique** (sulfure de fer) formant un cristal isolé.

District et province de Cajabamba.

N° 390. — **Pyrite** (sulfure de fer), en grands cristaux de forme cubique.

Antamina. — District de San Márcos. — Province de Huary.

N° 391. — **Pyrite** (sulfure de fer) cristalisée en cubes, dodécaèdres pentagonaux et formes intermédiaires.

Hacienda de Rambran. — District de Chumuc. — Province de Celendin.

Nᵒ 392. — **Pyrite** (sulfure de fer) cristallisée en dodécaèdres pentagonaux, sur de la

Panabase argentifère (sulfure de cuivre, d'antimoine et d'arsenic, avec argent).

Hacienda d'Araqueda. — Province de Cajabamba.

Nᵒ 393. — **Pyrite** (sulfure de fer) cristallisée en gros dodécaèdres pentagonaux, modifiés par des facettes sur les arêtes et les angles solides.

Hacienda d'Araqueda. — Province de Cajabamba.

Nᵒ 394. — **Pyrite** (sulfure de fer) cristallisée en cubes, octaèdres et dodécaèdres.

Hacienda de Maray. — District d'Aija. — Province de Huaraz.

Nᵒ 395. — **Pyrite** (sulfure de fer) de structure lamellaire, sur du

Quartz.

Cushuro. — District de San Miguel. — Province de Hualgayoc.

Nᵒ 396. — **Pyrite** (sulfure de fer) à reflets variés, avec **Quartz aurifère.**

District et province de Paucartambo.

Nᵒ 397. — **Sperkise, Marcassite** ou **Pyrite blanche** (sulfure de fer) de structure radiée.

Hacienda de Llaray. — District de Santiago de Chuco. — Province de Huamachuco.

Nᵒ 398. — **Sperkise** ou **Marcassite** (sulfure de fer) concrétionnée, en masses arrondies.

Cerro-de-Pasco. — Province de Pasco.

Les Pyrites blanches sont assez rares, au Pérou, tandis que la Pyrite commune se trouve partout. Les points où elle est le plus abondante sont le Cerro-de-Pasco, où elle forme un immense dépôt au-dessous du minerai argentifère appelé Cascajo, et dans les environs de Morococha.

N° 399. — **Magnetkise, Leberkise** ou **Pyrrothine argentifère** (sulfure de fer magnétique, avec argent).

Richesse en argent = 0,0289, soit 346 marcs par caisse.

Mines de Vinchos à 35 kilomètres du Cerro-de-Pasco.

La Magnetkise ou Pyrite magnétique, dans cet échantillon, est amorphe et présente des surfaces qui reflètent les plus vives couleurs, doré, rouge, vert, bleu, etc., ce que l'on indique, au Pérou, en disant qu'elle est *atornasolada*.

Cette Pyrite magnétique est très-riche en argent et l'analyse lui assigne la composition suivante :

Fer.	58,19
Argent	2,89
Soufre.	38,80
	99,88

Les résultats de cette analyse montrent que, dans ce minéral, l'argent remplace le fer. En effet, en faisant la somme des quantités de ces deux métaux, on obtient la même proportion de métal et de soufre que dans la Pyrite magnétique commune.

Bien que la Pyrite magnétique soit quelque peu rare au Pérou, on la trouve néanmoins dans plusieurs endroits parmi lesquels je citerai les environs de Carhuaz, dans la province de Huaraz ; les montagnes voisines de la ville de Trujillo ; certains points du district d'Otuzco, dans la province du même nom ; la vallée de Pucará, à 15 ou 20 kilomètres de Lurin, etc.

N° 400. — **Mispickel** (sulfo-arséniure de fer) cristallisé en octaèdres, dérivés du prisme rhomboïdal, couvert d'un voile de **Pharmacosidéréte** (arseniate de fer).

Mine de Yanahuanca. — District d'Aija. — Province de Huaraz.

N° 401. — Mispickel (sulfo-arséniure de fer) cristallisé en prismes rhomboïdaux modifiés par des facettes triangulaires sur les angles aigus.

Nom vulgaire : *Bronce blanco.*

Mine de Jecanga, dans la Cordillère noire, en face de Huaraz.

N° 402. — Mispickel colbaltifère et nickélifère (sulfo-arséniure de fer, avec cobalt et nickel).

District de San Miguel. — Province de La Mar.

N° 403. — Mispickel (sulfo-arséniure de fer) cristallisé en prismes rhomboïdaux.

Nom vulgaire : *Agujillas.*

Mine de Quispa. — District de Polloc. — Province de Cajamarca.

N° 404. — Mispickel (sulfo-arséniure de fer) concrétionné.

Nom vulgaire : *Bronce blanco.*

Montagne de Corivilca, à 30 kilomètres de Huanta. — Province de Tayacaja.

N° 405. — Mispickel (sulfo-arséniure de fer), avec **Pharmacosidérite** (arséniate de fer).

District de Coris. — Province de Tayacaja.

N° 406. — Mispickel (sulfo-arséniure de fer) amorphe connu sous le nom vulgaire de *Bronce blanco,* avec

Pyrite (sulfure de fer),
Blende (sulfure de zinc),
Galène (sulfure de plomb) et
Quartz.

District de Recuay. — Province de Huaraz.

Le Mispickel est très-abondant au Pérou. Il accompagne fréquemment les minéraux d'argent, et, lui-même, est souvent argentifère.

Ce minéral, en outre des lieux cités plus haut, se trouve dans la mine de Huancapeti, du district de Recuay, dans la province de Huaylas ; dans les mines de San-Pablo et Coricocha de Macate, province de Huaylas ; dans le district de Lucma, province d'Otuzco ; dans les mines de Tambo Viso et de la cordillère d'Antarangra de la province de Huarochirí ; à l'endroit appelé Ventana, sur les hauteurs du village de Pomabamba ; dans le district de Canta, de la province de Lima. Le Mispickel accompagne l'or dans la province de Carabaya ; il est mêlé avec un peu de cobalt et de bismuth, dans une mine près de Chicla de la province de Huarochirí, etc., etc.

N° 407. — **Magnétite** (oxyde de fer magnétique) cristallisée en octaèdres.

Nom vulgaire : *Piedra himan.*

Montagnes voisines de Lima.

N° 408. — **Magnétite** (oxyde de fer magnétique), avec du **Calcaire** (carbonate de chaux).

Montagnes près d'Ate. — Province de Lima.

N° 409. — **Magnétite scoriacée** (oxyde de fer magnétique).

Nom vulgaire : *Piedra himan.*

Montagne de Hualgayoc. — Province de Hualgayoc.

N° 410. — **Magnétite** (oxyde de fer magnétique).

District de Tinta. — Province de Canchis.

Cet échantillon de fer oxydulé aimantaire, ou *Aimant naturel,* se présente sous la forme d'un prisme hexagonal, mais cette forme est artificielle, car cette pierre a été travaillée par les anciens Indiens.

Le fer magnétique est assez commun au Pérou. On le trouve sur un très-grand nombre de points, dans les montagnes de la région de la Costa, et dans l'intérieur. Dans la Costa, on le trouve dans la province de Tarapacá, près de Moquegua, d'Ica, de Lurin, de Lima, d'Ancon, de Trujillo, etc.

Dans l'intérieur, on le trouve en abondance près de Tiquillaca, dans la province de Puno ; à Maravillas, district de Vilque, de la même province de Puno ; dans la montagne de Vilcabamba, de la province de La Convencion ; dans les environs de Morococha, province de Tarma ; sur un grand nombre de points de la province de Cajatambo, etc., etc.

Nᵒ 411. — Fer oxydé titanifère, avec
Fer oligiste (peroxyde de fer anhydre).

Près de Mollendo. — Province d'Islay.

Nᵒ 412. — Fer oligiste (peroxyde de fer anhydre), avec
Magnétite (oxyde de fer magnétique).

Environs d'Ica.

Nᵒ 413. — Fer oligiste écailleux ou **micacé** (peroxyde de fer anhydre), sur une roche siénitique.

Montagne d'Amancaes, près Lima.

Nᵒ 414. — Fer oligiste métalloïde (peroxyde de fer anhydre) cristallisé en tables, avec
Quartz.

Province de Tarapacá.

Nᵒ 415. — Fer oligiste métalloïde (peroxyde de fer anhydre) cristallisé en petits cubes, octaèdres et dodécaèdres, sur une roche feldspathique.

Hacienda de Lucre. — Province de Quispicanchi.

Nᵒ 416. — Fer oligiste (peroxyde de fer anhydre).

Mine de Cushuro. — District de San Miguel. — Province de Hualgayoc.

N° 417. — **Fer oligiste micacé** (peroxyde de fer anhydre) qui sert de ciment à une agglomération de pierres quartzeuses et porphyriques.

Subilaca. — Province d'Arequipa.

N° 418. — **Fer oligiste micacé** (peroxyde de fer anhydre) de structure fibreuse, avec **Quartz.**

Pampa Corral. — District de Larer. — Province de Calca.

N° 419. — **Fer oligiste scameux** (peroxyde de fer anhydre) pulvérulent.

District de Santiago de Chocorso. — Province de Castrovireyna.

Le fer oligiste de cet échantillon, au lieu de se trouver en masse, se présente dans un état pulvérulent, ce qui lui donne un caractère tout particulier. Il est formé de petites écailles très-brillantes qui produisent, au toucher, la sensation d'une poudre grasse.

N° 420. — **Fer oligiste rouge et micacé** (peroxyde de fer anhydre).

Environs d'Ica.

N° 421. — **Fer oligiste rouge et micacé** (peroxyde de fer anhydre) de couleur rouge violet.

Mines de Cushuro. — District de San Miguel. — Province de Hualgayoc.

N° 422. — **Fer oligiste oolithique** (peroxyde de fer anhydre).

Hacienda de Jocos. — Province de Pallasca.

N° 423. — **Fer oligiste concrétionné** ou **Hématite** (peroxyde de fer anhydre) de structure prismatique radiée.

District de Vilcabamba. — Province de la Convencion.

N⁰ 424. — Fer oligiste concrétionné ou Hématite (peroxyde de fer anhydre).

District de Vilcabamba. — Province de la Convencion.

N⁰ 425. — Fer oligiste concrétionné ou Hématite (peroxyde de fer anhydre).

Pierre des *Lavaderos* d'or.

Chuquibamba. — Province de Huamalies.

N⁰ 426. — Fer oligiste compacte ou Hématite (peroxyde de fer anhydre).

Pierre roulée qui se trouve avec l'or.

Lavadero de Chincharagra. — District d'Uco. — Province de Huari.

N⁰ 427. — Oxyde de fer scoriacé (peroxyde de fer anhydre,) à reflets de diverses couleurs, appelé vulgairement *Esmalte*.

Mine Poderosa. — District minier de Hualgayoc.

N⁰ 428. — Fer oligiste (peroxyde de fer anhydre), à reflets de diverses couleurs, formant un voile sur une roche quartzo-ferrugineuse, et connu sous le nom vulgaire d'*Esmalte*.

Mine Poderosa. — District minier de Hualgayoc.

N⁰ 429. — Fer oligiste (peroxyde de fer anhydre), à reflets de diverses couleurs, voilant quelques cristauxde quartz, et, connu, au Cerro-de-Pasco, sous le nom vulgaire de *Tornasol*.

Mine du Patrocinio. — District minier du Cerro-de-Pasco.

Ces trois derniers échantillons représentent une belle variété de fer oligiste qui forme un voile assez mince, sur des roches quartzo ferrugineuses : grâce à son état de division considérable, il décompose la lumière et affecte les plus belles nuances Quelques échantillons offrent toutes les couleurs de l'arc-enciel : jaune, vert, orange, rouge, violet, bleu, et doivent à leur éclat métallique de rappeler les belles nuances des plumes des oiseaux-mouches.

Cette remarquable et belle variété de fer oligiste se trouve tant dans les mines de Hualgayoc que dans celles du Cerro-de-Pasco : dans les premières, elle est connue sous le nom vulgaire d'*Esmalte*, et dans les secondes sous celui de *Tornasol*.

N° 430. — **Fer oligiste terreux** (peroxyde de fer anhydre), avec
Quartz aurifère.

Hacienda de Casinchihua. — Province d'Aymaraes.

N° 431. — **Fer oligiste terreux** (peroxyde de fer anhydre), avec
Embolite (chlorobromure d'argent).

Richesse en argent = 0,08, soit 960 marcs par caisse.

Mines de Huantajaya. — Province de Tarapacá.

N° 432. — **Fer oligiste terreux** (peroxyde de fer anhydre), avec
Gypse (sulfate de chaux) et
Chlorure de sodium.

Nom vulgaire : *Ocre.*

Environs d'Ancon. — Province de Chancay.

N° 433. — **Fer oligiste terreux** (peroxyde de fer anhydre), avec
Limonite (peroxyde de fer hydraté).

District de Recuay. — Province de Huaraz.

Le fer oligiste est très-commun au Pérou. En outre des lieux indiqués plus haut, on le rencontre sur beaucoup d'autres points, parmi lesquels plusieurs se trouvent dans la province de la Convencion. On peut citer également Sinsicap, dans la province de Trujillo ; Chocororo, dans celle d'Azangaro ; Caraponza, près de Lima ; la vallée de Mani, dans la province de Tarapacá ; les montagnes de Chanchamayo, etc., etc.

Nᵒ 434. — Limonite terreuse (peroxyde de fer hydraté), avec un mélange de
Fer oligiste (peroxyde de fer anhydre) terreux.

Montagnes de Huancas. — District de Macate. — Province de Huaylas.

Ce minéral contient une très-petite quantité d'or.

Nᵒ 435. — Limonite (peroxyde de fer hydraté), en cristaux imparfaits épigéniques de la
Pyrite (sulfate de fer).

Mines de Canza. — Province d'Ica.

Nᵒ 436. — Limonite géodique (peroxyde de fer hydraté), appelé vulgairement *Oétite* ou *Pierre d'aigle*, et en langage quechua *Condor-rumi* qui signifie Pierre du Condor.

District et province de Moyobamba.

Nᵒ 437. — Limonite poreuse (peroxyde de fer hydraté).

Lieux marécageux de la Cordillère, près de Morochoca. — Province de Tarma.

Nᵒ 438. — Limonite (peroxyde de fer hydraté) avec empreinte de coquilles fossiles (Trigonelles).

Hacienda de Pachacar. — District de l'Ascension. — Province de Cajamarca.

Nᵒ 439. — Limonite (peroxyde de fer hydraté), avec
Magnétite (oxyde de fer magnétique).

Montagne China. — District d'Aija. — Province de Huaraz.

Nᵒ 440. — Limonite (peroxyde de fer hydraté) stalactitique.

Mine Poderosa. — District minier de Hualgayöc.

N° 441. — **Limonite** (peroxyde de fer hydraté) concrétionnée.

Montagne de Cristal-Urco. — District et province de Chachapoyas.

N° 442. — **Limonite argentifère** (peroxyde de fer hydraté, avec argent), connue sous le nom vulgaire de *Paco*.

Richesse en argent = 0,001, soit 12 marcs par caisse.

Montagne de Potosi. — District de San Luis. — Province de Huaylas.

N° 443. — **Limonite** (peroxyde de fer hydraté) scoriacée, avec de petites taches de carbonate et de silicate de cuivre.

Mine del Cobre. — District de Macate. — Province de Huaylas.

La Limonite est si abondante au Pérou, qu'il serait trop long de citer tous les lieux où on la trouve.

N° 444. — **Sidérose** (carbonate de fer) en cristaux lenticulaires.

Mine de Carahuacra. — District de Yauli. — Province de Tarma.

N° 445. — **Sidérose** (carbonate de fer) accompagnant une Panabase argentifère.

Mine de la Cordillera nevada, à 33 kilomètres de Recuay. — Province de Huaraz.

La Sidérose est assez rare au Pérou et on ne la trouve, en outre des lieux indiqués, que sur un petit nombre de points, parmi lesquels je citerai la mine de la Cueva à Carahuacra, province de Tarma; la province de Cajatambo; les environs de Puno et une mine du district d'Azangaro, dans la province du même nom; où la Sidérose accompagne la Bournonite, la Galène et la Chalcopyrite.

N° 446. — Pharmacosidérite (arséniate de fer) amorphe, avec
Mispickel (sulfo-arséniure de fer).

District de Coris. — Province de Tayacaja.

N° 447. — Pharmacosidérite (arséniate de fer), avec
Anglésite (sulfate de plomb).

*Montagne de Huancapeit. — District de Recuay. — Province
de Huaraz.*

Cet arséniate de fer n'a pas été, jusqu'à présent, trouvé au
Pérou, à l'état cristallin, mais il est très-commun en taches
vertes sur le Mispickel (sulfo-arséniure de fer), minéral qui,
ainsi que je l'ai dit, se trouve disséminé sur divers points de
la République.

N° 448. — Scorodite (arséniate de fer) terreuse.

District de Lucma. — Province d'Otuzco.

Ce minéral se présente sous forme de masses amorphes, de
couleur vert clair, d'aspect terreux et avec des taches blanchâtres, de sorte qu'il ressemble beaucoup à certaines roches
porphyriques de feldspath amphibolique en décomposition,
avec lesquelles on le confondrait si ce n'était de son poids
spécifique un peu plus grand.

La Scorodite du Pérou diffère très-peu de la Scorodite terreuse de Loaysa, près de Marmato, dont M. Boussingault a fait
connaître les caractères ; et, bien que sa composition chimique ne soit pas identique, elle est néanmoins assez rapprochée
de celle de la Scorodite de Loaysa, surtout si on tient compte
que les deux minéraux se trouvent à l'état amorphe, et, par
conséquent ne peuvent pas offrir une composition fixe qui,
quelquefois, ne se trouve pas dans les minéraux cristallisés.

En vue d'obtenir un terme de comparaison, j'ai formé le
tableau suivant qui indique à la fois les résultats obtenus par
M. Boussingault en analysant la Scorodite de Marmato, et
ceux que m'a donnés l'analyse de la Scorodite du Pérou.

SUBSTANCES CHERCHÉES.	SCORODITE.	
	DE MARMATO.	DU PÉROU.
Oxyde ferrique.	34,30	35,70
— de plomb	0,40	. . . .
Acide arsénique	49,60	50,00
Eau.	16,90	14,50
	101,20	100,20

Soumis à l'action de la flamme du chalumeau, ce minéral fond et forme une scorie de couleur gris de fer, avec un lustre semi-métallique. A la même flamme, et sur le charbon, il dégage des vapeurs arsenicales et laisse une scorie qui n'est pas magnétique.

La Scorodite est presque complétement insoluble dans l'acide nitrique, mais elle se dissout avec facilité dans l'acide chlorhydrique, à l'aide de la chaleur, sans laisser de résidu.

Si on en traite la solution chlorhydrique par l'ammoniaque, une partie de l'arséniate de fer est précipitée, et l'autre, passant à travers le filtre, colore en rouge obscur le liquide ammoniacal.

La manière la plus facile de découvrir quelle est la nature de ce minéral, c'est d'en fondre une petite portion avec du nitrate de soude et de potasse, dans une cuillère de platine. Il perd alors sa couleur vert blanchâtre, et devient rouge, grâce au peroxyde de fer qui devient libre. Si l'on traite la matière fondue par de l'eau distillée, et si l'on filtre le liquide pour séparer l'oxyde de fer, on obtient une solution d'arséniate de soude dans laquelle on peut facilement mettre en évidence la présence de l'acide arsénique, par le nitrate d'argent, qui détermine la formation d'un précipité de couleur rouge brique, formé d'arséniate d'argent.

N° 449. — Sidéritine manganésifère et antimonifère (arséniate de fer, avec manganèse et antimoine), connue sous le nom vulgaire de *Pez griega.*

Mines de Huanta-Huayllay. — Province de Huanta.

N° 450. — **Sidéritine terreuse** ou **Arsénocrocite** (arséniate de fer).

Mines de Huanta-Huayllay. — Province de Huanta.

Ces deux derniers échantillons sont le résultat de l'oxydation de l'arséniure de fer et de la Chañarcillite ferrifère. La première forme des masses amorphes très-fragiles, d'un gris obscur qui passe au noirâtre et avec un lustre résineux. La seconde offre un aspect terreux et sa couleur se range entre le jaune et le rouge, de sorte qu'elle ressemble à certaines variétés d'Ocre. Toutes les deux, quand on les soumet à la flamme du chalumeau, sur le charbon, fondent et dégagent des vapeurs arsenicales, et, en même temps, un peu de vapeurs antimoniales.

A mesure que ces substances perdent leur arsenic, le bouton devient plus infusible et acquiert des propriétés magnétiques; mais il faut une calcination, relativement longue, sur le charbon, pour que le résidu devienne fortement magnétique.

Ces deux minéraux donnent de la vapeur d'eau quand on les chauffe dans un tube de verre.

Avec le borax, le premier échantillon donne un verre violet, car il contient un peu de manganèse.

Quelques morceaux contiennent également un peu d'argent.

N° 451. — **Stibferrite** ou **Pseudo-Limonite** (antimoniate de fer), avec **Berthiérite** (sulfure d'antimoine et de fer).

Mine de Huaycho. — Province de Pallasca.

Ce minéral, que j'ai décrit en m'occupant de l'échantillon n° 108, présente ici les deux variétés : celle de couleur gris et d'aspect résineux, et la variété terreuse dont l'aspect est ocracé. Toutes deux proviennent de l'oxydation de la Berthiérite, oxydation par suite de laquelle l'antimoine de ce minéral s'est transformé en acide antimonique, et le fer en oxyde de fer.

Il est facile de reconnaître ce minéral, comme pour la Berthiérite, par les réactions qu'il offre à la flamme du chalumeau, sur le charbon, circonstances dans lesquelles il dégage des vapeurs antimoniales et laisse un résidu magnétique.

Traité par la voie humide, il se dissout dans l'acide chlorhydrique, sans dégagement de gaz sulfhydrique, ce qui permettrait de le distinguer de la Berthiérite, si son aspect lithoïde et son manque d'éclat métallique n'étaient pas suffisants pour établir cette distinction.

A cause de l'antimoine qu'elle contient, la solution chlorydrique précipite en blanc par l'eau distillée.

N° 452. — Mélantérie (sulfate de protoxyde de fer), connu sous le nom vulgaire d'*Alcaparrosa verde.*

Mine de mercure de Santa Cruz, près de Caraz. — Province de Huaylas.

Ce minéral se rencontre sur un grand nombre de points du Pérou, et, principalement, dans les galeries des mines où il y a de la Pyrite (sulfure de fer), de l'oxydation de laquelle il provient. Les mines où l'on trouve la Mélantérie, ou *Alcaparrosa verde*, le plus abondamment, sont celles du Cerro-de-Pasco, celles de la montagne de Hualgayoc et celle de Chonta dans la province Dos de Mayo.

N° 453. — Botryogène (sulfate de protoxyde et de peroxyde de fer), connu sous le nom vulgaire d'*Alcaparrosa amarilla.*

Ce minéral, qui est le résultat de la peroxydation d'une partie du fer du précédent, se trouve abondamment dans la province de Cajatambo.

N° 454. — Raimondite (sulfate de fer) en lames hexagonales.

Ce minéral, que le célèbre minéralogiste allemand Breithaupt (1) dédia à l'auteur de ce livre, est formé par un sulfate

---

(1) Berg-Und. — Huettenmaennische Zeitung. — Clausthal N. 18. — 30 Ap. 1866. Mineralogische Studien von August Breithaupt. — Leipzig 1866.

basique de fer qui, dans la nature, se présente à l'état pulvérulent, ou en masses peu cohérentes se réduisant en poudre sous la pression des doigts et dont chaque petit grain constitue un individu; en effet, l'oxyde, en grains presque imperceptibles, vu au microscope, présente une forme cristalline bien déterminée et se montre sous l'aspect d'une table hexagonale, dont les bords sont coupés obliquement et qui constitue, par conséquent, une pyramide hexagonale tronquée.

Bien qu'au moyen d'une bonne loupe on puisse distinguer la forme hexagonale des grains, il n'en est pas moins vrai que, vu leur petitesse, si l'on veut voir la coupe oblique de leurs bords, on est obligé de faire usage d'un microscope composé.

La couleur de la Raimondite est jaune de miel, avec un brillant nacré. Sa dureté, quoiqu'il soit bien difficile de la déterminer, a été fixée, par Breithaupt, à 4, et son poids spécifique est compris entre 3,190 et 3,222.

Un échantillon de ce minéral, que je trouvai sur la Cassitérite ou bioxyde d'étain de Bolivie, fut analysé en Allemagne par le docteur Rube, qui le trouva composé de :

$$
\begin{array}{lll}
\text{Oxyde de fer} & 46,52 & - \quad 46,65 \\
\text{Acide sulfurique} & 36,08 & - \quad 34,99 \\
\text{Eau} & 17,00 & - \quad 18,36
\end{array}
$$

ce qui correspond à la formule $(Fe^2 O^3)^2 (SO^3)^3 + 7\ HO$.

La Raimondite offre quelque analogie avec la Copiapite dont la formule est $(Fe^2 O^3)^2 (SO^3)^5 + 12\ HO$. Néanmoins, la Raimondite est plus basique que la Copiapite dont elle diffère par son insolubilité, même dans l'eau chaude : la Copiapite est soluble au moins dans l'eau bouillante.

D. José Luis Paz Soldan, mon assidu collaborateur de laboratoire, ayant soumis au spectromètre quelques grains de Raimondite du même échantillon qu'analysa le docteur Rube, découvrit clairement la raie rouge caractéristique de la potasse et, ayant dosé la quantité de cet alcali que contenait l'échantillon en question, trouva pour résultat 3,61 pour cent. Ce résultat rapproche davantage la Raimondite de la Jarosite qui, ainsi qu'on le sait, est un autre sulfate basique de fer qui contient près de 6 % de potasse et une petite quantité d'alumine et de soude.

La Raimondite semble accompagner de préférence le minéral d'étain appelé Cassitérite ; car l'échantillon que j'ai envoyé en Allemagne, et qui provenait de Bolivie, aussi bien que celui de la présente collection, ont été trouvés avec ce minéral, et M. Breithaupt dit avoir également rencontré la Raimondite sur quelques cristaux de Cassitérite d'Ehrenfriedersdorf, en Saxe.

N° 455. — **Sidéronatrite** (sulfate de protoxyde de fer et de soude).

Mine de San Simon. — Huantajaya. — Province de Tarapacá.

La sidéronatrite est une nouvelle espèce minérale formée par un sulfate double de peroxyde de fer et de soude.

Elle se présente tant en masses de structure cristalline qu'en cristaux allongés qui appartiennent au prisme rhomboïdal oblique. Sa couleur est le jaune foncé ; sa poudre est d'une nuance jaune paille, mais, quand on la porphyrise, elle devient blanc jaunâtre. Le poids spécifique de ce minéral est 2,153, et sa dureté est représentée par 2,5.

La Sidéronatrite n'est pas fragile ; elle jouit même d'une certaine élasticité, car quand on en frappe un morceau, on voit les petits cristaux qui, par leur réunion en forment la masse, se désagréger presque sans se rompre. Quand on veut la pulvériser, elle s'aplatit et s'amoncelle en se collant au mortier, comme s'il était visqueux.

L'eau froide ne la dissout pas, mais elle lui enlève un peu de chlorure de sodium avec lequel elle est mêlée mécaniquement. Elle lui enlève également une très-petite quantité de sulfate de soude qui entre dans sa composition.

Si on soumet la Sidéronatrite, dans l'eau, à l'action de la chaleur, elle se décompose : le liquide se trouble et il se forme un dépôt d'oxyde de fer qui se dissout complétement par l'addition de quelques gouttes d'acide sulfurique ou d'acide chlorhydrique.

La solution acide précipite abondamment par l'ammoniaque : le précipité rouge est formé en totalité d'oxyde de fer hydraté. Elle précipite également par le chlorure de barium, ce qui montre qu'il s'agit d'un sulfate.

La solution de Sidéronatrite ne décolore pas le permanganate de potasse et ne donne pas non plus de précipité avec les sels d'or, ce qui fait connaître qu'elle ne contient pas de fer à l'état de protoxyde. Si on précipite tout l'oxyde de fer par l'ammoniaque, et qu'après l'avoir séparé par la filtration, on évapore le liquide qui passe à travers le filtre, on obtient un résidu de sulfate de soude que l'on peut reconnaître au moyen des réactifs ordinaires.

Toutes ces réactions établissent que le sel en question est un sulfate basique de fer combiné avec du sulfate de soude. Je lui ai donné le nom de *Sidéronatrite* qui rappelle les deux bases combinées avec l'acide sulfurique.

L'analyse de ce minéral a donné les résultats suivants :

Soude.	15,59
Peroxyde de fer.	21,60
Acide sulfurique	43,26
Chlorure de sodium (mêlé mécaniquement).	1,06
Matières terreuses.	3,20
Eau.	15,35
	100,06

En combinant ces nombres par le calcul, on obtient :

Soude	15,59	Sulfate de soude	35,72
Acide sulfurique	20,13		
Peroxyde de fer.	21,60	Sulfate basique de fer.	44,73
Acide sulfurique.	23,13		
Eau	15,35		15,25
Matières terreuses.	3,20		3,20
Chlorure de sodium (accidentel)	1,06		1,06
	100,06		100,06

Ces proportions de sulfate de soude, sulfate basique de fer et eau sont représentées par la formule :

$$\text{NaO, SO}^3 + \text{Fe}^2\text{O}^3\,(\text{SO}^3)^2 + 6\,\text{HO}.$$

Il existe au Pérou deux autres sulfates basiques de fer : la Jarosite et la Pittizite. J'ai trouvé le premier en petites masses cohérentes parmi les minéraux de Chilete, de la province de Cajamarca. On le reconnaît facilement, à l'examen microscopique, à cause des très-petits cristaux rhomboédriques aplatis dont il est formé. La Jarosite contient de la potasse et une très-petite quantité de soude, de sorte qu'elle devrait être classée entre la Raimondite et la Sidéronatrite.

J'ai trouvé l'autre sulfate basique, la Pittizite, disséminé dans du charbon de terre des environs de Yungay, dans la province de Huaylas. Il doit sans doute son origine à la décomposition et à l'oxydation de la Pyrite, ou sulfure de fer, contenue dans la houille.

MINÉRAUX DE MANGANÈSE

Le manganèse est l'un des métaux les plus répandus au Pérou, mais rarement on le trouve en grande quantité : il accompagne généralemeut les autres minéraux métalliques et principalement ceux d'argent, de cuivre, de plomb, d'antimoine et de fer.

On trouve sur le territoire péruvien divers minéraux de manganèse, parmi lesquels quelques-uns sont assez rares, tels que l'Alabandine (sulfure de manganèse); la Crednérite ou Lampadite (hydromanganite de cuivre) et la Wolframite ou Hubnérite (tungstate de manganèse).

Le minéral de manganèse le plus commun, au Pérou, est l'Acerdèse (sesquioxyde de manganèse hydraté) qui accompagne généralement les Pacos, ou minéraux oxydés argentifères, et paraît provenir de la décomposition et calcination naturelle de l'Alabandine (sulfure de manganèse), ou des sulfures multiples qui renferment du manganèse.

Les minéraux qui contiennent du manganèse se reconnaissent facilement à leur couleur obscure et se trouvent en abondance dans les mines de la Morococha, principalement dans celle de Yanamina dont le nom signifie mine noire. On les trouve également dans beaucoup de mines de la province de Cajatambo. L'Alabandine donne lieu à la formation de l'Acerdèse, ou sesquioxyde de manganèse, de la même manière que la Pyrite donne origine au sesquioxyde de fer.

La Pyrolusite, qui est l'unique minéral de mangagèse qui s'emploie dans les arts, existe sur divers points du territoire péruvien, mais on la trouve rarement en dépôts assez grands pour qu'ils puissent donner lieu à une exploitation importante.

L'un des minéraux de manganèse les plus abondants au Pérou, est la Manganocalcite, ou carbonate de manganèse et de chaux, qui sert de gangue à un grand nombre de minéraux d'argent et de nickel.

Enfin, on trouve fréquemment, au Pérou, la Rhodonite, ou silicate de manganèse, qui, par sa belle couleur rose, fait reconnaître immédiatement la présence de ce métal.

Les principaux minéraux de manganèse du Pérou sont les suivants :

N° 456. — Pyrolusite (peroxyde de manganèse).
Variété appelée *Polianita.*

Montagne de la Ventanilla, près de Quichas. — Province de Cajatambo.

N° 457. — Pyrolusite ferrifère (peroxyde de manganèse), concrétionnée et servant de ciment à une agglomération de pierres trachytiques.

Province de Puno.

La manière dont se présente la Pyrolusite, dans cet échantillon, mérite une mention spéciale. Cette substance est amorphe, sans éclat métallique et sert de ciment à une agglomération de pierres anguleuses, de nature trachytique, pierres dont la couleur blanchâtre forme un agréable contraste avec la couleur noire du peroxyde de manganèse.

Le minéral manganésifère n'est pas formé de Pyrolosite pure : il paraît intimement mêlé avec de l'Acerdèse, car il contient un peu d'eau.

N° 458. — Pyrolusite dendritique (peroxyde de manganèse, en dendrites), sur un grès.

Environs d'Yura à 35 kilomètres d'Arequipa.

Les beaux et élégants dessins en forme de gazon et d'arbrisseaux qui se trouvent à la surface des grès des environs d'Yura ont été considérés par quelques personnes comme des plantes fossiles, bien qu'ils ne soient que la conséquence d'infiltrations d'oxyde de manganèse.

La Pyrolusite se trouve également dans le district de Pica, de la province de Tarapacá ; aux environs d'Ilo, dans la province de Camaná ; dans la mine de Vinchos, du district d'Aquia, province de Cajatambo ; dans la province de Pataz où elle accompagne la Mimetèse ou arséniate de plomb.

Nº 459. — Acerdèse (sesquioxyde de manganèse hydraté).
Près de Hualgayoc. — Province de Hualgayoc.

Nº 460. — Acerdèse (sesquioxyde de manganèse hydraté), sur du
Quartz cristallisé.
Mine de San Antonio. — Morococha. — Province de Tarma.

Nº 461. — Acerdèse (sesquioxyde de manganèse hydraté), sur de la
Pyrite.
District de San Cárlos. — Province de Bongará.

L'Acerdèse est le minéral de mangnanèse le plus répandu au Pérou. On le trouve dans le district de Pica et dans les mines de Huantajaya, de la province de Tarapacá ; au pic de Salpito, et dans les mines de San José et Esperanza, du district minier de Salpo, dans la province d'Otuzco ; dans plusieurs mines de la province de Cajatambo ; dans celle du Manto près de Puno, etc., etc.

En outre de l'Acerdèse, on trouve également, au Pérou, la Braunite qui se présente généralement sous la forme d'une poudre grise à la surface des échantillons d'Alabandine ou sulfure de manganèse.

Nº 462. — Psilomelane (oxyde de manganèse barytifère).
Mine de Salpito. — Province d'Otuzco.

N° 463. — **Crednérite** ou **Lampadite** (Manganite de cuivre hydraté), avec **Kérargyre** (chlorure d'argent).

Milluachaqui. — District minier de Salpo. — Province d'Otuzco.

Ce minéral se présente en masses concrétionnées, de couleur noirâtre, avec éclat semi-métallique. Réduit en poudre il prend une teinte gris chocolat. Chauffé dans un tube de verre, fermé à l'une de ses extrémités, il dégage d'abondantes vapeurs d'eau et, quand on le fond au chalumeau, avec le borax, il donne une perle violette.

On pourrait, à ces caractères, prendre ce mineral pour un oxyde de manganèse hydraté, ou Acerdèse.

Mais, si on le mouille avec de l'acide chlorhydrique et qu'on le soumette à la flamme du chalumeau, on voit cette flamme se colorer en vert, ce qui révèle la présence du cuivre. On peut, également, mettre ce métal en évidence, en dissolvant le minéral dans de l'acide chlorhydrique et en traitant la solution par un excès d'ammoniaque qui y détermine une belle coloration bleue.

On voit, par ces réactions que l'oxyde de manganèse se trouve combiné avec de l'oxyde de cuivre, de sorte que le minéral en question peut être classé comme une Crednérite, ou, mieux encore, comme une Lampadite, car, selon l'analyse de Rammelsberg, la Crednérite est anhydre et la Lampadite est hydratée, comme le minéral dont je m'occupe.

Comme la Lampadite contient une petite quantité de silice, on pourrait la prendre pour un silicate de cuivre manganésifère, analogue à celui qui fut trouvé au Chili et décrit par M. Domeyko; mais, je ferai remarquer que le silicate de cuivre manganésifère du Chili est attaqué par l'ammoniaque qui en dissout l'oxyde de cuivre, tandis que cet alcali n'a aucune action sur le minéral du Pérou. Si même on le fait bouillir avec ce réactif, à peine s'il se dissout des traces d'oxyde de cuivre, ce qui montre qu'il existe une véritable combinaison entre l'oxyde de cuivre et celui de manganèse, ce dernier jouant le rôle d'acide.

La Lampadite est attaquée avec facilité par l'acide chlorhydrique, mais elle est presque insoluble dans l'acide nitrique.

On est surtout étonné de la forte quantité d'argent que ce minéral contient, et, principalement, de l'état sous lequel il le renferme. En effet, quoiqu'on n'y puisse distinguer aucune substance étrangère, attendu que le minéral se présente comme une masse homogène, il contient néanmoins tout son argent à l'état de chlorure, que l'on peut séparer facilement par l'ammoniaque et précipiter ensuite par un acide.

Le chlorure d'argent, sans aucun doute, existe dans ce minéral d'une manière accidentelle; mais, il s'y trouve intimement mêlé au manganite de cuivre, comme si on les avait fondus ensemble.

La forte proportion du chlorure d'argent qui, dans le minéral pur, peut atteindre 2 %, fait que la Lampadite, quoique infusible, puisse, avec quelque difficulté, il est vrai, être fondue, au moins sur les bords.

La Lampadite est presque toujours accompagnée d'une roche quartzeuse qui contient, quelquefois, des taches d'oxyde de fer et une petite quantité d'or.

N° 464. — **Alabandine** (sulfure de manganèse).

Veine Silesia, dans la montagne Nuevo Potosi. — Morococha. — Province de Tarma.

N° 465. — **Alabandine** (sulfure de manganèse), avec **Silicate** et **Carbonate de manganèse.**

Mine de San Antonio. — Morococha. — Province de Tarma.

Ce minéral, généralement rare, et assez commun dans les mines de Morococha, où il forme des masses compactes de couleur noirâtre, tirant au verdâtre, qui est atteint d'une manière évidente quand on réduit le minéral en poudre.

Dans quelques échantillons, ce minéral affecte une structure cristalline et on peut distinguer clairement quelques faces de l'octaèdre régulier.

L'Alabandine, ou sulfure de manganèse, se trouve mêlée avec du silicate, et, quelquefois aussi, avec du carbonate de la même base : la couleur rose du silicate produit un très-beau contraste avec la teinte obscure du sulfure.

L'Alabandine est attaquée avec beaucoup de force par l'acide chlorhydrique, même dilué; en traitant la solution qui en résulte par le sulfhydrate d'ammoniaque, on précipite de nouveau le sulfure de manganèse avec une couleur rose sale.

Cet échantillon d'Alabandine est assez pur; à peine, en effet, s'il contient des traces de fer et une quantité insignifiante de silice ainsi que l'indiquent les résultats suivants de son analyse.

$$
\begin{array}{lr}
\text{Manganèse} & .62,76 \\
\text{Soufre} & 37,00 \\
\text{Silice} & 0,12 \\
\text{Fer} & \text{traces.} \\
\hline
& 99,88 \\
\end{array}
$$

L'Alabandine offre, sur les surfaces de fracture récente, un éclat semi-métallique; mais, elle se voile vite et devient de couleur noirâtre. Si elle reste longtemps exposée à l'action de l'air humide, elle se décompose superficiellement et se couvre d'une substance pulvérulente, d'aspect terreux, formée de Braunite (sesquioxyde de manganèse) mêlée avec de l'Acerdèse, (sesquioxyde de manganèse hydraté).

N° 466. — Dialogite (carbonate de manganèse), avec **Alabandine** (sulfure de manganèse), et **Panabase argentifère** (sulfure de cuivre, d'antimoine et d'arsenic, avec argent).

Mine de Pampa cancha. — Morococha. — Province de Tarma.

N° 467. — Manganocalcite (carbonate de manganèse et de chaux).

District de San Miguel. — Province de La Mar.

N° 468. — Manganocalcite (carbonate de manganèse et de chaux).

District de San Miguel. — Province de La Mar.

La Manganocalcite se rencontre sur beaucoup d'autres points, parmi lesquels nous citerons les mines de Huantajaya, dans la province de Tarapacá; celles de Vinchos, à 35 kilomètres du Cerro-de-Pasco; le district minier d'Auquimarca, province de Cajatambo; les mines du Dr. Plata, à Huanta-Huayllay, province de Huanta.

N° 469. — **Rhodonite** (silicate de manganèse), avec **Acerdèse.**

Montagne de Tayacasa. — Morococha. — Province de Tarma.

N° 470. — **Silicate noir de Manganèse**, avec taches de **Rhodonite** (silicate de manganèse, rose).

Mine de Salpo. — Province d'Otuzco.

N° 471. — **Hubnérite** ou **Wolframite** (tungstate de manganèse), cristallisée en prismes aplatis, avec **Blende** (sulfure de zinc), dans du **Quartz.**

Mine Señor de la Carcel. — Morococha. — Province de Tarma.

N° 472. — **Hubnérite** ou **Wolframite** (tungstate de manganèse) en aiguilles, avec **Blende** (sulfure de zinc), **Enargite** (sulfure de cuivre et d'arsenic) et **Quartz cristallisé.**

Mine del Señor de la Carcel. — Morococha. — Province de Tarma.

L'Hubnérite est un minéral encore très-rare qui fut découvert, pour la première fois, dans la Sierra Nevada des Etats-Unis, et trouvé ensuite dans les mines de Morococha, du Pérou. M. Breithaupt a étudié celle de cette dernière localité et l'a décrite sous le nom de Wolframite; mais, comme le tungstate de manganèse était déjà connu sous le nom d'Hubnérite, les minéralogistes n'adoptèrent pas celui de Wolframite, qui, d'ailleurs, a l'inconvénient de pouvoir facilement être confondu avec les noms de Wolfram et Wolframine qui s'appliquent, le premier au tungstate de fer et de manganèse, et le second à l'acide tungstique.

L'Hubnérite, ou Wolframite de Breithaupt, cristallise en aiguilles et en prismes très-aplatis. Sa couleur est entre le rouge jacinthe et le rouge grenat. La dureté de la variété de Morococha est comprise entre 4, 5 et 4,75, et son poids spécifique est 6,939. Ce minéral est, en partie, soluble dans l'acide nitrique qui en dissout l'oxyde de manganèse, et laisse pour résidu l'acide tungstique sous forme d'une poudre jaune.

En traitant la solution filtrée par l'ammoniaque, l'oxyde de manganèse se précipite et prend une couleur brun obscur, au contact de l'air.

La présence du manganèse se reconnaît facilement à la perle violet amétiste que l'on obtient en traitant au chalumeau un fragment d'Hubnérite avec du borax.

On peut reconnaître facilement la nature de l'acide tungstique obtenu comme résidu de la dissolution de l'Hubnérite dans l'acide nitrique, en le fondant avec un peu de carbonate de soude pour le transformer en tungstate alcalin que l'on dissout dans quelques gouttes d'eau. En ajoutant à cette dissolution une goutte de protochlorure d'étain, il se produit un précipité jaunâtre qui prend une belle couleur bleue quand on le fait bouillir avec un peu d'acide chlorhydrique.

MINÉRAUX D'ALUMINE

Si l'on fait abstraction des combinaisons de l'alumine avec la silice, c'est-à-dire des silicates de cette base, les minéraux d'alumine sont peu nombreux et, au Pérou, ils ne sont représentés que par quatre espèces qui sont : l'Alunogène (sulfate d'alumine), l'Halotrichite (sulfate d'alumine et de protoxyde de fer), la Turquoise (phosphate d'alumine et de cuivre), et la Werthemanite, qui est une espèce de sulfate d'alumine distincte de la Websterite et que j'ai dédiée à l'intrépide ingénieur Arthur Wertheman qui la découvrit dans les environs de Chachapoyas.

L'Alunogène est très-abondant, au Pérou : on le trouve en grande quantité, tant dans la province de Tarapacá que dans le Nord de la République.

Le sulfate d'alumine naturel, plus ou moins pur, ou mêlé avec de l'oxyde de fer est connu dans les diverses parties du Pérou sous divers noms vulgaires comme : *Alumbre de pluma, Cachina, Millo, Corpa*, etc.

Quant aux Turquoises, on les trouve en petites masses arrondies. Un grand nombre sont travaillées par les anciens habitants du Pérou, et représentent divers petits objets disséminés dans une terre meuble, à peu de distance d'Ayacucho. On ne sait pas précisément le lieu dont elles proviennent, bien que tout fasse présumer que leur gisement ne doit pas se trouver très-loin, car on n'a pas rencontré ce rare minéral sur d'autres points du territoire péruvien.

N° 473. — **Alunogène** (sulfate d'alumine) fibreux.

Cerros pintados. — Province de Tarapacá.

Cette belle variété de sulfate se présente sous forme de fibres capillaires d'un blanc pur, douées d'un vif éclat soyeux, et réunies en faisceaux comme des écheveaux de soie.

L'Alunogène est complétement soluble dans l'eau et très-remarquable par sa pureté. L'analyse a donné pour sa composition :

Alumine	16,80
Acide sulfurique	36,60
Eau	46,50
Argile, oxyde de fer et chaux	Traces.
	99,90

N° 474. — **Alunogène** (sulfate d'alumine) pulvérulent.

Punta de Agujas. — Province de Paita.

N° 475. — Alunogène ferrugineux (sulfate d'alumine, avec oxyde de fer).

Cerros pintados. — Province de Tarapacá.

N° 476. — Alunogène ferrugineux (sulfate d'alumine, avec oxyde de fer).

Montagne de Chilete. — District de San Pablo. — Province de Cajamarca.

N° 477. — Halotrichite (sulfate d'alumine et de protoxyde de fer), avec
Sulfate de zinc.

Nom vulgaire : *Alumbre de pluma.*

Montagne de Chilete. — District de San Pablo. — Province de Cajamarca.

N° 478. — Werthemanite (sulfate basique d'alumine).

Santa Lucia, près de Chachapoyas.

Ce minéral, que j'ai dédié à mon intelligent ami, l'ingénieur A. Wertheman, qui le découvrit dans le voisinage de Chachapoyas, se présente sous forme de poudre ou de masses peu cohérentes, de couleur blanche et d'odeur argileuse. Il happe légèrement la langue comme le font certaines argiles.

La Werthemanite se colle également aux corps avec lesquels on la met en contact et elle tache très-fortement les doigts quand on la touche.

Son poids spécifique est 2,80.

Chauffée dans un tube de verre fermé à l'une de ses extrémités, la Werthemanite donne d'abondantes vapeurs d'eau.

Elle est infusible au chalumeau, et, quand on la calcine, après l'avoir préalablement mouillée d'une goutte de solution de nitrate de cobalt, elle prend une teinte bleue, caractéristique de l'alumine traitée dans de pareilles conditions.

La Werthemanite est insoluble dans l'eau aussi bien que dans les acides chlorhydrique et nitrique, et dans l'eau régale. L'acide sulfurique, seul, arrive à la dissoudre, mais avec beaucoup de difficultés, même avec l'aide de la chaleur. La solution sulfurique précipite abondamment avec l'ammoniaque et le liquide se transforme en une masse gélatineuse si la solution est un peu concentrée. Le précipité est formé d'alumine avec des traces d'oxyde de fer.

Si l'on désagrége ce minéral, par la fusion avec de la potasse ou de la soude caustique, il se dissout entièrement dans l'acide chlorhydrique, et la solution acide précipite abondamment par le chlorure de barium, ce qui fait connaître que, dans la Werthemanite, l'alumine se trouve combinée avec l'acide sulfurique et, par conséquent, que ce minéral est un sulfate d'alumine basique.

L'analyse chimique a indiqué, pour la Werthemanite, la composition suivante ;

Alumine.	45,00
Acide sulfurique . . .	34,50
Oxyde de fer.	1,25
Eau	19,25
	100,00

Ainsi qu'on le voit, ce minéral se rapproche de la Websterite dont il diffère seulement, par une moindre proportion d'eau. En effet, par la relation qui existe entre l'oxygène de l'eau et celui de la base et de l'acide, on peut établir, pour la Werthemanite, la formule suivante :

$$Al\ Su + Aq.$$

celle de la Websterite étant :

$$Al\ Su + 3\ Aq.$$

Le minéral en question est donc, par conséquent, une Websterite monohydratée. Ces résultats traduits en formule chimique donnent pour le minéral analysé :

$$AL^2O^3,\ SO^3 + 3\ HO$$

celle de la Websterite étant :

$$AL^2O^3,\ SO^3 + 9\ HO$$

La Werthemanite se distingue avec facilité de la Websterite par son insolubilité dans les acides nitrique et chlorhydrique et dans l'eau régale ; et, en outre, par son poids spécifique beaucoup plus grand que celui de ce dernier minéral.

Gisement. — La Werthemanite se trouve en morceaux, de peu de cohésion, disséminés dans une couche d'argile de couleur violet clair qui repose sur un grès dont elle n'est séparée que par une mince couche d'argile ferrugineuse : le tout est recouvert par une couche de terre végétale de nature crayeuse.

N° 479. — Turquoise (phosphate d'alumine et de cuivre).

Lieu appelé Huari, entre Huanta et Ayacucho.

Ce minéral se trouve en petits morceaux arrondis, de couleur bleu verdâtre, vert clair et presque blanchâtre, disséminés dans une terre meuble que l'on ne saurait considérer comme leur gisement naturel, et cela d'autant moins, qu'au même endroit, on trouve des Turquoises qui ont été travaillées par les anciens Indiens.

MINÉRAUX DE MAGNÉSIE

Les minéraux de magnésie que l'on trouve au Pérou, si l'on excepte les silicates de cette base, peuvent se réduire à trois : la Dolomite, ou carbonate de chaux et de magnésie ; la Sidéroplexite, ou carbonate de magnésie et de fer ; l'Epsonite, ou sulfate de magnésie, appelée également *Sel amer* ou *Sel d'Angleterre.*

La Dolomite forme de grandes couches dans le département du Cuzco, à peu de distance de Calca. On la trouve également dans l'hacienda de Tupen, de la province de Luza, où elle accompagne l'asphalte.

La Galène de Tingo, à moins de 5 kilomètres de Huanca, dans la province de Chachapoyas, est accompagnée par une Dolomite ferrugineuse.

Je n'ai trouvé la Sidéroplexite que dans la vallée de Huancayo, près du village de Cinto, où elle accompagne une Bournonite argentifère.

Quant à l'Epsonite, on la trouve sur un grand nombre de points de la côte du Pérou.

Enfin, je dirai qu'au Pérou, on trouve d'autres sels de magnésie, tels que le carbonate et le chlorure, dissous dans un grand nombre d'eaux minérales.

N° 480. — **Sidéroplexite** (carbonate de fer et de magnésie), avec

Bournonite argentifère (sulfure de plomb, de cuivre et d'antimoine, avec argent).

Près du village de Cinto. — Province de Huancayo.

N° 481. — **Epsonite** (sulfate de magnésie) fibreuse.

Caverne près du village de Llapta. — Province de Huamalies.

N° 482. — **Epsonite** (sulfate de magnésie).

Huayrondo. — Vallée de Tambo. — Province d'Arequipa.

N° 483. — **Epsonite** (sulfate de magnésie).

Environs de Pica. — Province de Tarapacá.

N° 484. — **Epsonite** (sulfate de magnésie) terreuse.

Hacienda de La Molina, près de Lima.

MINÉRAUX DE BARYTE

L'unique minéral à base de baryte proprement dite, qui se trouve au Pérou, est la Barytine ou sulfate de baryte. La Barytine est très-abondante : elle constitue presque constamment la gangue des minéraux métalliques et, principalement, de la Panabase argentifère. L'apparition de la Barytine dans une veine de Pavonado, ou Panabase, est, presque toujours, pour le mineur, l'indice que le minéral contient de l'argent : il est, en effet, très-rare que ce sulfate accompagne une Panabase stérile en argent.

Les mines les plus riches en Barytine sont celles du Manto, près de Puno ; celle de Queropalca, dans la province Dos de Mayo, d'où proviennent les plus beaux échantillons.

N° 485. — Barytine (sulfate de baryte), en grosses tables rhomboïdales.

Mine del Manto. — District et province de Puno.

N° 486. — Barytine (sulfate de baryte), en tables rhomboïdales, couvertes d'oxyde de fer.

Mines de Queropalca. — Province Dos de Mayo.

N° 487. — Barytine (sulfate de baryte), en petits cristaux, avec oxyde de fer, sur de la
Pyrite (sulfure de fer).

Mine de San José. — Queropalca. — Province Dos de Mayo.

N° 488. — Barytine (sulfate de baryte), en petits cristaux sur de la
Pyrite (sulfure de fer), avec
Panabase argentifère (sulfure de cuivre, d'antimoine et d'arsenic, avec argent).

Mine de San Dimas. — Queropalca. — Province Dos de Mayo.

N° 489. — Barytine (sulfate de baryte) en cristaux noirâtres.

Montagne de Surupana. — District de San José. — Province d'Azangaro.

N° 490. — Barytine (sulfate de baryte) amorphe.

Décombres de la mine del Manto. — District et province de Puno.

MINÉRAUX DE CHAUX

Les minéraux de chaux, si abondants dans la nature, en général, sont très-communs au Pérou : les grandes et puissantes formations de Calcaire, ou carbonate de chaux, qui constituent des montagnes entières et les nombreux dépôts de Gypse, ou sulfate de chaux, disséminés sur plusieurs points, tant de la Costa que de l'intérieur, suffisent pour prouver cette assertion.

Quant aux variétés de Calcaire, elles sont presque infinies, car ce minéral, au Pérou, présente les aspects les plus divers qu'il doit aux variations de sa transparence, de sa forme cristalline, de sa structure, de sa couleur, etc. On trouve, en effet, sur le territoire péruvien, des Calcaires aussi transparents que la variété connue sous le nom de Spath d'Islande, et, en même temps, tous les intermédiaires, jusqu'au Calcaire le plus opaque. Dans la province de Cajatambo, on remarque des Calcaires cristallisés sous diverses formes, dérivant du rhomboèdre qui, comme on sait, est la forme primitive de ce minéral.

Les variétés de structure qu'on observe dans les Calcaires sont très-nombreuses, et l'on peut dire qu'ils présentent tous les intermédiaires entre la structure lamellaire très-nette, et la structure la plus compacte, comme celle de la pierre lithographique, par exemple. Les Calcaires de structure granulaire sont assez communs, et ils semblent devoir cette structure au métamorphisme produit par le soulèvement des roches de fusion : le Calcaire gris bleuâtre de la montagne de Saint Bartolomé qui sert, à Lima, pour la fabrication de la chaux, est dans ce cas. Il offre la même particularité que le Calcaire métamorphique des Pyrénées, à savoir que par suite du contact de la roche en fusion, il s'est introduit dans sa masse beaucoup de petits cristaux de Couzéranite que l'on peut isoler facilement en dissolvant le calcaire dans l'acide chlorhydrique.

Les Calcaires du Pérou n'offrent pas moins de variétés quant à leur couleur que quant à leur structure : on en trouve de toutes les couleurs et de toutes les nuances, depuis le blanc pur jusqu'au noir intense. Ces derniers formant une belle variété de marbre que l'on pourrait employer pour la fabrication de pierres mortuaires, si les moyens de transport étaient plus commodes et moins coûteux, ce qui ne peut manquer d'arriver quand on aura terminé le chemin de fer de Lima à Pisco, sur le trajet duquel se trouvent les carrières de ce marbre.

Puisque je suis amené à parler du marbre, je dirai qu'il en existe de nombreuses variétés, au Pérou, dans les environs des villes de Puno et de Moquegua. Dans les environs de Lima même, on trouve également en abondance des marbres de diverses couleurs : jaune, rouge, gris, vert, verdâtre, etc., qui constituent de belles variétés, ainsi qu'on peut le voir par les échantillons de la collection.

Ces marbres pourraient servir avantageusement à plusieurs usages, et l'on utiliserait ainsi, dans l'intérêt du pays, une grande richesse qui reste complétement stérile, faute de voies de communication (1).

On trouve également, au Pérou, le Calcaire pisolithique qui affecte la forme de pois, ou mieux, de dragées, de diverses grosseurs, isolées les unes des autres, ou bien réunies en groupes. Sa surface est entièrement plane ou bien hérissée de petites pointes comme on en observe dans certaines sortes de dragées. Toutes ces variétés sont produites pas des eaux minérales chargées de carbonate de chaux, dissous à faveur d'un excès d'acide carbonique.

On rencontre fréquemment aussi, au Pérou, le Calcaire stalactique affectant les formes les plus capricieuses : bougies,

---

(1) C'est avec plaisir que j'indique ici que la découverte de tous ces marbres, qui se rencontrent depuis les environs de Lima jusqu'à Chilca, est due à un travail persévérant de plus de vingt années, de D. Francisco Salini, qui a fait des centaines de pénibles excursions à travers le labyrinthe des arides montagnes et ravines qui s'étendent entre les points indiqués plus haut, et à peu de distance de la mer.

Pour donner une idée de la faible distance de Lima à laquelle se trouvent ces marbres, je dirai que, sur ma demande, M. Salini partit le matin de Lima et me rapporta, le soir même, les échantillons qui figurent dans la présente collection.

branches, fruits, etc., ou bien formant dans certaines grottes, comme celles qui se trouvent à peu de distance de Yauli, dans la province de Tarma, et celle de Livitaca, dans la province de Chumbivilcas, les plus fantastiques décorations sur les surfaces cristallines desquelles la lumière des torches, en se réfléchissant, produit des effets féériques.

Cette variété de Calcaire est connue, au Pérou, sous le nom quechua de *Licamancha*. Les indigènes l'emploient, réduite en poudre très-fine, contre les flux de sang : ils en prennent environ deux ou trois grammes dans un peu d'eau.

Le Calcaire de structure prismatique n'est pas rare non plus au Pérou. Il offre un exemple du phénomène de dimorphisme propre au carbonate de chaux et constitue l'espèce connue en minéralogie sous le nom d'Aragonite et qui contient parfois un peu de strontiane comme, par exemple, la belle variété de structure finement fibreuse et à éclat soyeux, qui se trouve près du lieu appelé La Banca, dans la province d'Anta.

Le Gypse, ou sulfate de chaux, est encore un minéral de chaux très-abondant, au Pérou, où il se présente sous les formes les plus variées, quant à son aspect. On trouve de puissants dépôts de Gypse, de structure granulaire saccharoïde à Chilca, à 65 kilomètres au Sud de Lima ; à Pachachaca, près de Yauli, dans la province de Tarma ; aux environs de Cuzco et dans la province de Cangallo où le Gypse forme une belle variété d'Albâtre, connue dans le pays sous le nom de *Piedra de Huamanga*.

Le Gypse de structure lamellaire forme la variété, connue dans le pays sous le nom vulgaire d'*Espejuelo*. Il est assez commun à Calate, au Sud de la province de Tarapacá ; dans le désert de Sechura et dans les arides plaines comprises entre Paita et Piura.

On trouve également le Gypse en assez grande abondance et sous forme d'une espèce de poudre constituée par de petits grains cristallins, formant des couches d'épaisseur variable, dans la province de Tarapacá et au Nord de la République. Parfois le Gypse offre la structure fibreuse que présente quelquefois le chlorure de sodium, comme il arrive dans les environs de Lima et à Mollebaya, près d'Arequipa. Enfin on peut dire qu'il existe du Gypse sur tous les points du Pérou où on trouve du sel commun.

Un autre minéral de chaux très-fréquent au Pérou, au moins dans la région de la Costa, c'est l'Anhydrite, ou sulfate de chaux anhydre, qui diffère du Gypse en ce qu'elle ne contient pas d'eau. L'Anhydrite ne se trouve pas dans le pays, à l'état cristallin, mais bien en morceaux ou masses plus ou moins arrondis, souvent d'aspect terreux, d'un blanc quelque peu sale, disséminés dans les plaines arides, et presque toujours imprégnés de matières salines, qui s'étendent du Nord au Sud du Pérou, dans toute la région de la Costa.

La Phosphorite ou phosphate de chaux naturel, que l'on emploie tant aujourd'hui comme engrais, n'a pas été trouvée jusqu'à ce jour au Pérou, en grands dépôts, si ce n'est dans le guano ; néanmoins, j'ai trouvé la Phosphorite en petites quantités dans les environs de la mine de Yucud, du district de Chetilla, dans la province de Cajamarca, et dans les terrains crétacés des provinces de Pataz, Dos de Mayo et Jauja.

Un important minéral de chaux, qui a donné lieu, au Pérou, à une exploitation avantageuse, c'est l'Ulexite ou Boronatrocalcite (borate de chaux et de soude) qui est connue dans la province de Tarapacá sous les noms vulgaires de *Borax* et de *Tiza*. Ce minéral qui, il y a peu de temps encore, était propre exclusivement de la province de Tarapacá, au Pérou, a été découvert également, plus tard, en Californie et au Chili, où on le trouve dans la cordillère de Maricunga, à 3.800 mètres d'altitude.

Je crois qu'il est nécessaire de signaler ici une erreur que l'on trouve imprimée dans la plupart des Traités de Minéralogie et qui consiste à regarder comme deux espèces minérales distinctes l'Ulexite, ou Boronatrocalcite qui, ainsi que je l'ai dit plus haut, est un borate de chaux et de soude, et l'Hayésine que l'on croit être un simple borate de chaux, privé de soude, et qui, selon mon opinion, n'existe pas, au moins au Pérou.

Ayant été chargé par le gouvernement péruvien, en 1853, de visiter les dépôts de borate que l'on venait de découvrir, je parcourus minutieusement toute la région de la province de Tarapacá, où se trouve ce minéral, et je recueillis un grand nombre d'échantillons sur tous les points où l'on avait découvert du borate. Je fis, en outre, pratiquer un grand nombre d'excavations partout où la nature du terrain pouvait me faire supposer la présence du Borax ou Tiza, ce dernier nom étant celui sous lequel on connaissait alors le borate de chaux et de soude. Par l'étude que j'ai faite depuis de toutes les matières recueillies dans cette province, j'ai pu acquérir la certitude qu'il n'existe pas de borate de chaux simple, et que celui qui a été décrit comme tel est un borate de chaux et de soude, car les caractères physiques que l'on assigne à l'Hayésine sont les mêmes que ceux de l'Ulexite, ou Boronatrocalcite.

Un minéral de chaux beaucoup plus rare que les précédents et que, jusqu'à présent, je n'ai trouvé qu'en une seule localité, c'est la Scheelite, ou tungstate de chaux, qui accompagne quelquefois l'Hubnérite ou tungstate de manganèse dans les mines de Morococha.

La Fluorine, ou fluorure de calcium, est un autre minéral qui, bien qu'en petite quantité, se trouve sur différents points du Pérou et présente des nuances très-variables selon la localité : j'ai trouvé des variétés de Fluorine verte, violette, jaunâtre et blanche.

Enfin, l'Hydrophilite, ou chlorure de calcium qui, jusqu'à présent, n'avait été trouvée qu'en dissolution dans quelques eaux minérales, se rencontre au Pérou, mêlée avec l'argile, tant dans la province de Tarapacá que dans celle de Chincha, à Laran.

N° 491. — **Calcaire** ou **Calcite** (carbonate de chaux) rhomboédrique.

Près de la mine de Jecanga. — Cordillère noire, en face de Huaraz.

N° 492. — **Calcaire** (carbonate de chaux) lamellaire, à surfaces courbes.

Montagne d'Amancaes, près de Lima.

N° 493. — Calcaire (carbonate de chaux) pisolitique.

Eaux thermales de Chancos, près de Carhuaz. — Province de Huaraz.

Cet échantillon est formé par l'agglomération d'un grand nombre de petites sphères de carbonate de chaux, disposées en couches concentriques autour d'un petit nucléus qui, généralement, est un grain de sable.

Avant de visiter l'endroit où je trouvai cet échantillon de calcaire pisolitique, j'avais reçu quelques échantillons de grains calcaires arrondis, complétement isolés, à surface tout à fait unie et aussi blancs que les plus belles dragées avec lesquelles on peut parfaitement les confondre, à première vue.

Quelques-uns des grains de ce calcaire étaient complétement sphériques, d'autres, de forme un peu allongée, d'autres enfin plus volumineux, offraient tout à fait l'aspect d'une dragée. Tous présentaient des couches concentriques et possédaient un nucléus formé d'un grain de sable ou d'un petit fragment d'une roche quelconque.

La nature des grains, et surtout leur isolement complet, attendu qu'ils ne présentent aucun indice d'adhérence, ni entre eux, ni avec d'autres corps, m'intriguèrent, et je cherchai à me rendre compte de la manière dont ils s'étaient formés.

En 1860, je visitai les bains thermaux de Chancos où je recueillis le présent échantillon, je pus voir, dans l'eau thermale même, quelques petites masses formées par l'agglomération de petites sphères de carbonate de chaux et, aussitôt, je compris que les grains à l'aspect de dragées dont je viens de parler, s'étaient formés de la même manière dans quelque eau thermale qui avait déposé son carbonate de chaux autour d'un grain de sable ou de n'importe quel autre corps étranger tombé dans la source. Je ne pouvais néanmoins m'expliquer bien clairement l'isolement complet de ces grains, sans trace d'adhérence aucune, si ce n'est en admettant qu'ils eussent été suspendus dans l'eau sans se toucher entre eux.

Ce ne fut que quatre ans plus tard que je pus assister, si je puis m'exprimer ainsi, à la formation de ces dragées minérales et me rendre un compte exact du phénomène, dans une visite que je fis aux eaux thermales du village d'Omate dans la province de Moquegua.

Il existe sur les bords de la rivière Omate plusieurs petites sources d'eau thermale chargée de carbonate de chaux. Quelques-unes de ces sources forment comme une espèce de tasse, ou petit cratère en miniature, de quelques centimètres de diamètre, remplie d'une eau qui paraît en ébullition, par suite de l'eau et du gaz qui sortent avec force d'une étroite ouverture située au fond. Qu'on suppose à présent que, sous l'influence du vent ou de n'importe quelle autre cause, quelques grains de sable viennent à tomber dans ces tasses : ils seront aussitôt recouverts d'une mince couche de carbonate de chaux qui se dépose par suite du dégagement à l'air libre, de l'acide carbonique, grâce auquel ce sel était à l'état de dissolution dans l'eau.

Mais comme l'eau de ce cratère en miniature est continuellement agitée par celle qui, accompagnée d'acide carbonique, sort du petit trou situé au fond, il arrive que les grains de sable, déjà recouverts d'une couche de carbonate de chaux, se trouvent soumis à un mouvement continuel qui les empêche d'adhérer les uns avec les autres. Ils grossissent peu à peu par suite des nouvelles couches de carbonate de chaux qui se déposent à leur surface jusqu'à ce que, pour une cause quelconque, le trou du fond de la tasse s'obstrue et le phénomène cesse avec la sortie de l'eau et du gaz carbonique. Les fausses dragées se déposent alors au fond du petit cratère, mais sans adhérence aucune entre elles.

Il peut arriver également que, quand les grains ont acquis certaines dimensions, l'eau qui sort du fond de la tasse n'ait pas la force suffisante pour les mettre en mouvement. Ils restent alors en repos, et le carbonate de chaux qui continue à se déposer dans l'eau les unit entre eux, leur sert de ciment et donne ainsi naissance à de petites masses, formées de grains arrondis, analogues à l'échantillon dont je m'occupe.

N° 494. — Calcaire (carbonate de chaux) cristallisé, couvert, en partie, par de la

Manganocalcite (carbonate de chaux et de manganèse).

Mine de Chinchopalpa, à Quichas. — Province de Cajatambo.

Nº 495. — **Calcaire** (carbonate de chaux) cristallin, qui, sous l'influence d'un choc, dégage une odeur d'acide sulfhydrique.

Montagne sur le chemin de Yanamate, prés du Cerro-de-Pasco.

Cet échantillon est formé de calcaire blanc laiteux, de structure cristallino-rhomboédrique, sans être entièrement lamellaire. Quand on le frappe avec un marteau, ou simplement quand on en frotte deux morceaux l'un contre l'autre, il dégage une forte odeur fétide de gaz sulfhydrique.

Si l'on broie un fragment de ce calcaire avec un peu de solution de sous-acétate de plomb, on voit la masse prendre une couleur noirâtre due à la formation du sulfure de plomb.

Quand on traite ce minéral par l'acide chlorhydrique, il produit une vive effervescence comme tous les Calcaires, mais le gaz qui se dégage a une odeur d'acide sulfhydrique, et, si on le fait passer à travers une solution de nitrate d'argent, cette solution se trouble et il se produit un précipité noir de sulfure d'argent.

Il semble que, dans ce Calcaire, une partie de l'acide carbonique est remplacée par le sulfure de carbone, qui se trouverait combiné avec la chaux à l'état de sulfo-carbonate de chaux.

Nº 496. — **Calcaire stalactitique** (carbonate de chaux concrétionné) sphériforme.

Caverne calcaire, à 25 kilomètres de Morococha. — Province de Tarma.

Nº 497. — **Calcaire stalactitique** (carbonate de chaux concrétionné) cylindroïde et conique, connu sous le nom vulgaire de *Licamancha*.

Caverne calcaire, à 25 kilomètres de Morococha. — Province de Tarma.

Nº 498. — **Calcaire stalactitique** (carbonate de chaux concrétionné), rameux.

Caverne calcaire, près de Livitaca. — Province de Chumbivilcas.

N° 499. — Calcaire stalactitique (carbonate de chaux concrétionné), de structure cristalline.

Falaise de Miraflores, près de Lima.

N° 500. — Calcaire stalactitique (carbonate de chaux concrétionné), mamelonné.

Caverne, à 25 kilomètres de Morococha. — Province de Tarma.

N° 501. — Aragonite strontianifère (carbonate de chaux) fibreuse avec strontiane.

Près de l'endroit appelé La Banca. — Province d'Anta.

Ce bel échantillon est formé d'Aragonite, ou carbonate de chaux prismatique. En effet, bien qu'il ait une structure fibreuse, comme certains Calcaires, ses fibres possèdent la faculté de pouvoir se séparer à la flamme du chalumeau, faculté propre à l'Aragonite, et, en outre, il contient une certaine quantité de strontiane, ce qui est encore un caractère assez fréquent de l'Aragonite.

Ce minéral se présente en masse d'un blanc laiteux. Sa structure est finement fibreuse, et il est doué d'un léger brillant soyeux ; la masse fibreuse offre, en outre, des bandes transversales qui semblent formées par des couches concentriques.

Quand on soumet à la flamme du gaz d'éclairage, à l'aide d'un fil de platine, une particule de ce minéral préalablement humectée d'acide chlorhydrique, la flamme se colore en rouge vif.

Mais ce qui fait connaître, de la manière la plus évidente, que cette variété d'Aragonite contient de la strontiane, c'est la raie bleue, en outre d'autres raies rouges, qu'il donne au spectromètre, et qui caractérise la strontiane d'une manière tout à fait certaine.

N° 502. — Aragonite cuprifère (carbonate de chaux fibreux, avec vestiges de cuivre).

Mine de Santa Cruz. — Hacienda de Huancache. — Province de Yauyos.

17

N° 503. — Aragonite coraloïde (carbonate de chaux, rameux).

Caverne de Livitaca. — Province de Chumbivilcas.

N° 504. — Marbre noir (carbonate de chaux, compacte, de couleur noire).

Environs de Lurin, à 30 kilomètres de Lima.

On trouve, à peu de distance du village de Chilca, un marbre d'une couleur noire plus intense.

N° 505. — Marbre (carbonate de chaux) gris verdâtre, avec de petites taches rouges.

Près de la Tabladade Lurin, à 25 kilomètres de Lima.

N° 506. — Marbre jaspe (carbonate de chaux), avec taches jaunes, rouges, grises et veines blanches.

Quebrada del Cascajal. — District de Surco, à 15 kilomètres de Lima.

N° 507. — Marbre (carbonate de chaux) gris, jaunâtre foncé.

Quebrada del Cascajal.—District de Surco, à 15 kilomètres de Lima.

N° 508. — Marbre (carbonate de chaux) rouge et gris.

Quebrada del Cascajal.—District de Surco, à 15 kilomètres de Lima.

N° 509. — Marbre (carbonate de chaux) gris et jaune, avec des taches rouges et des petites veines blanches.

Quebrada del Cascajal. — District de Surco, à 15 kilomètres de Lima.

N° 510. — Marbre (carbonate de chaux) rouge cerise.

Quebrada del Cascajal.—District de Surco, à 15 kilomètres de Lima.

N⁰ 511. — **Marbre** (carbonate de chaux) jaune gris, avec des taches rouges et des points d'oxyde de fer, doués d'un éclat semi-métallique.

Quebrada del Cascajal.—District de Surco, à 15 kilomètres de Lima.

N⁰ 512. — **Marbre** (carbonate de chaux) rouge obscur, avec de petites taches noirâtres.

Quebrada del Cascajal.—District de Surco, à 15 kilomètres de Lima.

N⁰ 513. — **Marbre** (carbonate de chaux) jaune fauve.

Quebrada del Cascajal.—District de Surco, à 15 kilomètres de Lima.

N⁰ 514. — **Gypse** (sulfate de chaux) de structure lamellaire, connu sous le nom vulgaire d'*Espejuelo.*

Plaines entre Paita et Piura.

N⁰ 515. — **Gypse** (sulfate de chaux) de structure lamellaire, connu sous le nom vulgaire d'*Espejuelo.*

Près du village de Calate.— Province de Tarapaca.

N⁰ 516. — **Gypse** (sulfate de chaux) en cristaux groupées.

Désert de Sechura. — Province de Paita.

N⁰ 517. — **Gypse** (sulfate de chaux) cristallisé en prismes rhomboïdaux.

District et province de Santa.

N⁰ 518. — **Gypse** (sulfate de chaux) saccharoïde, de structure granulaire.

Montagne de Pasca. — District de Macate. — Province de Huaylas.

N⁰ 519. — **Gypse** (sulfate de chaux) de structure fibreuse.

Mollebaya. — Province d'Arequipa.

N° 520. — **Gypse** (sulfate de chaux) cristallisé, avec argile de couleur gris verdâtre.

Rives de la rivière Mashuyaco. — Entre Moyobamba et Balzapuerto. — Province del Alto-Amazonas.

N° 521. — **Gypse** (sulfate de chaux) poreux, connu sous le nom vulgaire de *Sal de batan.*

Pabellon de Pica. — Province de Tarapacá.

Le Gypse de cet échantillon est très-remarquable, car il forme des masses très-légères, remplies de petites cavités de forme irrégulière, généralement allongée, de sorte qu'il a une structure qui ressemble beaucoup à celle des os.

Le Gypse semble être, dans cet échantillon que j'ai reçu sous le nom vulgaire de *Sal de batan*, dans un état moléculaire particulier, car il est plus soluble dans l'eau que le Gypse commun.

N° 522. — **Gypse** (sulfate de chaux) cellulaire.

Iles de Chincha. — Province de Chincha.

Cet échantillon est encore plus étrange que le précédent, et, à son aspect, une personne qui ne serait pas accoutumée à l'observation des phénomènes naturels, ne pourrait que difficilement se rendre compte de son mode de formation.

En effet, le Gypse dans ce singulier échantillon, se présente en masses pourvues de cavités polyédriques, triangulaires, carrées ou pentagonales, de 2 à 4 centimètres de long, divisées par des cloisons de 4 à 5 centimètres de hauteur, et d'à peine quelques millimètres d'épaisseur.

Pour se faire une idée du mode de formation de cet étrange échantillon de Gypse, il faut qu'on imagine un terrain un peu tendre, de nature argileuse, offrant beaucoup de crevasses dues à la dessiccation, et, par suite, à la contraction qu'il a éprouvée, et qu'on suppose en même temps que, sur ce terrain fendillé de la sorte, coure une eau chargée de Gypse. Il est clair que le sulfate de chaux se déposera d'abord dans les crevasses qu'il remplira et formera ensuite une croûte à la surface du terrain. Une fois le dépôt de Gypse solidifié, si on en retire un fragment, on aura un moule de sulfate de chaux dont les cavités seront remplies de la substance qui constitue le sol. Si on vide ces cavités, on obtiendra évidemment un échantillon analogue à celui dont je m'occupe.

Le Gypse, ou sulfate de chaux, est l'un des minéraux les plus fréquents et les plus abondants au Pérou. On le trouve dans toutes les régions de la République, soit dans celle de la *Costa*, soit dans la *Sierra*, dans la *Cordillera* ou dans la *Montaña*, de sorte que l'énumération de tous les points sur lesquels on trouve cette utile substance serait beaucoup trop longue. Je signalerai cependant deux localités remarquables à ce point de vue, tant par l'abondance et la qualité de ce minéral, que par les applications qu'on en fait.

Ces deux localités sont les environs de la ville de Cuzco et la province de Cangallo. Près de Cuzco, on trouve le plâtre sur beaucoup de points dont quelques-uns, que je vais indiquer, sont surtout remarquables. A Huarocondo, au nord d'Anta, on trouve du Gypse excessivement blanc, de structure presque compacte et qui peut servir aux principaux usages auxquels on destine cette substance. On trouve, en outre, au même endroit, une variété de Gypse diaphane, d'aspect graisseux, qui ressemble à de la cire et qui forme une variété d'albâtre, d'assez bonne qualité pour les usages de la sculpture.

A Socorro, dans la vallée même de la rivière Huatanay, qui baigne la ville de Cuzco, on trouve une belle variété de Gypse saccharoïde de qualité supérieure.

Enfin à Pichu, à 1,000 ou 1,200 mètres de Cuzco, existe une colline où l'on trouve les plus belles variétés de Gypse qui, par leurs couleurs variées, simulent les plus beaux marbres, avec lesquels on les confondrait facilement, si leur dureté n'était pas beaucoup moindre.

On rencontre, à Pichu, des variétés de Gypse d'une nuance rosée uniforme; d'autres, blanches avec des taches rosées et des veines grises; celles-ci présentent, sur un fond blanc, des points rosés et des veinules ramifiées rougeâtres ou gris obscur; celles-là ostentent des taches rougeâtres et des veines vertes sur un fond rosé; il y en a à fond blanc grisâtre avec

des taches vert clair et des veinules et parsemées de points
gris ou rougeâtres, etc., etc.

La province de Cangallo, ai-je dit, est également remarquable par le vaste dépôt de Gypse qu'elle possède. A Pomabamba,
situé à 70 kilomètres de la ville d'Ayacucho, il y a une grande
carrière où existe une belle variété de sulfate de chaux qui a
tout l'aspect d'un marbre et qui est connu, dans tout le Pérou,
sous le nom de *Piedra de Huamanga*. (Huamanga est le nom
de l'ancien village qui s'appelle aujourd'hui Ayacucho.) Cette
pierre, que l'on doit considérer comme une variété d'albâtre,
sert, dans le pays, pour diverses œuvres de sculpture. Les bas-
reliefs qui ornent la fontaine de la place publique d'Ayacucho
sont de *Piedra de Huamanga*. Malheureusement l'artiste qui
choisit une telle matière pour donner une forme à sa pensée
l'aura sans doute prise pour du marbre ; ou, peut-être, aura-
t-il oublié que l'eau a la faculté d'attaquer le sulfate de chaux,
dont la pierre de Huamanga n'est qu'une variété. Toujours est-il
que les bas-reliefs de ladite fontaine, continuellement exposés
à l'action de l'eau qu'elle fournit, ont été, en peu de temps,
presque entièrement détruits.

N° 523. — Anhydrite (sulfate de chaux anhydre).

Environs de l'Hacienda de Villacuri, entre Pisco et Ica.

N° 524. — Anhydrite (sulfate de chaux anhydre).

Salpêtrière de La Laguna. — Province de Tarapacá.

N° 525. — Anhydrite (sulfate de chaux anhydre) terreuse.

Pampa Seca, entre Pisco et Ica.

L'Anhydrite se trouve dans presque toute la région de la
Costa ; mais, où elle est le plus abondante, c'est dans la pro-
vince de Tarapacá, où elle se trouve sur un grand nombre de
points. On la rencontre également, en grande abondance, entre
Arica et Tacna. Néanmoins je n'ai pu découvrir nulle part, au
Pérou, l'Anhydrite à l'état cristallin, mais bien constamment

en fragments arrondis d'aspect plus ou moins terreux ou formant une couche de peu d'épaisseur à la surface des terrains imprégnés de sel, de la province de Tarapacá. Dans ce cas, la couche d'Anhydrite est remplie de crevasses comme si elle s'était contractée, et présente une tendance à se diviser en petites masses arrondies qui donnent au terrain un aspect analogue à celui qu'offre le pavé d'une rue.

Nº 526. — Phosphorite (phosphate de chaux) concrétionnée, qui se trouve dans le guano.

Iles de Chincha. — Province de Chincha.

La Phosphorite, en outre de se trouver sous forme de nodules ou en masses arrondies, dans le guano des îles de Chincha et de la province de Tarapacá, se trouve également à l'état naturel, près de la mine de Yucud, dans le district de Chetilla, de la province de Cajamarca, ainsi que dans le terrain crétacé des provinces de Pataz, Dos de Mayo et Jauja.

Nº 527. — Ulexite ou **Boronatrocalcite** (borate de chaux et de soude), avec
Glaubérite (sulfate de soude et de chaux).

District de Pica. — Province de Tarapacá.

Nº 528. — Ulexite ou **Boronatrocalcite** (borate de chaux et de soude).

*Près de l'usine à salpêtre La Independencia. — Province
de Tarapacá.*

Ce minéral, trouvé pour la première fois, vers 1836 ou 1837, dans la province de Tarapacá, à 40 ou 50 kilomètres d'Iquique, vers l'intérieur, à l'endroit appelé Nueva Noria, sous une croûte saline qui couvre le nitrate de soude, se présente presque toujours en petites masses arrondies, dont la grosseur varie depuis celle d'une noisette jusqu'à celle d'une pomme de terre, Sa couleur est blanche et il offre une structure finement fibreuse et un éclat soyeux. Très-souvent, les boules d'Ulexite possèdent dans leur intérieur un nucleus formé par de gros cristaux de Glaubérite (sulfate de chaux et de soude).

La première mention que la presse scientifique a faite de cette substance, se trouve dans la seconde édition de la Minéralogie de M. Dana (1), dans laquelle l'auteur dit que M. Hayes lui a communiqué la description de ce nouveau minéral sous le nom de Borate de chaux *(Borocalcius obliquus)*. Mais, dans cette description, M. Hayes confond le borate de chaux avec la Glaubérite qui l'accompagne fréquemment, à l'état de mélange, et croit que les gros cristaux de ce minéral sont de la même nature que la matière d'aspect soyeux, de sorte que, les angles mesurés par Teschemacher et qui figurent dans cette description, sont ceux de la Glaubérite et non du borate de chaux.

Néanmoins, l'ouvrage est accompagné d'une feuille volante qui porte un *Errata*, dans lequel M. Dana reconnaît l'erreur de M. Hayes et dit : « Quant à cette espèce, M. Hayes a informé » l'auteur que les cristaux qu'on supposait être du *borate de* » *chaux* sont de la *Glaubérite* et que le minéral fibreux, uni- » quement, est du borate de chaux. Ce dernier a donné à » M. Hayes, qui en a fait l'analyse : Acide borique, 46 m.; » chaux, 18,889 ; eau, 35,000, d'où il déduit la formule : » Ca O, (BO^3)^2 + 6 HO. »

Je répéterai ici ce que j'ai déjà dit, dans les considérations générales sur les minéraux de chaux, que je possède la plus intime conviction que le minéral décrit par M. Hayes, et qui se présente en masses arrondies de structure fibreuse, blanches, douées d'un éclat soyeux et fréquemment accompagnées de Glaubérite, est du borate de chaux et de soude, et non du borate de chaux tout simple. Il suffit de savoir que l'échantillon étudié par M. Hayes était accompagné de Glaubérite qui est un sulfate double de soude et de chaux, pour supposer également ment que le borate est un borate double de chaux et de soude.

Les analyses faites en Angleterre par les chimistes renommés Anderson et Percy, à qui on envoya. cette substance avec le simple nom de borate de chaux; les nombreuses analyses que j'ai faites de tous les échantillons recueillis durant la commission que m'avait confiée le gouvernement du Pérou, en 1853;

---

(1) A Sistem of Mineralogy for James D. Dana. — A. M. — 2e Edit. New-York, 1844 (pag. 243).

l'analyse faite en 1855, par le chimiste distingué Rammelsberg, sur une matière qui présente tous les caractères physiques de la douteuse Hayesine, établissent d'une manière presque certaine qu'au Pérou, il existe une seule combinaison d'acide borique avec la chaux et que cette combinaison est un borate double de chaux et de soude qui est décrit dans les Traités de minéralogie sous le nom d'Ulexite, ou Boronatrocalcite.

Dans l'intérêt de la science, je désirerais que l'on fît une nouvelle analyse de l'échantillon qui figure dans quelques musées des États-Unis, sous le nom d'Hayesine, afin qu'il ne restât aucun doute sur ce point et que l'on pût faire disparaître une erreur imprimée dans les principaux Traités de minéralogie.

Pour compléter ce que j'ai dit sur cet important minéral, je vais donner la composition de trois échantillons de Boronatrocalcite, trouvé à l'état le plus pur, dans un terrain très-sec de la province de Tarapacá, entre les usines à salpêtre *Independencia* et *Colombia* et dont l'analyse figure dans le Rapport que j'ai présenté au Gouvernement péruvien en 1854.

Ces résultats concordent avec ceux obtenus par Rammelsberg ; seulement l'échantillon analysé par ce dernier n'était pas aussi pur, car la Boronatrocalcite s'y trouve mêlée avec une petite quantité de chlorure de sodium et de potassium et de sulfate de soude et de chaux, ainsi qu'on peut le voir dans le tableau suivant :

SUBSTANCES TROUVÉES.	ANALYSES DE L'ULEXITE OU BORONATROCALCITE			
	PAR A. RAIMONDI.			PAR RAMMELSBERG
	1°	2°	3°	
Acide borique.	42,98	43,13	43,04	42,12
Chaux	13,94	14,14	14,06	12,46
Soude	6,96	6,92	7,05	6,52
Eau..	36,80	35,75	35,85	34,40
Chlorure de potassium. . . .	.. ..	.. ..	.. ..	1,26
Chlorure de sodium.	0,16	Traces.	Traces.	1,66
Sulfate de soude..	0,12	Traces.	Traces.	0,81
Sulfate de chaux	.. ..	.. ..	.. ..	0,77

Les résultats des analyses précédentes représentent la composition de l'Ulexite dans son état naturel le plus pur. Je dois ajouter également que, dans la même province de Tarapacá, on trouve aussi cette substance mêlée en toutes proportions avec d'autres sels de soude, de potasse, de chaux et de magnésie, et que, même, j'ai trouvé un échantillon qui contenait jusqu'à 2,50 % de nitrate de soude.

Récemment, on a découvert l'Ulexite sur d'autres points de la province de Tarapacá situés très-loin de la mer, tels que le district de Mamiña, où elle est accompagnée d'un peu de Mirabilite, ou sulfate de soude hydraté ; ainsi que la Pampa de Cancosa, dans la Cordillère, presque vers la ligne de séparation du Pérou et de la Bolivie.

N° 529. — **Schelite** (tungstate de chaux), avec
    Blende (sulfure de zinc),
    Panabase (sulfure de cuivre, d'antimoine et d'arsenic) et
    Hubnérite (tungstate de manganèse), dans du **Quartz**.

Mine du Señor de la Carcel. — Morococha. — Province de Tarma.

On trouve ce minéral, en très-petite quantité, à Morococha, où il accompagne l'Hubnérite.

N° 530. — **Fluorine** (fluorure de calcium) incolore, avec
    Galène (sulfure de plomb).

Mine de Yanacancha. — District de San Marcos.
Province de Huary.

N° 531. — **Fluorine** (fluorure de calcium), avec
    Galène (sulfure de plomb).

Mine principale de Yauri. — District de Laraos. —
Province de Yauyos.

N° 532. — **Fluorine** (fluorure de calcium) jaunâtre, avec
    Galène (sulfure de plomb).

Mine de Yanacancha. — District de San Marcos. —
Province de Huary.

N° 533. — Fluorine (fluorure de calcium) verte, avec
Galène (sulfure de plomb) cubique.

Mines du Cerro-de-Pasco. — Province de Pasco.

N° 534. — Fluorine (fluorure de calcium) violet.

*Mine de Chunamanzana. — District de San Geronimo. — Province
de Huancayo.*

N° 535. — Hydrophilite (chlorure de calcium), avec
argile.

Hacienda de Laraos. — Province de Chincha.

L'Hydrophilite est un de ces minéraux qui, à cause de leur
grande solubilité dans l'eau, ne peuvent se trouver que sur la
côte du Pérou et dans d'autres régions où, comme dans celle-ci,
il ne pleut presque jamais.

Durant le voyage que je fis, en 1853, dans la province de
Tarapacá, mon attention fut souvent attirée vers un terrain,
très-aride, où, malgré l'ardeur d'un soleil brûlant, on voyait,
sur le sol, des taches semblables à celles que produirait l'humidité. Comme je me trouvais au milieu d'une atmosphère si
sèche qu'elle permet de construire des maisons avec des morceaux de sel mêlés de sable, je ne pouvais pas me donner une
explication satisfaisante de ces taches d'humidité dans un terrain qui manquait complétement d'eau ; mais, en réfléchissant
un peu, j'en vins bientôt à me dire qu'il devait exister là
quelque matière plus hygrométrique que le sel ou chlorure de
sodium même, et que cette matière ne pouvait être que du
chlorure de calcium. Je recueillis alors un peu de cette terre,
qui me paraissait humide, et l'ayant traitée par l'alcool concentré, je reconnus, après avoir filtré le liquide, qu'il s'était
dissous dans l'alcool une notable proportion de chlorure de calcium, ce qui venait confirmer mon hypothèse.

Plus tard, j'ai observé le même phénomène dans d'autres
régions et j'ai pu acquérir la certitude que le chlorure de
calcium était dû à la décomposition du chlorure de sodium,
en contact avec le carbonate de chaux, très-divisé, et,
sous l'influence alternative de la sécheresse et de l'humidité:
il se produit une double décomposition du chlorure de sodium

et du carbonate de chaux, qui se transforment en chlorure de calcium et en carbonate de soude.

Il n'y a pas longtemps que, dans une dépression de terrain de la province de Tarapacá, on trouva une couche d'argile qui avait toute l'apparence d'une terre mouillée avec de l'huile. On pensa d'abord à quelque gisement de pétrole; mais, l'absence de l'odeur caractéristique de cette substance, et surtout l'essai que je fis de l'échantillon de cet argile que l'on m'apporta, firent connaître que cette matière n'était rien de plus qu'une terre très-argileuse, imprégnée de chlorure de calcium, ou Hydrophilite, dont elle contenait 3,50 °/₀ de son poids.

Quelque temps après, on trouva, dans l'hacienda de Laran, une autre terre analogue, mais de couleur rosée et contenant une moindre quantité de chlorure de calcium: un échantillon de cette terre figure dans la collection dont je m'occupe.

MINÉRAUX DE POTASSE.

Les minéraux à base de potasse sont peu nombreux au Pérou, car, abstraction faite des silicates, ils se réduisent à la Sylvine, ou chlorure de potassium, au Nitre, ou azotate de potasse, et au sulfate de cette base.

La Sylvine ne se trouve pas au Pérou à l'état de pureté, mais bien disséminée dans quelques terres qui contiennent également du nitre, sur un grand nombre de points de la côte. On la rencontre, quelquefois, en proportions assez notables comme, par exemple, dans quelques terrains de l'Hacienda d'Asñapuquio, près de Lima, dont un échantillon m'a permis de constater jusqu'à 18 °/₀ de ce sel.

Quant au Nitre ou azotate de potasse, on le trouve, comme la Sylvine, dans toute la région de la Costa, et même sur beaucoup de points de l'intérieur, principalement là où il existe des ruines de villes ou de villages, ou de quelque lieu de sépulture des anciens habitants du Pérou.

On peut dire que, dans la région de la Costa, on trouve du Nitre dans tous ces anciens monticules artificiels, construits durant la domination des Incas, ou même à une époque antérieure, et que l'on connaît sous le nom de *Huacas* : ce sont les cimetières où étaient déposés les restes des sujets des glorieux Fils du Soleil.

La terre de presque tous ces monticules, ou Huacas, renferme une forte proportion de sels solubles qui dépasse ordinairement 6 à 7 %, et dont il est assez difficile d'expliquer l'origine, si l'on n'admet pas que toute la côte du Pérou ait été couverte par la mer et que son soulèvement soit relativement récent.

Mais ce qu'il y a d'étonnant, c'est de voir que ces terres contiennent une notable proportion de sel de potasse, principalement de chlorure et de nitrate, qui, souvent, ne se trouvent pas dans les terrains voisins, si ce n'est en très-faible quantité. On s'explique facilement la présence de l'acide nitrique par les restes des matières organiques d'origine animale, quand on sait que ces Huacas ne sont, ainsi que je viens de le dire, que des sépulcres anciens ; mais, ce qu'il est plus difficile d'expliquer, c'est l'existence d'une quantité notable de potasse, sel qui semble s'être concentré dans ces petits monticules.

Les Huacas offrent toutes les conditions que doit présenter une nitrière artificielle. En outre de contenir les éléments nécessaires à la production du salpêtre (matière organique et potasse), elles se trouvent dans des conditions particulièrement favorables à la nitrification par leur exposition à l'air libre, et l'état de division de la terre qui forme leur masse ; par la paille et les matières végétales mêlées à la boue qui a servi à les construire, enfin, par l'humidité continuelle de l'atmosphère, humidité due au voisinage de la mer, et par celle que les fines pluies ou condensations de brouillards communiquent au sol pendant la saison d'hiver.

Aussi, sur un grand nombre de points de la côte du Pérou, on voit des usines destinées à l'extraction du salpêtre, ou des ruines d'anciennes usines qui avaient été construites dès les premières années de la colonisation espagnole.

Il existe une autre source de sel de potasse dans les terrains salpêtreux de la province de Tarapacá. Ayant étudié un grand nombre d'échantillons de Caliche ou nitrate de soude naturel, j'eus l'occasion d'observer que la plupart d'entre eux contenaient une notable proportion de potasse, à l'état de chlorure de potassium, et, en outre, que la quantité de ce sel variait avec la localité d'où provenait le salpêtre. Il résulte de l'étude faite sur un grand nombre d'échantillons que les Caliches du district salpêtrier appelé Laguna sont ceux qui contiennent la plus grande proportion de chlorure de potassium. Il y a des échantillons, même, dans lesquels la proportion de ce chlorure domine celle de tous les autres sels, et, par conséquent, un tel Caliche (dont l'échantillon qui porte le n° 540 est un exemple), peut être considéré comme un minéral de potasse mêlé avec d'autres sels.

C'est dans la province de Tarapacá, si remarquable à cause de son climat spécial, et, parmi les nombreux échantillons de Caliche que j'y recueillis, que je découvris un nouveau minéral de potasse.

Depuis longtemps on a remarqué, dans le pays, une variété de Caliche jaunâtre que l'on désigne sous le nom d'*Azufrado*, qui rappelle celui du soufre, et que l'on considère comme plus riche en iode que les autres, croyance qui, entre parenthèse, n'est pas toujours exacte. Cette coloration jaune, que certains attribuent au soufre, d'autres à l'iode et quelques-uns, avec plus de raison, à une combinaison de chrome, est due en réalité, à une très-petite quantité de chromate de potasse disséminé dans la masse du nitrate de soude.

Mais, jusqu'à ces derniers temps, on n'avait pas trouvé le chromate de potasse dans un état plus pur, c'est-à-dire formant un véritable minéral, et ce n'est que depuis quelques années, dans une collection d'échantillons de Caliche, ou nitrate de soude brut, que MM. Fréraut m'envoyèrent de la province de Tarapacá, que je pus découvrir ce rare sel de potasse, sous la forme de petits fragments, d'un jaune très-vif, qui ressemble à celui du jaune de l'œuf, et situés au milieu d'un Caliche gris, ainsi qu'on peut le voir par l'échantillon qui, dans la collection, porte le numéro 541.

J'ai donné le nom de *Tarapacaïte* à ce nouveau minéral de

potasse, car la province de Tarapacá est l'unique endroit où, jusqu'à ce jour, on l'ait rencontré.

Voici les noms des échantillons de minéraux de potasse qui figurent dans la collection.

Nº 536. — Sylvine (chlorure de potassium), disséminée dans une terre salpêtreuse.

Hacienda d'Asñapuquio. — Près de Lima.

Il est assez difficile de distinguer la Sylvine à l'œil nu, car elle est disséminée dans la terre; mais, avec une lentille on peut découvrir beaucoup de grains d'aspect salin dont quelques-uns affectent une forme cubique et sont constitués par un mélange de ce minéral avec du chlorure de sodium.

L'analyse de cette terre a donné les résultats suivants :

Sylvine, ou chlorure de potassium	18,693
Chlorure de sodium	6,900
Chlorure de magnésium	0,333
Sulfate de chaux	0,930
Sulfate de magnésie	0,223
Nitrate de potasse	4,556
Eau et matières organiques.	0,933
Matières terreuses insolubles	67,432
	100,000

Les matières insolubles dans l'eau contiennent une certaine quantité de phosphate d'alumine et de fer qui s'élève à 0,186.

Nº 557. — Sylvine (chlorure de potassium), extrait de la terre de l'échantillon précédent.

Hacienda d'Asñapuquio. — Près de Lima.

Nº 538. — Terre salpêtreuse, contenant du nitrate de potasse.

Environs du village de Chilca. — Province de Cañete.

Cet échantillon représente la terre que l'on traite en vue de l'extraction du Nitre, ou azotate de potasse, dans les environs de Chilca. Elle semble provenir d'un ancien cimetière des Indiens.

Cette terre est très-hygrométrique, à cause de la grande

quantité de sel commun, ou chlorure de sodium, qu'elle contient. Elle a donné à l'analyse la composition suivante :

Azotate de potasse.	2,63
Chlorure de potassium	4,11
Chlorure de sodium.	16,40
Chlorure de magnésium.	0,63
Sulfate de soude.	2,37
Sulfate de chaux	1,75
Matières insolubles et eau.	72,11
	100,00

N° 539. — Nitre (azotate de potasse), extrait de la terre de l'échantillon précédent.

Environs de Chilca. — Province de Cañete.

Ainsi que je l'ai dit déjà, l'azotate de potasse se trouve disséminé dans le sol sur tous les points de la côte où se trouvent des ruines de villages indiens ou bien des Huacas, ou lieu de sépulture des anciens habitants du Pérou. C'est principalement dans la vallée de Cañete ; dans les environs de Chilca, de Bellavista, d'Asñapuquio, près de Lima ; à Pativilca et à Santa, que l'on trouve ce sel. Il existe également à Santa Elena, dans la vallée de Virú, à Lurifico, près du village du Guadelupe et dans la vallée de Pacasmayo. Dans cette dernière localité on trouve beaucoup de monticules artificiels ou Huacas, construits par les anciens Péruviens. Parmi ces nombreux lieux de sépulture je citerai les plus remarquables, qui sont les Huacas Moro, Carmen, San José, Rosario, Chino, Mariana et Estacas.

J'ai fait l'analyse chimique des terres de toutes ces huacas et je réunis dans le tableau suivant les résultats que j'ai obtenus.

SUBSTANCES CHERCHÉES	ANALYSE DE LA TERRE DES HUACAS						
	Moro.	Carmen.	San José	Rosario.	Chino.	Mariana.	Estacas
Nitrate de potasse	2,065	3,326	2,592	2,285	1,610	2,301	0,997
Chlorure de potassium...	1,261	0,037	1,419	1,400	2,904	2,912	0,718
— de sodium.	3,120	2,080	2,740	1,794	2,274	3,040	1,580
— de magnésium .	0,090	0,186	0,186	0,318	0,229	0,340	0,067
— de calcium.	0,208	0,371	0,385	. . . . .	. . . . .	0,438	0,366
Sulfate de soude.	. . . . .	. . . . .	. . . . .	0,105	0,105	. . . . .	. . . . .
— de chaux.	0,156	0,360	0,178	3,378	0,378	0,249	0,232
Eau hygrométrique.	5,000	4,650	4,650	4,250	4,050	4,000	4,850
Matières insolubles.	88,100	88,990	87,850	89,470	88,450	86,720	91,190

Une analyse complète, même des substances insolubles, de la terre de la Huaca Moro m'a donné les résultats suivants :

Eau hygrométrique	5,000
Eau combinée	1,400
Azotate de potasse	2,065
Chlorure de potassium	1,261
— de sodium	3,120
— de magnésium	0,090
— de calcium	0,208
Sulfate de chaux	4,186
Carbonate de chaux	0,220
Silice	55,600
Alumine	15,410
Oxyde de fer	6,860
Chaux (combinée avec la silice et l'alumine)	2,900
Magnésie (combinée avec la silice et l'alumine)	0,600
Oxyde de manganèse	0,060
Acide phosphorique	0,020
	100,000

N° 540. — **Mélange** de chlorure de potassium, avec du chlorure de sodium, de l'azotate et du sulfate de soude et du sulfate de magnésie.

Salpêtrière de Laguna. — Province de Tarapacá.

Cet échantillon est formé par l'une des nombreuses variétés des substances salines appelées Caliche, dans lesquelles le nitrate de soude existe à l'état naturel; mais il diffère notablement des autres variétés en ce qu'il contient une forte proportion de chlorure de potassium, qui, dans ce cas, est le sel dominant, le nitrate de soude ne figurant que dans une proportion relativement faible.

C'est à cause de sa composition que j'ai considéré ce sel comme un minéral de potasse. Voici les résultats qu'a donnés son analyse :

Chlorure de potassium	34,00
Chlorure de sodium	25,70
Nitrate de soude	18,00
Sulfate de soude	4,50
Sulfate de magnésie	8,60
Eau	4,70
Matières terreuses	4.50
Iodate de soude	traces.
	100,00

En examinant les résultats de cette analyse, quelques chi·mistes pourraient croire qu'il serait plus rationnel de calculer la potasse à l'état de nitrate, et la soude à l'état de chlorure de sodium ; mais j'ai été conduit par plusieurs considérations à regarder l'acide nitrique comme uni à la soude et le chlore au potassium. La première, c'est que cet échantillon n'est qu'une variété de Caliche, ou nitrate de soude brut, dans laquelle, en outre du nitrate de soude, il existe un sel de potasse. La seconde raison qui m'a fait agir ainsi, c'est que la structure de ce sel est granulaire, et que, en l'examinant, même avec une loupe, on ne découvre aucune trace, ni aucun grain, qui puisse faire reconnaître la forme prismatique propre au nitrate de potasse. Enfin, j'ai observé que quand on laisse un fragment de ce sel dans une atmosphère très-humide, ou suspendu dans une petite quantité d'eau, le nitrate de soude et le chlorure de sodium se dissolvent de préférence et il reste un résidu qui est presque entièrement formé de chlorure de potassium et de sulfate de magnésie.

N° 541. — Tarapacaïte (chromate de potasse), avec **Nitratine** (nitrate de soude), mêlée avec de la terre ferrugineuse.

Salpêtrière de la province de Tarapacá.

Parmi les nombreuses variétés de Caliche, ou nitrate de soude brut, il en est une qui est connue dans le pays sous le nom d'*Azufrado*, à cause de sa couleur jaune qui rappelle celle du soufre : il y a même des personnes qui croient que cette couleur est due à un mélange du Caliche avec le soufre.

Quoique j'aie trouvé un rare échantillon de Caliche qui réellement contenait un peu de soufre natif, je dois dire, néanmoins, que ce n'est jamais le soufre qui produit la couleur jaune du *Caliche azufrado*. Il est d'ailleurs très-facile de reconnaître le soufre par la propriété qu'il présente de s'enflammer quand on l'approche de la flamme d'une bougie et de brûler ensuite avec une flamme bleue en dégageant du gaz sulfureux dont l'odeur est caractéristique.

D'autres attribuent à l'iode la couleur jaune du Caliche

azufrado ; mais, bien que, généralement, cette variété de Caliche contienne réellement de l'iode, sa couleur n'en doit pas davantage être attribuée à la présence de cette substance, attendu qu'il existe des Caliches qui contiennent une notable quantité d'iode et qui n'offrent pas de couleur jaune. En outre, dans tous les Caliches, l'iode se trouve à l'état d'acide iodique, combiné à la soude sous forme d'iodate de soude, sel incolore qui, par conséquent, ne peut produire la couleur jaune propre du Caliche azufrado.

Bien que le Caliche azufrado soit connu depuis plus de vingt-cinq ans et qu'on ait constaté la présence du chrome dans ce sel, on n'avait pas encore trouvé cette combinaison du chrome à l'état isolé, mais bien disséminé en très-petite quantité dans la masse du nitrate de soude. Ce ne fut qu'en août de l'année 1870, que je reçus de MM. Fréraut plusieurs échantillons de Caliche, ou nitrate de soude brut, de la province de Tarapacá, parmi lesquels un, de couleur gris obscur, contenait de très-petits fragments d'une matière d'un beau jaune, beaucoup plus vif et plus foncé que le jaune du Caliche appelé Azufrado, matière que je n'avais pas encore vue, et que immédiatement, à cause de sa couleur, je supposai être un chromate de soude ou de potasse.

En effet, à la suite d'une minutieuse étude faite sur une petite quantité de cette matière, je pus reconnaître, de la manière la moins douteuse, qu'elle était formée par du chromate de potasse naturel et constituait, par conséquent, une nouvelle espèce minérale à laquelle je donnai le nom de *Tarapacaïte*, qui rappelle celui de la province où on la trouve.

La Tarapacaïte, néanmoins, ne se présente pas, dans la nature, à un état de très-grande pureté, mais bien sous forme de petits fragments réunis au milieu de la masse du nitrate de soude. Elle est nécessairement accompagnée d'une petite quantité des sels qui entrent dans la composition du Caliche, ou nitrate de soude naturel, et, principalement, de chlorure de sodium, de nitrate de soude et de sulfate de soude ou de potasse.

Le mélange de tous ces sels fait qu'il est quelque peu difficile de reconnaître la véritable nature du nouveau minéral : la présence du chlore ou chlorure de sodium et celle de l'acide sulfurique, des sulfates de soude ou de potasse, faisant varier constamment les réactions. Ainsi, quand on veut dissoudre la Tarapacaïte dans une faible quantité d'eau, elle semble être très-peu soluble, car la petite quantité d'eau que l'on emploie dissout de préférence le nitrate de soude et le chlorure de sodium et, après s'être saturée de ces deux sels, elle ne dissout que très-peu de la matière jaune. Cette réaction permet, quelquefois, d'isoler, bien que ce ne soit pas à l'état de pureté, un peu de Tarapacaïte des Caliches dits Azufrados. En effet, si l'on traite ces variétés de Caliches par une petite quantité d'eau, on voit se séparer une poudre jaunâtre qui paraît presque insoluble; mais, si l'on décante le liquide et qu'on reprenne le résidu par une nouvelle quantité d'eau, on remarque que la poudre jaune se dissout avec beaucoup plus de facilité.

La Tarapacaïte même, dans un état plus pur, comme celui qu'elle offre dans l'échantillon qui porte le numéro 541, traitée par très-peu d'eau, donne une solution qui, essayée avec le nitrate d'argent, ne donne pas un précipité de couleur rouge foncé, ainsi que le fait le chromate de potasse, mais bien un précipité d'un clair rouge brique, presque analogue à celui que produit un arséniate soluble, quand on le soumet à l'action du même réactif, et cela, à cause du mélange de chlorure d'argent dû au chlorure de sodium avec lequel la Tarapacaïte se trouve mélangée.

En éliminant le liquide et en dissolvant la poudre jaune dans une autre petite quantité d'eau, assez limitée pour ne pas la dissoudre entièrement, on obtient une seconde solution dans laquelle le nitrate d'argent détermine un précipité, formé en grande partie de chromate d'argent, est presque complétement insoluble.

Si on sépare cette seconde eau et que l'on traite le résidu par une troisième quantité de ce liquide, on remarque que la poudre jaune de Tarapacaïte se dissout avec beaucoup de facilité et produit une solution d'un jaune plus intense qui, traitée par le nitrate de potasse, donne un précipité de chromate d'argent de couleur rouge foncé, et, par l'acétate de plomb un précipité jaune comme celui que donne le chromate de potasse artificiel.

Si l'on traite par l'acide sulfurique une solution de Tarapa-caïte, on la voit prendre une couleur rouge orangé comme celle du bichromate de potasse. Quand on la fait bouillir, après l'avoir préalablement additionnée d'alcool, elle change de couleur et passe du jaune au vert, par suite de la transformation de l'acide chromique en oxyde de chrome, déterminant en même temps la formation de sulfate de chrome, dont on peut précipiter l'oxyde à l'aide de l'ammoniaque.

Quand j'eus terminé cette étude, il me restait à savoir si l'acide chromique se trouvait, dans ce minéral, combiné avec la soude ou avec la potasse. Cette question fut résolue, en grande partie, par le spectromètre, car, quand j'examinai une particule de ce minéral à l'aide de ce précieux instrument, je notai clairement la raie rouge de la potasse, indépendamment de la raie jaune de la soude, due au chlorure de sodium et au nitrate de soude.

Pour plus de certitude, je lavai, ainsi que je l'ai dit plus haut, la Tarapacaïte, par trois fois, dans de petites quantités d'eau, puis dans de l'alcool faible, afin d'enlever les sels de soude le plus complétement possible. Le résidu, soumis ensuite à l'examen spectrométrique, présentait la raie rouge de la potasse beaucoup plus brillante, ce qui prouvait que la Tara-pacaïte est un chromate de potasse et non un chromate de soude.

En soumettant la Tarapacaïte à l'examen spectrométrique, je pus, en outre des raies de la soude et de la potasse, obser-ver quatre bandes vertes continues, qui, comme on sait, carac-térisent l'acide borique, et il s'agissait dès lors de savoir si le bore se trouvait d'une manière accidentelle dans la Tarapa-caïte, ou s'il figurait comme partie intégrante dans la com-position de cette nouvelle espèce minérale.

Ne possédant pas d'autres échantillons de Tarapacaïte que celui que j'avais étudié, et désirant néanmoins résoudre cette question, je pris quelques échantillons des Caliches dits Azu-frados parmi ceux dont la couleur jaune était le plus foncée et je les soumis à l'examen spectrométrique, tant à l'état normal qu'après avoir isolé, le mieux possible, la matière jaune, de la manière que j'ai indiquée plus haut. Je reconnus alors que, bien que tous accusassent la raie rouge de la potasse, quelques-uns, seulement, présentaient des traces d'acide borique, tandis que les autres ne révélaient, en aucune manière, la présence de cette substance. Je conclus de là que l'acide borique ne faisait pas partie intégrante de la Tarapacaïte, attendu que cette espèce minérale se trouve dans beaucoup d'échantillons de salpêtre entièrement dépourvus d'acide borique.

La présence de l'acide borique dans la Tarapacaïte n'a rien d'étonnant, puisque, dans les lieux même où l'on trouve le nitrate de soude, on rencontre fréquemment aussi l'Ulexite ou borate de chaux et de soude, et, même, il n'est pas rare de trouver ce dernier minéral mêlé avec le salpêtre.

MINÉRAUX DE SOUDE.

Les minéraux de soude sont excessivement abondants au Pérou, car cet alcali s'y trouve en quantité notable, même dans le Feldspath de potasse, ou Orthose (silicate d'alumine et de potasse), qui figure comme partie constituante de beaucoup de roches et qui, dans d'autres pays, ne contient que fort rarement de la soude.

Mais, en faisant même abstraction des silicates, je puis dire que peu de pays, dans le monde entier, et même aucun peut-être, ne peuvent rivaliser avec le Pérou pour l'abondance des sels de soude. En effet, à part les nombreuses salines situées sur différents points de la côte, ainsi que les considérables dépôts de sel gemme qui se trouvent distribués dans l'intérieur des terres; et, sans compter l'immense quantité de sel de soude qui imprègnent tous les terrains de la Costa, il suffit de l'incalculable quantité de Nitratine, ou nitrate de soude naturel, qui est connue, dans le pays, sous le nom vulgaire de *Caliche* pour montrer que le Pérou est l'un des pays les plus abondamment pourvus de sels de soude.

Quant au sel gemme, ou chlorure de sodium, appelé vulgairement *Sal comun* ou *Sal de cocina*, et, en langue quechua, *Cachi*, il est si abondant, au Pérou, qu'on peut dire qu'il n'y a aucune région de la République, soit dans la *Costa*, soit dans la *Montaña*, soit dans la *Sierra*, où il n'existe pas quelques dépôts de cette utile substance.

Au Pérou, et principalement dans la province de Tarapacá, on trouve trois combinaisons de la soude avec l'acide sulfurique : la Thénardite (sulfate de soude anhydre), que l'on connaît, à Pica et à Matilla, sous le nom vulgaire de *Sal de San Sebastian;* la Mirabilite (sulfate de soude hydraté), qui est très-abondante, attendu qu'elle forme sur quelques points de la province de Tarapacá des couches de 30 à 40 centimètres d'épaisseur sur une étendue de plus d'un kilomètre; enfin, la Glaubérite (sulfate de soude et de chaux), qui accompagne quelquefois l'Ulexite ou Boronatrocalcite.

Sur plusieurs points de la Costa, et principalement à Chilca et dans les environs de Pacasmayo, on trouve l'Urao, ou carbonate de soude naturel, qui est employé dans le pays pour la fabrication du savon.

Mais le sel de soude le plus important est, sans contredit, la Nitratine, qui, sous le nom vulgaire de Caliche, se trouve en bancs solides qui atteignent quelquefois plus d'un mètre d'épaisseur et que l'on exploite pour en extraire le nitrate de soude du commerce. Cette industrie a pris des proportions telles qu'elle permet d'exporter sur les marchés européens plus de 6 millions de quintaux de salpêtre annuellement. (Quintaux espagnols de 46 kilogrammes.)

On a écrit beaucoup sur l'origine de cette immense quantité de nitrate de soude et l'on a émis sur sa formation les hypothèses les plus variées et les plus étranges.

Plusieurs savants, prenant pour point de départ le mode selon lequel se forme le nitrate de potasse, ont voulu expliquer la formation du nitrate de soude en faisant provenir l'acide nitrique d'un grand dépôt de matières organiques. Quelques chimistes, et, parmi eux, le Dr Woelker, en apprenant récemment qu'il existe des dépôts de guano dans la province de Tarapacá et ayant constaté dans ce produit la présence d'un peu d'acide nitrique formé par l'oxydation de l'ammoniaque, ont pensé que tout l'acide nitrique du nitrate de soude était dû à l'ammoniaque du guano : ils ignoraient sans doute que les dépôts de guano se trouvent près de la mer et les nitrates de soude à quelques lieues vers l'intérieur. Mais une raison qui n'est pas susceptible d'être mise en doute et montre qu'une telle hypothèse est erronée, c'est que si la formation du salpêtre ou nitrate de soude était liée à l'existence du guano, il serait très-naturel de trouver du phosphate de chaux avec le salpêtre, ou dans son voisinage, ou encore de l'acide phosphorique que le guano contient en forte proportion, substances que l'on n'a découvertes, jusqu'à présent, dans aucun dépôt de salpêtre.

D'autres pensent que l'immense quantité de sels qui accompagnent et, en même temps, constituent le salpêtre, est due à un phénomène naturel de décomposition des roches avoisinantes ; mais, comme ils ne peuvent pas expliquer l'origine du chlore du chlorure de sodium qui accompagne le salpêtre en si grande quantité, ils sont obligés de recourir aux émanations volcaniques et aux chlorures que contiennent certaines eaux minérales.

Enfin, il en est qui attribuent l'origine des sels qui accompagnent et forment le salpêtre presque exclusivement à l'action de vapeurs, de pluies et de sources d'origine volcanique qui ont agi, à diverses époques, sur les roches calcaires et porphyriques, de sorte que leurs acides se sont combinés avec la chaux et les alcalis de ces roches. Ils expliquent selon leur fantaisie un grand nombre de réactions qu'ils croient s'être effectuées, et, pour cela, non seulement ils admettent, que tout le chlore et l'iode sont d'origine volcanique, mais encore ils arrivent à créer, pour les besoins de la cause, diverses époques qu'ils désignent par les qualificatifs de sulfurique, chlorhydrique, borique, azotique et iodique.

Je serais entraîné trop loin, si je voulais réfuter ici les hypothèses que je viens de citer sur l'origine du salpêtre : je traiterai cette question, plus tard, dans le cours du travail intitulé « EL PERU », que je publie actuellement. Qu'il me suffise, pour le moment, de dire qu'il y a déjà vingt-deux ans, c'est-à-dire en

1855, dans les leçons publiques que je faisais à Lima, à la *Sociedad Filotécnica*, j'ai exposé que le salpêtre, ou nitrate de soude, de la province de Tarapacá s'était formé sous l'influence des phénomènes volcaniques, dont on retrouvait beaucoup de traces dans ladite province, où il existe de véritables cônes volcaniques ainsi que des dépôts de trachytes et de laves. J'indiquai également que les matériaux qui avaient servi à la production du salpêtre et des sels qui l'accompagnent sont d'origine marine, car on a trouvé dans les terrains salpêtriers quelques rares coquilles de mer.

Quant à la premiére partie de mon hypothèse, c'est-à-dire à l'influence de l'action volcanique dans la formation du salpêtre, elle se trouve confirmée, tant par la présence, dans les terrains salpêtriers, du borate de chaux, dont l'acide borique est un corps de nature éminemment volcanique, que par la récente découverte du salpêtre, ou nitrate de soude, sur la montagne du Toro, ainsi que par celle du borate de chaux dans la lagune voisine de Maricunga, dans la cordillère du Chili, au milieu d'une formation entièrement volcanique ; car, selon les paroles de l'ingénieur D. Enrique Fonseca qui visita cette région, « toutes les roches que l'on y trouve sont des trachytes, de la ponce ou de la lave et très-peu de cendres. »

Quant à la seconde partie de mon hypothèse, c'est-à-dire à ce que tous les matériaux qui ont servi à la formation du salpêtre, moins l'acide azotique, aient une origine marine, je dirai que, en outre des coquilles rencontrées dans les terrains salpêtriers et qui ne laissent aucun doute sur leur origine, on trouve, dans beaucoup de variétés de Caliche, ou nitrate de soude brut, tous les éléments de l'eau de mer, y compris l'iode et le brome. Pour détruire la croyance erronée que le chlore, le brome et l'iode qui accompagnent le salpêtre sont venus d'en bas, c'est-à-dire qu'ils ne sont pas dus à des émanations volcaniques, croyance que partagent certaines personnes, je ferai remarquer que ces éléments accompagnent l'argent dans les mines voisines de Huantajaya, sous la forme de chlorure, iodure et bromure d'argent. Ces minéraux sont relativement superficiels, car, à une certaine profondeur, ils disparaissent et sont remplacés par des sulfures. J'ai dit, en outre, autre part, que ces minéraux d'argent sont dus aux réactions qui ont eu lieu entre la matière métallique et les éléments de l'eau de mer qui couvrait le sol, à l'époque du soulèvement des veines métalliques.

Tous les terrains de la côte du Pérou, et même ceux des environs de Huantajaya, sont imprégnés de sels marins, et, leur soulèvement est si récent qu'il n'y a certes pas besoin, pour expliquer la présence du chlorure de sodium, et autres sels, de recourir à des sources et à des vapeurs volcaniques. Il en est de même pour la grande quantité de sels qui accompagnent le salpêtre de Tarapacá.

D'autre part, il est facile de prouver, par les couches de coquilles marines intercalées dans les couches du guano de Pabellon de Pica, jusqu'à une hauteur au-dessus du niveau de la mer, que le terrain de la province de Tarapacá a été soumis, à différentes époques, à des affaissements et à des soulèvements donc l'alternance a pu isoler de grandes quantités d'eau de mer qui, par son évaporation, a abandonné tous les sels qu'elle tenait en dissolution.

Déjà, dans le cours de ce travail, en traitant des minéraux métalliques oxydés, appelés Pacos, j'ai dit qu'au Pérou, durant la période volcanique, un grand phénomène d'oxydation a eu lieu. C'est précisément durant cette période que semble s'être effectuée, dans la province de Tarapacá, la sortie de vapeurs d'acide borique et de gaz oxydants qui ont donné lieu à la formation de l'acide nitrique, soit par combinaison de l'azote avec l'oxygène sous l'influence de l'électricité, soit par l'oxydation de l'ammoniaque qui accompagnait les vapeurs d'acide borique. Ces phénomènes semblent s'effectuer, sur une bien plus petite échelle, même actuellement dans de petits volcans d'eau, appelés *Puchultisa*, dans la Cordillère de la province de Tarapacá et dans les terrains volcaniques situés vers la source de la rivière Loa, dont l'eau contient un peu d'acide borique, d'ammoniaque et d'acide nitrique.

La Nitratine, ou nitrate de soude naturel, affecte diverses couleurs : on en trouve des variétés blanches, jaunes, jaune citron, grises, gris sombre et violettes.

La couleur grise est due à un mélange d'argile ferrugineuse.

La nitratine de couleur jaune citron est, ainsi que je l'ai déjà dit, connue sous le nom vulgaire de *Caliche azufrado* et doit sa teinte à une petite quantité de chromate de potasse qui se trouve disséminé dans sa masse. Généralement ce salpêtre contient une notable quantité d'iode; mais on ne peut pas dire, comme une règle certaine, que tout Caliche jaune est riche en iode : j'ai eu occasion, en effet, d'examiner beaucoup de salpêtres blancs plus riches en iode que d'autres de couleur jaune.

L'iode, dans le nitrate de soude, ne se trouve jamais à l'état d'iodure alcalin, comme on le voit figurer dans les résultats de l'analyse faite par M. Hayes, résultats qui ont été reproduits dans beaucoup d'ouvrages, entre autres dans le *Traité de chimie générale et analytique*, de MM. Pelouze et Frémy. Dans la Nitratine brute, l'iode se trouve toujours à l'état d'iodate. Dans le salpêtre déjà purifié ou dans les eaux mères de sa purification, on trouve, quelquefois, des traces d'iode à l'état d'iodure, dû à la réduction de l'acide iodique par le fer dont sont faits les récipients qui servent à la préparation du nitrate de soude du commerce.

Parmi les variétés de Caliche, il en existe une d'une belle couleur violette : il est assez difficile, pour le moment, de dire, d'une manière certaine, quelle est la substance qui lui communique cette nuance.

On a émis des opinions très-diverses sur la nature de cette substance colorante. Ceux qui, à tort, croient que l'acide azotique du salpêtre a été formé aux dépens de quelques dépôts de guano, ont cru, naturellement que la matière qui colore de violet cette variété de Caliche n'était autre que la murexide, qui se serait formée par l'oxydation de l'acide urique contenu dans le guano. D'autres ont attribué cette teinte violette au permanganate de soude. Enfin, M. Antony Guyard, dans un Mémoire sur la formation des salpêtres au Pérou (1), assure, avec un aplomb véritablement étonnant, que cette coloration est due au nitrate de manganèse, absolument comme

---

(1) Note sur la théorie de la formation du Nitre au Pérou, par Antony Guyard (Hugo Tamm).— *Moniteur scientifique*, 3ᵉ série, tome IV, 1874. — *Bulletin de la Société chimique de Paris*, tome XXII, 1874.

si ce sel, qui est presque incolore, pouvait, en très-petite quantité, communiquer une couleur violette assez foncée, à une grande quantité de Nitratine.

Mais ce qui surprend réellement, c'est que ce soit M. Guyard qui émette cette assertion, lui qui, dans le même mémoire, en parlant de la formation du salpêtre, dit ce qui suit :

« Mais un agent d'oxydation énergique existe dans ces » lieux. Tous les corps s'y trouvent au maximum d'oxydation : » l'azote, à l'état d'acide azotique ; l'iode, à l'état d'acide iodi- » que, et, quelquefois, ainsi que je l'ai découvert, à l'état d'acide » périodique. » Comment est-il donc possible, étant donnée la citation que je fais, que l'oxyde de manganèse puisse se trou- ver dans le salpêtre à l'état de nitrate de manganèse? Il est évident, en admettant l'existence du manganèse dans le sal- pêtre, qu'il serait plus rationnel de penser qu'il s'y trouve à l'état de permanganate qu'à celui de nitrate de manganèse ; ce qui, jusqu'à un certain point, serait plus en harmonie au point de vue de la coloration, étant donnée la grande propriété colo- rante du permanganate de potasse.

Je puis néanmoins dire à M. Guyard, en m'appuyant sur des analyses faites avec une minutieuse attention, non pas sur quelques grammes seulement, mais sur 100 grammes de ma- tière, que la coloration en violet de la Nitratine n'est pas due au manganèse, soit à l'état de nitrate ou à celui de permanganate, non plus qu'au chrome ni au vanadium, comme je l'avais sup- posé moi-même. J'ajouterai que si je devais attribuer cette coloration à quelque substance minérale, ce serait plutôt au cuivre, métal dont j'ai retrouvé des traces dans tous les échan- tillons que j'ai essayés. Mais, malgré que je ne sois pas par- tisan de la théorie qui veut que le salpêtre doive son acide nitrique à la matière azotée du guano, je suis assez disposé à croire que la substance inconnue qui colore en violet certains échantillons de Nitratine est d'origine organique et non d'origine minérale. S'il est vrai, en effet, que cette substance ne se décompose pas quand on porte la Nitratine violette à une température modérée, il n'en est pas moins certain qu'elle se décolore quand on fond ce sel.

La Nitratine, ou nitrate de soude naturel, présente une composition qui varie considérablement d'un point à un autre, et quelquefois même sur des points très-rapprochés : ici on trouve un Caliche très-riche en sel de potasse et, quelques pas plus loin, on en rencontre une autre variété entièrement privée de cet alcali. La même chose arrive pour le sulfate de magnésie et pour l'iode.

Tout porte à croire qu'après la formation du nitrate de soude, quelques-uns des sels qui figuraient dans sa composition s'en sont séparés soit sous l'influence de l'humidité atmosphérique qui peut avoir dissous ceux qui étaient le plus déliquescents, soit sous l'action directe de l'eau de pluie ou de quelque inondation. Quoique fort rares, en effet, les inondations ne sont pas complétement inconnues dans la province de Tarapacá : en 1819, une vaste étendue de la plaine du Tamarugal fut complétement inondée.

Les principaux types des sels de soude du Pérou sont les suivants :

N° 542. — Sel gemme ou **sel commun** (chlorure de sodium) cristallisé en un grand cube.

Salpêtrières de la province de Tarapacá.

N° 543. — Sel gemme (chlorure de sodium) pur.

Rive droite de la rivière d'Uramarca. — Département d'Amazonas.

N° 544. — Sel gemme (chlorure de sodium).

Cerro de la Sal. — Montagne de Chanchamayo.

N° 545. — Sel gemme (chlorure de sodium) de structure fibreuse et chimiquement pur.

Environs de Moquegua.

N° 546. — Sel gemme (chlorure de sodium) avec de l'argile bleuâtre.

Rive gauche de la rivière d'Uramarca. — Département d'Amazonas.

N° 547. — **Sel gemme** ou **sel commun** (chlorure de sodium), de qualité supérieure, appelé à Huacho : *Sal de corazon.*

Salines de Huacho. — Province de Chancay.

N° 548. — **Sel gemme** ou **sel commun** (chlorure de sodium) mêlé avec du sulfate de soude et de chaux.

District de Caraveli. — Province de Camaná.

Ainsi que je l'ai dit déjà, le sel commun, ou chlorure de sodium, est très-abondant au Pérou, puisqu'on l'y trouve de toute part. Si l'on considère la région de la Costa , on peut dire qu'il existe des salines du nord au sud de la côte péruvienne. Si l'on passe à l'intérieur, on voit que tous les départements possèdent quelque saline ou quelque mine de sel gemme. Ainsi, dans le département de Puno, on trouve du sel tant à l'endroit appelé Salinas qu'à Tiquillaca, situé à 20 kilomètres du chef-lieu du département. La ville d'Arequipa se pourvoit de sel aux salines de Chihuata, situées dans le voisinage ; celle de Cuzco possède du sel sur le chemin d'Urubamba, à peu de distance de la ville ; Ayacucho possède une mine de sel à Cachi ; le département de l'Apurimac a des mines de sel sur un autre point qui s'appelle également Cachi ; Huancavelica tire son sel de la mine de sel gemme d'Acobambilla ; le département de Junin possède une importante mine de sel à San Blas, près du village d'Andores, ainsi que dans le Cerro de la Sal, dans les montagnes de Chanchamayo ; le département des Amazones trouve du sel sur plusieurs points de son territoire, entre autres près de la rivière Urumarca; enfin le département de Loreto possède d'abondantes salines sur un grand nombre de points des rives du fleuve Huállaga, principalement près de Tocache et à Pilluana.

N° 549. — **Thénardite** (sulfate de soude anhydre) connue sous le nom vulgaire de *Sal de San Sebastian.*

District de Pica. — Province de Tarapacá.

N° 550. — **Thénardite** (sulfate de soude anhydre) pulvérulente.

Montagne entre Socabaya et le Jaguey. — Province d'Arequipa.

Cet étrange minéral me fut envoyé d'Arequipa comme un échantillon de ciment romain naturel. Cette croyance erronée est due à la particularité qu'il présente de durcir sous l'eau quand on le mélange avec une petite quantité de ce liquide.

Quand on jette une certaine quantité d'eau sur cette poudre, on remarque, en effet, qu'après quelques minutes, toute la poudre s'est réunie en une masse cristalline qui offre une certaine résistance à la pression des doigts. Mais cette propriété n'indique nullement que ce soit un ciment romain : elle est simplement due à l'hydratation de la Thénardite (sulfate de soude anhydre) qui se transforme en Mirabilite (sulfate de soude hydraté), laquelle cristallise sous l'eau quand il n'y a pas une quantité trop grande de ce liquide.

Pour comprendre ce phénomène, il faut remarquer que la Mirabilite, ou sulfate de soude commun du commerce, contient, à l'état cristallin, 55 % d'eau, et, qu'au contraire, la Thénardite ne contient pas d'eau. Il est facile, alors, de prévoir que quand on jette de l'eau sur de la Thénardite, cette substance se combine avec une grande quantité du liquide et passe à l'état de Mirabilite cristallisée, qui réunit toutes les matières terreuses que contenait la Thénardite et constitue une masse solide quelque peu résistante.

Il se passe, dans ce cas, un phénomène à peu près analogue à celui qui a lieu quand on gâche du plâtre. Pour fabriquer le plâtre, on enlève l'eau du Gypse par la calcination : quand on restitue au plâtre, ou Gypse calciné, l'eau dont on l'a privé, il s'hydrate et se solidifie en absorbant le liquide qu'il a perdu.

Cette variété de Thénardite se présente sous la forme d'une poudre blanche mêlée avec quelques petites pierres. Elle contient, en outre, un peu de sulfate de magnésie et de chaux, et une quantité presque insignifiante de chlorure de sodium.

Voici sa composition :

Thénardite ou sulfate de soude anhydre.	33,32
Sulfate de magnésie.	1,83
Sulfate de chaux.	2,09
Chlorure de sodium	0,24
Matières terreuses et petites pierres.	59,60
Eau	3,00
Acide phosphorique..	traces.
	100,08

Nᵒ **551.** — **Mirabilite** (sulfate de soude hydraté).

District de Pica. — Province de Tarapacá.

Ce sel se présente en grande abondance sur une vaste étendue de terrain, où il forme des couches de 30 à 40 centimètres d'épaisseur.

Il est blanc, d'aspect salin, et se couvre d'efflorescences au contact de l'air.

L'analyse de cet échantillon a donné :

Soude	20,46
Acide sulfurique.	27,19
Eau	51,88
Chaux	0,28
Magnésie	0,19
	100,00

Nᵒ **552.** — **Glaubérite** (sulfate de soude et de chaux) cristallisée en prismes rhomboïdaux et octaèdres allongés dérivés du prisme rhomboïdal.

District de Pica. — Province de Tarapacá.

La Glaubérite accompagne souvent l'Ulexite, ou Boronatrocalcite, des masses arrondies de laquelle elle forme le nucleus. On la trouve également en gros cristaux octaédriques dérivés du prisme rhomboïdal et colorés, quelquefois, d'une teinte rougeâtre due à un peu d'oxyde de fer.

Nᵒ **553.** — **Urao** ou **Trone** (carbonate de soude).

Environs du village de Chilca.— Province de Cañete.

Ce sel se trouve, en outre, sur beaucoup d'autres points de la côte où, quelquefois, il est mêlé avec le Natron. Les endroits principaux où on le rencontre sont la province de Tarapacá et les environs de Pacasmayo à Chiclayo. On en trouve également dans les terrains de la ravine où sont situés les bains de Yura, près d'Arequipa ; il provient des dépôts que laissent les eaux minérales qui contiennent de l'Urao en dissolution.

N° 554. — **Nitratine** (nitrate de soude) stalactitique.

Salpêtrières de Lagunas. — Province de Tarapacà.

Cette variété de Nitratine se présente sous forme de petites masses cylindriques qui rappellent les stalactites calcaires, et qui semblent s'être formées d'une manière analogue, c'est-à-dire par suite de l'évaporation, dans quelques cavités, d'eau chargée de Nitratine.

Sa composition est la suivante :

Nitrate de soude	68,323
Chlorure de sodium	24,456
Chlorure de potassium	0,150
Sulfate de magnésie	4,980
Iodate de soude	0,085
Eau	1,800
Matières terreuses	0,200
Chaux	traces.
	99,994

Cette variété de Nitratine est très-remarquable par son manque de chaux.

N° 555. — **Nitratine** (nitrate de soude) de couleur violette, connue sous le nom vulgaire de *Caliche morado.*

Salpêtrières de Lagunas. — Province de Tarapacá.

Cette belle variété de Nitratine, ou nitrate de soude brut, se présente en morceaux de structure granulaire, d'une couleur violette offrant diverses nuances. S'il est facile de reconnaître la présence de l'acide nitrique et de la soude qui constitue la Nitratine, il ne l'est pas autant d'indiquer la nature de la matière qui communique à cette variété de Caliche sa belle couleur violette.

Quelques personnes ont pensé que cette coloration était due à l'iode ; mais cette hypothèse est renversée par le fait qu'il existe des Caliches violets qui ne contiennent pas de traces d'iode, ce métalloïde se rencontrant de préférence dans la variété de Caliches jaunes appelés Azufrados.

D'autres, ainsi que je l'ai dit déjà, croient que la coloration violette de cette variété de Caliche est due au permanganate de soude et de potasse et M. Guyard (Hugo Tamm) prétend qu'elle est due au nitrate de manganèse ; mais, ayant fait plusieurs analyses de ce Caliche violet et une, entre autres, de la manière la plus minutieuse, sur la forte quantité de 100 grammes de salpêtre, uniquement en vue de chercher les corps qui entrent, en très-petite quantité, dans la composition du nitrate de soude naturel, je dois dire que je n'ai pu trouver aucun vestige de manganèse dans la partie soluble et des traces seulement de cette substance dans les matières terreuses insolubles.

Ayant reconnu depuis longtemps la présence du chrome dans les Caliches jaunes, il me vint à l'esprit que la couleur violette dont je m'occupe pouvait être due à une petite quantité d'oxyde de chrome, qui, comme on sait, donne également lieu, à la production de sels violets. Mais ayant cherché de la manière la plus minutieuse à constater la présence du chrome dans les Caliches violets, je n'ai pu obtenir que des résultats négatifs. Une réaction qui, jusqu'à un certain point, pourrait induire en erreur et faire croire que ce Caliche contient du chrome, c'est la propriété qu'il a de devenir jaune quand on le fond : l'oxyde de chrome présente cette réaction quand on le fond avec un nitrate, par suite de la transformation de l'oxyde de chrome en acide chromique.

Mais il suffit de laisser refroidir le Caliche violet fondu pour voir qu'il se décolore complètement, et que, dissous dans l'eau, il donne une solution incolore, ce qui n'arrive pas avec l'oxyde de chrome, qui, en effet, transformé en acide chromique par la fusion avec un nitrate, jouit d'un pouvoir colorant tel qu'il suffit d'une quantité insignifiante pour colorer en jaune une grande quantité de liquide.

J'ai obtenu les mêmes résultats négatifs en recherchant le vanadium, qui est un autre corps polychrome qui a beaucoup de points d'analogie avec le chrome.

Dans plusieurs analyses que je fis du Caliche violet, je rencontrai des vestiges de cuivre, et dans celle qui portait sur 100 grammes de matière, j'ai peu doser ce métal dans la partie insoluble ; mais, dans cette partie même, la proportion du cuivre (0,000005) est tellement insignifiante qu'il est absolument impossible qu'elle puisse produire un coloration dans le nitrate de soude.

Étant donnée la nature azotée du salpêtre, il me vint à l'esprit que la couleur violette de cette variété de Nitratine pourrait bien être due à quelque matière colorante du groupe de l'aniline ; mais, ayant fait digérer dans de l'alcool une assez grande quantité de ce Caliche finement pulvérisé, je n'ai obtenu aucune coloration de ce liquide, et le sel a conservé sa couleur violette,

De toutes les réactions qui précèdent et de tous les résultats que m'ont donnés, les études auxquelles je me suis livré sur cette étrange variété de salpêtre brut, d'une part ; et, d'autre part, en tenant compte que la coloration en violet disparaît par l'action de la chaleur et que, quand elle a disparu, il est impossible de la faire reparaître, je suis porté à croire que cette coloration est due à une matière d'origine organique.

J'ajouterai que la couleur violette de cette varité de Caliche n'est apparente que dans la matière solide, car si l'on dissout ce sel dans l'eau, de manière à obtenir une solution complétement saturée, le liquide demeure presque entièrement incolore.

En soumettant au spectromètre une particule du Caliche violet qui a servi à l'analyse, on découvre de la manière la plus évidente les raies du sodium, du potassium et du lithium.

L'analyse de 100 grammes pris sur un échantillon très-pur d'un Caliche doué d'une belle couleur violette, et préalablement séché et traité avec de l'eau, a donné les résultats suivants :

Partie insoluble dans l'eau.	0,1280
Partie soluble	99,8720
	100,0000

L'analyse de la partie insoluble a donné les résultats suivants :

Silice et alumine.	0,0590
Carbonate de chaux.	0,0355
Carbonate de magnésie	0,0270
Peroxyde de fer	0,0060
Oxyde de cuivre	0,0005
Oxyde de manganèse.	traces

L'analyse de la partie soluble dans l'eau a donné les résultats suivants :

Nitrate de soude	25,6000
Chlorure de sodium.	39,1327
Chlorure de potassium.	23,0940
Chlorure de lithium.	0,0250
Chlorure d'ammonium.	0.0184
Sulfate de soude	0,6620
Sulfate de magnésie.	14,1621
Sulfate de chaux	0,2425
Sulfate de peroxyde de fer.	0,0065
Cuivre	traces

N° 556. — Nitratine (nitrate de soude) de qualité supérieure.

Salpêtrière de Lagunas — Province de Tarapacá

Cet échantillon représente une des variétés de Caliche les plus riches en nitrate de soude. Son analyse a donné les résultats suivants :

Nitrate de soude.	71,667
Chlorure de sodium.	2,195
Chlorure de potassium.	22,117
Chlorure de magnésium.	0,555
Sulfate de chaux	1,088
Sulfate de magnésie.	0,378
Iodate de soude.	traces
Matières terreuses.	0,500
Eau hygrométrique.	1,500
	100,000

N° 557. — **Nitratine** (nitrate de soude) de structure fibro-prismatique.

Salpêtrières de la province de Tarapacá.

N° 558. — **Nitratine** (nitrate de soude), avec **Tarapacaïte** (chromate de potasse).

Nom vulgaire : *Caliche azufrado.*

Salpêtrière de la province de Tarapacá.

Cet échantillon de Nitratine est très-riche en iode. Il contient 0,0015 de ce métalloïde, qui, ainsi que je l'ai dit déjà, se trouve dans le salpêtre à l'état d'iodate de soude ou d'iodate de potasse, car il est presque impossible de dire, d'une manière certaine si l'acide iodique est combiné avec l'une ou avec l'autre de ces deux bases. Comme il existe des Caliches presque entièrement dépourvus de potasse qui contiennent néanmoins une notable proportion d'iode, qui, évidemment doit être combiné avec la soude, il semble logique de considérer l'iode à l'état d'iodate de soude, même dans les Caliches qui contiennent de la potasse.

Il est facile de constater la présence de l'iode en ajoutant à la solution du Caliche un peu de pâte d'amidon et quelques gouttes d'un désoxydant quelconque, tel, par exemple, qu'une solution d'acide sulfureux, ou bien celle d'un sulfite alcalin, de protochlorure d'étain, de protosulfite de fer, etc.

N° 559. — **Nitratine** (nitrate de soude) de couleur rosée.

Salpêtrières de Lagunas. — Province de Tarapacá.

Pour donner une idée des variations qu'offre la composition du nitrate de soude naturel ou Caliche, je réunis dans le tableau suivant les résultats de l'analyse de cinq autres échantillons :

SUBSTANCES CHERCHÉES.	PROVENANCE DES ÉCHANTILLONS ANALYSÉS				
	1 Lagunas	2 Lagunas	3 Argentina	4 Union	5 Hoyada Barrenechea
Nitrate de soude.........	49,60	60,180	60,916	46,435	45,962
Chlorure de sodium......	24,70	16,721	22,986	33,816	35,593
— de potassium.....	......	11,680	2,135	2,982	0,610
— de magnésium....	......	......	......	0,696	......
— de lithium.......	traces	0,015	......	traces	......
Sulfate de soude	6,60	3,600	0,594	......	0,917
— de magnésie......	3,80	2,374	1,404	0,739	2,914
— de chaux..	......	0,728	1,224	1,904	1,360
Iodate de soude.........	0,30	0,237	0,163	0,014	0,049
Matières terreuses........	11,40	1,860	6,800	9,270	8,230
Eau................	3,60	2,550	3,400	4,120	4,210
	100,00	99,945	99,522	99,976	99,845

Le second échantillon de Lagunas présente la particularité de contenir un peu de soufre à l'état natif ; ce corps reste sur le filtre avec les matières terreuses.

Un grand nombre d'échantillons de Caliche contiennent également du brome, à l'état de bromate de soude, mais en très-petite quantité ; il est généralement plus facile de constater la présence de cette substance dans les eaux mères qui ont servi à plusieurs opérations d'épuration du salpêtre, et dans lesquelles le bromate de soude s'accumule peu à peu. Il suffit, dans ce cas, d'ajouter à une certaine quantité d'eaux mères, quelques gouttes d'acide sulfurique et un peu d'éther. En agitant le tout, on voit l'éther se colorer en jaune par suite du brome qu'il tient en dissolution.

MINÉRAUX QUI CONTIENNENT DE LA LITHINE.

Bien que, jusqu'à ce jour, on n'ait pas trouvé, au Pérou, de véritables minéraux à base de lithine, on peut dire néanmoins que ce corps est assez répandu sur le territoire de la République : on le trouve, en effet, dans un grand nombre d'eaux minérales et d'eaux potables ; dans divers échantillons de Nitratine, dans la Serpentine des environs de Morococha, dans quelques Feldspaths de la cordillère, dans diverses variétés d'Halloysites, et dans un grand nombre de roches, principalement dans celles que fournissent certaines terres vertes qui paraissent dues à la décomposition du Pyroxène, etc., etc.

L'eau potable que l'on consomme à Lima même, ainsi que les cendres de presque toutes les plantes qui croissent dans les environs de cette ville, renferment une notable proportion de lithine. Comme toute l'eau que l'on consomme à Lima, ou qui sert à l'irrigation des terres cultivées, provient médiatement ou immédiatement de la rivière Rimac, qui baigne la capitale du Pérou, il m'a paru intéressant de chercher quelle est l'origine de la lithine que contient l'eau de cette rivière. A cet effet, je me suis procuré de l'eau de tous les petits ruisseaux tributaires du Rimac, et, par un simple examen spectrométrique du résidu de l'évaporation de tous ces échantillons d'eau, j'a pu facilement me rendre compte que la lithine contenue dans l'eau du Rimac, ne provient pas des affluents de cette rivière. La proportion de cet alcali va en augmentant à mesure que l'on remonte le Rimac et qu'on s'approche de sa source. C'est dans les eaux des ruisseaux qui descendent de la cordillère d'Antarangra et qui, par leur réunion forment le Rimac, que la lithine se trouve en plus grande quantité.

A peu de distance de la Cordillère, dans un endroit appelé Tingo, existe une source d'eau minérale qui contient 0,11904 de chlorure de lithium par litre d'eau et qui pourrait certainement être employée en médecine dans le traitement des calculs de la vessie.

J'ai trouvé une preuve que la lithine est très-répandue au Pérou et se trouve disséminée sur presque tout le territoire de la République, en soumettant à l'examen spectrométrique quelques feuilles ou de petites branches, des plantes conservées dans mon herbier, plantes qui ont été recueillies sur tout le térritoire péruvien. Cette simple opération m'a montré clairement qu'un grand nombre d'entre elles, recueillies sur les points les plus éloignés, contiennent de la lithine.

Pour donner une idée de la simplicité de ce moyen d'investigation, je dirai qu'il suffit de soumettre à l'action de la flamme d'une lampe de Bunsen une cigarette faite avec du tabac de Jaen, et d'examiner en même temps cette flamme au spectromètre, pour reconnaître avec facilité la belle raie rouge caractéristique de la lithine.

On voit, par ce que je viens de dire, l'importance de l'application du spectromètre à la connaissance de la nature des terrains situés dans les plus lointaines régions du globe : pour obtenir d'utiles notions sur la composition de ces terrains, il suffira d'examiner au spectromètre un fragment des plantes conservées dans les herbiers des principales capitales de l'Europe.

Je ferai cependant une remarque sur ces observations spectrométriques. Quand on cherche à constater la présence de la lithine dans une plante, il faut avoir soin de soumettre à l'étude les parties les plus voisines da la fleur. C'est, en effet, dans ces parties que se concentre la lithine, ainsi qu'il appert des nombreuses et importantes observations de M. Don J. Luis Paz-Soldan. Mes recherches personnelles sur un grand nombre de plantes confirment ce curieux phénomène : dans la plupart des végétaux qui contiennent de la lithine, on voit passer cette substance du tronc et des branches dans les pédoncules des fleurs, et même, souvent, dans les organes floraux dans les sépales et dans les pétales. La lithine ne pénètre presque jamais dans les fruits.

J'ajouterai, enfin, que, si la lithine est très-commune au Pérou, il n'en est pas de même du césium, ni du rubidium, que l'on n'y rencontre jamais. M. Paz-Soldan ayant soumis à l'examen spectrométrique un grand nombre de minéraux et d'échantillons de cendres, même des plantes qui, comme la betterave, contiennent ordinairement, en Europe, ces deux substances, n'a pu découvrir, jusqu'à présent, au Pérou, aucune trace de ces métaux.

SILICIDES.

Le but de la collection à laquelle est consacré ce travail étant de faire connaître les minéraux les plus utiles, principalement les minéraux métalliques qui se trouvent répandus si abondamment sur le sol péruvien, il ne faudra pas chercher dans la dite collection tous les Silicides que, jusqu'à ce jour, j'ai pu découvrir au Pérou. Néanmoins, pour que leur existence soit connue, je citerai dans ce travail le nom de ces minéraux et les principales localités où on les trouve.

Dans le groupe des Silicides, je fais entrer toutes les variétés de Quartz, ou acide silicique, ainsi que les combinaisons de cet acide avec les bases, c'est-à-dire les silicates.

Voici les principaux types de ce groupe de minéraux que l'on rencontre au Pérou :

N° 560. — Quartz hyalin cristallisé en un gros prisme hexagonal incomplet, connu sous le nom vulgaire de *Cristal de roca*.

Province de Carabaya.

N° 561. — Quartz hyalin.
Fragment d'un grand cristal très-transparent.

Province de Carabaya.

N° 562. — Quartz en cristaux groupés, avec
Panabase (sulfure de cuivre, d'antimoine et d'arsenic) et
Pyrite (sulfure de fer).

Mine de San José del Banco. — Huallanca. — Province Dos de Mayo.

Nº 563. — Quartz cristallisé, couvert d'oxyde de manganèse.

Mine de San Antonio. — Morococha. — Province de Tarma.

Nº 564. — Quartz cristallisé, avec silicate de manganèse rosé.

Montagne de Tayacasa. — Morococha. — Province de Tarma.

Nº 565. — Quartz cristallisé, sur de la
Panabase (sulfure de cuivre, d'antimoine et d'arsenic), avec
Oxyde de manganèse.

Mine d'Auquimarca. — District et province de Cajatambo.

Nº 566. — Quartz amorphe, avec des impressions carrées produites par des cristaux cubiques d'une Pyrite qui s'est décomposée.

Veine voisine de la lagune de Huacracocha. — Morococha. Province de Tarma.

Nº 567. — Quartz prismatique radié.

Montagne située dans l'hacienda de la Molina, près de Lima.

Nº 568. — Quartz radié, avec
Oxyde de fer et
Amphibole actinote.

Montagne située dans l'hacienda de la Molina, près de Lima.

Nº 569. — Quartz concrétionné, cristallisé.

Mines de Huallanca. — Province Dos de Mayo.

Le Quartz, cristallisé ou amorphe, est si commun, au Pérou, qu'il est certainement inutile d'entreprendre de citer tous les lieux où on le trouve. A l'état plus ou moins cristallin, il accompagne un grand nombre de veines métalliques, et à l'état amorphe, il forme de nombreuses veines dans les terrains cristallins de la côte et dans les ardoises métamorphiques de la Cordillère orientale, où il contient très-souvent de l'or.

J'ai trouvé la variété de quartz coloré en violet par l'oxyde de manganèse, et connue sous le nom d'Améthyste, près d'Arica, dans la province de Tarapacá, ainsi que dans une terre meuble, avec carbonate de chaux ferrugineux, dans la montagne de Cristal-Urco, près de Chachapoyas ; dans la même localité, on trouve beaucoup de petits cristaux de quartz hyalin isolés, sous forme de prismes hexagonaux terminés des deux bouts par une pyramide hexagonale très-bien formée.

N° 570. — Jaspe rouge, avec
Agate et
Limonite (peroxyde de fer hydraté).

Montagne de Huacuya. — District de Paros. — Province de Cangallo.

N° 571. — Jaspe rouge, avec
Fer oligiste.

District de Pica. — Province de Tarapacá.

N° 572. — Quartz agate, en couches concentriques, avec
Quartz ferrugineux.

Lieu appelé Ruido-cochan, entre Buldibuyo et Huaylillas. — Province de Pataz.

N° 573. — Agate onyx, géodique.

Carabamba. — District et province d'Otuzco.

N° 574. — Agate commune.

Nom vulgaire : *Pedernal.*

Se trouve dans de la marne, près du port de Chala. — Province de Camaná.

Le Jaspe et l'Agate se rencontrent, sous la forme de petites pierres, sur beaucoup de points de la province de Tarapacá.

On trouve également des pierres libres de Jaspe et d'Agate, de diverses couleurs, dans les montagnes de l'hacienda d'Uten-yaco, dans le district de Recuay de la province de Huaraz.

Sur la montagne de Pumapampa, dans le même district de Recuay, on trouve un Jaspe noir, qui s'emploie comme la Pierre de touche pour essayer l'or. Mais la plus belle variété de Jaspe trouvée, au Pérou, jusqu'à ce jour, est celle qui provient des montagnes, près de Pichu-Pichu, à peu de distance d'Arequipa : elle présente des bandes parallèles et, quelquefois, concentriques de diverses couleurs et diverses nuances, comme le blanc, le rose, le rouge et le jaune.

N° 575. — Quartz terreux, hydraté.

Environs d'Ayacucho.

Ce minéral est blanc, et, par sa composition, ressemble un peu au Tripoli ; mais il ne lui ressemble en rien par son origine, car l'examen microscopique ne le montre pas formé d'infusoires comme le Tripoli.

Quoique très-blanc et très-homogène, il n'est point pur : en outre de l'eau hygrométrique qu'il contient abondamment, il renferme encore un peu d'alumine, d'oxyde de fer, de la magnésie, de la chaux et de l'acide titannique.

Ce minéral forme, dans les environs d'Ayacucho, des couches d'une grande épaisseur et semble être le résultat de la trituration mécanique de quelque roche siliceuse.

Une analyse faite par M. D. José Luis Paz Soldan a donné, pour ce minéral, la composition suivante :

Silice	80,00
Alumine et fer	3,80
Acide titannique	1,20
Magnésie	1,65
Chaux	1,79
Eau	11,50
	99,94

N° 576. — Opale commune.

Entre Ullupampa et Cavanaconde. — Province de Caylloma.

On trouve également l'Opale commune au Pérou, sous l'aspect d'une espèce de cire et de gélée, dans la ravine de Mami, du district de Pica, de la province de Tarapacá, ainsi que dans quelques terrains de nature volcanique de la province de Lampa.

SILICATES.

N° 577. — Zircon (silicate de zircon), en grains roulés.
Plaine entre Cachendo et la Hoya. — Province d'Islay.

N° 578. — Andalousite (silicate d'alumine), cristallisée en un gros prisme rhomboïdal.
Ravine de Nonura. — Province de Paita.

N° 579. — Andalousite (silicate d'alumine), rougeâtre.
Ravine de Nonura. — Province de Paita.

N° 580. — Fowlérite ou **Nacrite** (silicate d'alumine hydraté), de structure granulo-écailleuse.
District de San Pablo. — Province de Cajamarca.

Ce minéral offre tout l'aspect du Talc, tant par son peu de dureté que par son brillant argentin, ainsi que par la sensation onctueuse qu'il procure au toucher.

Il se présente en masses blanches qui tirent généralement au verdâtre et avec une structure granulaire qui passe à la structure écailleuse.

Quand on le comprime entre les doigts, il se réduit en poudre, ou mieux, il s'amoncèle et ce n'est qu'en le pressant fort qu'il se réduit en une poudre onctueuse.

Néanmoins, malgré la grande ressemblance qu'il offre avec le Talc, par ses caractères physiques, il en diffère beaucoup quant à sa composition : il contient, en effet, une quantité insignifiante de magnésie, tandis que le Talc en contient plus de 30 %.

Ce minéral offre beaucoup d'analogie, par sa composition et par d'autres caractères, avec la Nacrite de M. Dufrénoy, substance qui, aujourd'hui, est classée parmi les variétés de Fowlérite. Je pense, pour cette raison, qu'il doit porter le nom de Fowlérite, car les proportions des éléments qui entrent dans sa composition se trouvent dans les limites de la composition que les minéralogistes assignent aux différentes variétés de Fowlérite.

Dans le présent échantillon, l'oxyde de fer remplace une partie de l'alumine.

La composition de cette variété de Fowlérite est, d'après une analyse de M. D. José Luis Paz Soldan :

Silice.	49,80
Alumine	28,00
Oxyde de fer	11,30
Chaux	1,42
Magnésie	0,97
Eau	7,50
Potasse.	traces
	98,99

N° 581. — Fowlérite compacte (silicate d'alumine hydraté) de diverses couleurs.

District de San Pablo. — Province de Cajamarca.

Cet échantillon, bien que offrant un aspect très-distinct de celui de la Fowlérite, possède néanmoins la même composition, et je lui maintiens le nom de Fowlérite, non-seulement parce que sa composition est presque identique à celle de cette espèce, mais surtout parce qu'on le trouve avec l'espèce que représente l'échantillon précédent, espèce dont il n'est qu'une simple variété.

A première vue, on prendrait ce minéral pour de la Stéatite, car il possède, ainsi que cette espèce, un aspect graisseux ; sa dureté, en outre, est très-faible, puisqu'on peut le couper facilement avec un couteau, et il fournit une poudre onctueuse au toucher comme celle de la Stéatite.

Néanmoins, il suffit de faire l'analyse de ce minéral pour

reconnaître que, aussi bien que le précédent, il ne contient qu'une quantité insignifiante de magnésie, et, par conséquent, ne peut pas être placé dans le groupe des Talcs auquel appartient la Stéatite.

Tout en reconnaissant que ce minéral n'est pas une Stéatite, on pourrait le prendre pour une Agalmatolite ou Pagodite, qui constitue une autre espèce qui ressemble à la Stéatite et qui ne contient pas de magnésie. Le minéral dont je m'occupe présente, en outre, ainsi que l'Agalmatolite, des couleurs variées : blanc, jaune, bleuâtre et rouge ; de sorte que, sans une analyse minutieuse, en voyant qu'il ne contient pas une grande quantité de magnésie comme la Stéatite, on n'hésiterait pas un seul moment à le considérer comme une variété d'Agalmatolite.

Mais, si l'on fait une analyse complète de ce minéral, on s'aperçoit vite qu'il contient à peine des traces de potasse, quand, au contraire, cet alcali figure comme un élément constituant de l'Agalmatolite. Ce manque de potasse fait que l'on ne peut pas classer ce minéral parmi les variétés d'Agalmatolite ; et, en tenant compte de sa composition, on est amené à le considérer comme une Fowlérite, bien qu'il ne présente pas les caractères physiques de cette espèce minérale.

Il est bon de faire remarquer que beaucoup de minéraux du Pérou, qu'à cause de leur aspect extérieur on prendrait pour des variétés de Talc, n'en sont pas ; et, par leur composition, se rapprochent de la Fowlérite. Mais ce qu'il y a de plus singulier, c'est que cette classe de minéraux du Pérou remplace souvent le Talc, même dans les roches où cette substance entre comme élément.

Selon M. D. José L. Paz Soldan, la composition de ce minéral est la suivante :

Silice	40,00
Alumine	42,10
Eau	14,00
Oxyde de fer	0,40
Chaux	0,70
Magnésie	0,90
Lithine	quant. sensible
Potasse, soude et cuivre	traces
	98,10

N° 582. — **Halloysite** (silicate d'alumine hydraté), avec **Pyrite** (sulfure de fer).

Près de l'hacienda de Bellavista. — District de San Mateo. — Province de Huarochiri.

Ce minéral se présente en morceaux de couleur blanchâtre à leur partie interne, avec de petites taches d'un blanc laiteux qui lui valent une certaine ressemblance avec quelques variétés de roches porphyriques, bien que sa nature en soit très-distincte : il est formé, presque en totalité, par un silicate d'alumine hydraté qui offre un aspect graisseux et une sensation onctueuse au toucher, comme la Stéatite.

L'échantillon qui figure dans la collection présente à sa partie centrale une grande tache gris bleuâtre, qui, à première vue, paraît être formée d'une matière très-différente de celle du reste de la masse, mais qui, en réalité, n'en diffère que fort peu, ainsi qu'on en peut juger par l'analyse des deux parties. En examinant avec une loupe cette espèce de nucleus, on y découvre un grand nombre de grains microscopiques de Pyrite.

La surface externe de tous les échantillons de ce minéral offre une teinte rouge de peroxyde de fer, et son aspect est quelque peu scoriacé, de sorte qu'il semble avoir été soumis à l'action d'une forte chaleur. Il faut remarquer aussi que la partie du minéral la plus rapprochée de la superficie calcinée est plus dure que les autres dont la dureté est, à peu près, égale à celle de la Stéatite.

J'ai fait l'analyse, tant de la partie blanche externe que de la grise qui occupe le centre de ce minéral, et j'ai obtenu les résultats suivants :

	Partie blanche.		Partie grise.
Silice.	52,50	—	52,80
Alumine	23,40	—	22,60
Oxyde de fer	6,20	—	6,00
Chaux	1,00	—	1,00
Magnésie	3,20	—	1,90
Eau	12,90	—	11,50
Fer	.....	—	1,80
Soufre	....	—	2,00
Soude et lithine.	quant. sensible.	—	quant. sensible
	99,20	...	99,60

Il est facile de mettre la lithine en évidence à l'aide du spectromètre, en soumettant à l'action de la flamme que l'on examine le minéral pulvérisé, mêlé avec un peu de chlorure de barium.

N° 583. — Halloysite (silicate d'alumine hydraté) d'un blanc bleuâtre.

Montagne de Tayacasa. — Morococha. — Province de Tarma.

N° 584. — Halloysite blanche (silicate d'alumine hydraté).

Lieu appelé Tijapampa. — Province de Huaraz.

N° 585. — Kaolin (silicate d'alumine).

Terre de porcelaine connue sous le nom de *Tierra refractaria.*

Montagnes près de Recuay. — Province de Huaraz.

Ce Kaolin contient un excès de silice que l'on pourrait séparer par des lavages.

N° 586. — Argile plastique durcie.

District de Recuay. — Province de Huaraz.

N° 587. — Amphibole trémolite, avec **Scolezite.**

Montagne d'Amancaes, près de Lima.

N° 588. — Asbeste, avec **Serpentine,** et **Dolomite** (carbonate de chaux et de magnésie).

Montagne de Tayacasa, — Morococha. — Province de Tarma.

N° 589. — Asbeste, verdâtre.

Montagnes neigeuses, au-dessus du village d'Urubamba. — Province de la Convencion.

N° 590. — **Asbeste papyracée,** connue sous le nom vulgaire de *Carton mineral.*

Montagnes près du village de Panao. — Province de Huánuco.

N° 591. — **Amiante** verdâtre.

Montagnes neigeuses au-dessus du village d'Urubamba.— Province de la Convencion.

N° 592. — **Amiante** soyeuse.

Montagnes près de Panao. — Province de Huánuco.

N° 593. — **Amphibole actinote,** de structure cristalline.

Entre l'hacienda de La Molina et Manchay. — District de Pachacamac. — Province de Lima.

N° 594. — **Amphibole hornblende,** avec **Oxyde de fer.**

Hacienda de La Molina, près de Lima.

Les différentes variétés d'Amphibole trémolite, actinote et hornblende, sont assez communes sur la côte du Pérou ; mais, la plus abondante est, sans contredit, l'Amphibole hornblende qui, en outre de se trouver en masses fibreuses, entre comme élément constituant des roches siénitiques et des roches dioritiques, roches qui, non-seulement constituent une grande partie des montagnes de la région de la Costa, mais encore, qui ont fait éruption sur un grand nombre de points de l'intérieur.

L'Amphibole hornblende du Pérou contient fréquemment de l'alumine, ainsi qu'on l'observe dans une variété fibreuse que l'on trouve dans une petite montagne de l'hacienda de La Molina, près de Lima.

On observe dans cette même localité, d'autres variétés d'Amphibole, de structure finement fibreuse, de couleur verdâtre clair, et douées d'un brillant perlé très-remarquable.

Cette Amphibole paraît être une variété de l'Actinote dans un état de décomposition : on la trouve, en effet complétement imprégnée de peroxyde de fer hydraté et alors son éclat paraît éteint.

Cette variété d'amphibole se rapproche quelque peu du minéral appelé Antophyllite.

AUGITE. — Quant au groupe des Pyroxènes, je n'en ai jusqu'alors trouvé d'autres représentants que l'Augite en petits cristaux disséminés dans les trachytes du département d'Arequipa.

HYPERSTHÈNE. — Ce minéral se rencontre en masses lamellaires et associé à la Labradorite, constituant ainsi la roche appelée Hypersténite ou Sélagite, dans les montagnes près de Lima, dans la vallée de la rivière de Santa et dans la cordillère d'Antarangra.

On trouve, en outre, dans beaucoup de roches porphyriques, quelque peu décomposées, des taches vertes d'une matière presque terreuse due à la décomposition du Pyroxène.

N° 595. — **Magnésite** ou **Écume de mer.**

Montagne de Tayacasa. — Morococha. — Province de Tarma.

N° 596. — **Talc,** dans une Protogine.

Montagnes près de Santo Tomas. — Province de Luya.

Le Talc est un minéral très-répandu, mais au Pérou, on le trouve rarement isolé ; il entre simplement, comme élément minéralogique, dans la composition de la Protogine et de l'Ardoise talqueuse.

Très-souvent, néanmoins, même dans les roches, il est remplacé par la Chlorite et, plus fréquemment encore, par la Fowlérite ou Nacrite, principalement dans les ardoises de la Cordillère orientale de la province de la Convencion.

N° 597. — **Serpentine atigrade.**

Montagne de Tayacasa. — Morococha. — Province de Tarma.

N° 598. — **Serpentine**, avec **Magnésite**.

*Point de réunion des montagnes de Tayacasa et Nuevo-Potosi. —
Morococha. — Province de Tarma.*

L'analyse de cette serpentine faite par M. D. José Luiz Paz
Soldan, a donné les résultats suivants :

Silice	40,60
Alumine	8,80
Magnésie	18,01
Chaux	0,61
Carbonate de chaux	13,50
Carbonate de magnésie	4,08
Eau	13,50
Lithine, potasse, soude et cuivre	traces
	99,10

N° 599. — **Orthose rosé sodifère.**

Entre Chimbote et Taquilpon. — Province de Santa.

Le feldspath orthose rosé est assez commun dans les
Granits, les Protogines et les Syénites qui forment les montagnes
de la région de la Costa, au Pérou; mais, il contient toujours
de la soude et un peu de chaux et de magnésie.

J'ai fait l'analyse d'un échantillon de cette variété de feldspath recueilli dans les montagnes qui sont en face du viaduc
de Verrugas, sur la ligne ferrée de la Oroya, et j'ai obtenu les
résultats suivants pour sa composition :

Silice	64,40
Alumine	21,60
Oxyde de fer	1,80
Magnésie	1,10
Chaux	0,72
Potasse	7,50
Soude	2,60
Eau	0,40
	100,12

Bien que ce feldspath présente les croisements très-nets de

l'orthose, on peut, à cause de la soude, de la chaux et de la magnésie qu'il contient, le considérer comme établissant un passage à l'Oligoclase.

Son poids spécifique, qui est 2,55, le rapproche de la variété d'orthose que M. Breithaupt appelle Pegmatolite.

Ce Feldspath est légèrement attaqué par les acides, phénomène très-commun pour les variétés d'Orthose et d'Oligoclase du Pérou, et que l'on pourrait également attribuer à un commencement de décomposition, hypothèse que confirme aussi la présence d'une petite quantité d'eau dans ces variétés de Feldspath.

N° 600. — Feldspath oligoclase, saccharoïde.

Environs du village d'Ate, près de Lima.

Le Feldspath oligoclase est très-commun au Pérou, attendu qu'il entre dans la composition d'un grand nombre de roches de la région de la Costa et de la Cordillère orientale.

La variété que représente cet échantillon est amorphe, d'un blanc qui tire légèrement au gris et de structure saccharoïde, ce qui la fait ressembler beaucoup au marbre employé par les sculpteurs pour faire des statues.

L'analyse de ce Feldspath a donné les résultats suivants :

Silice	63,20
Alumine	24,00
Oxyde de fer	1,50
Chaux	4,36
Magnésie	0,72
Soude, avec traces de potasse	4,20
Perte au feu	1,90
	99,88

Albite. — On rencontre également au Pérou, le Feldspath albite, qui entre dans la composition de roches granitiques de la montagne de Songo, du district de Matucana ; de la montagne de Cajavilca, dans le district de Chacas, de la province de Huari ; et, des montagnes de la Cordillère orientale, dans la province de la Convencion.

Labradorite. — Quant à la Labradorite, bien qu'on ne l'ait pas rencontrée jusqu'à ce jour, en masses isolées, elle n'en constitue pas moins l'un des Feldspaths les plus abondants au Pérou, car elle forme la base de toutes les roches dioritiques qui sont répandues avec profusion tant dans la région de la Costa que dans celle de l'intérieur.

Rétinite. — On rencontre ce minéral, au Pérou, près de Pica, dans la province de Tarapacá et près de Moquegua.

Perlite. — La Perlite, au Pérou, est plus commune que la Rétinite. On la trouve en abondance, dans la province d'Angaraes, à peu de distance du pont jeté sur la rivière Pampas, sur le chemin d'Ayacucho à Cuzco. Elle entre dans la composition d'une Basanite que l'on trouve près de Maravillas, dans la province de Puno, ainsi que dans celle d'un conglomérat volcanique trouvé, sous forme de pierres libres, dans la plaine de Vitor de la province d'Arequipa.

Obsidienne. — L'Obsidienne, ou *Verre de volcan*, se rencontre au Pérou, dans la province de Caylloma et dans les pierres de conglomérat volcanique que l'on trouve disséminées dans la plaine de Vitor.

Ponce. — On voit flotter sur les paisibles eaux du grand fleuve des Amazones un grand nombre de fragments de pierre ponce qui sont charriés du centre de la République de l'Équateur par la voie du Pastaza.

On trouve également de la pierre ponce près d'Uchumayo, dans la province d'Arequipa, ainsi que dans les environs du volcan Huaynaputina dans la province de Moquegua.

Anorthite. — Le Feldspath anorthite n'a été rencontré, jusqu'à présent, que sous forme de petits cristaux disséminés dans une lave volcanique de la province de Caylloma.

Ryacolite, Sanidine. — Les variétés de Feldspath connues sous le nom de Feldspath vitreux (Ryacolite, Sanidine) sont beaucoup moins rares. On les trouve dans un grand nombre de Trachytes des départements d'Arequipa, Cuzco et Puno, ainsi que, plus près de Lima, dans un Trachyte porphyroïde de la Cordillère de l'Ascencion, dans la province de Huarochiri.

AMPHIGÈNE. — J'ai pu découvrir, dans un morceau de lave recueilli par l'ingénieur des mines D. Augusto Orrego, à cinq kilomètres d'Arequipa, un grand nombre de petits cristaux d'Amphigène, qui affectent une forme presque sphéroïdale.

PINITE. — On rencontre ce minéral dans une petite montagne isolée située dans la propriété appelée *El Asesor* près du village d'Ate dans les environs de Lima. On le trouve accompagné par du Feldspath oligoclase et il paraît que, dans certains cas, il se substitue au Talc comme élément constituant de quelques roches granitiques.

COUZÉRANITE. — On rencontre quelques petits cristaux de Couzéranite disséminés dans la calcaire métamorphique, gris bleuâtre, de la montagne de San-Bartolomé, située près de Lima. Les cristaux de ce minéral, que quelques auteurs considèrent comme une variété de Wernérite, affectent la forme d'un prisme carré et peuvent être isolés facilement en dissolvant le Calcaire qui les renferme dans de l'acide chlorhydrique.

ÉPIDOTE. — On trouve l'Epidote, au Pérou, dans une roche porphyrique, gris verdâtre, appelée *El Rodadero*, près de l'antique forteresse, connue sous le nom de Sacsahuaman, au Cuzco.

N° 601. — Grenat almandin, cristallisé en trapézoèdres.

District et province de Castrovireyna.

N° 602. — Grenat almandin, en petits cristaux sur une roche de grenat.

Hacienda d'Auquimarca. — District et province de Cajatambo.

N° 603. — Grenat commun, avec carbonate de chaux.

Montagne d'Amancaes, près de Lima.

N° 604. — Grenat grossulaire verdâtre dans de la Chalkosine (sulfure de cuivre).

Antamina. — District de San Marcos. — Province de Huari.

N⁰ 605. — **Grenats grossulaires** cristallisés en dodécaèdres combinés avec le trapézoèdre.

Morococha. — Province de Tarma.

N⁰ 606. — **Idocrase verte,** avec
Grenat commun et
Calcaire (carbonate de chaux).

Montagnes d'Ate, à 15 kilomètres de Lima.

N⁰ 607. — **Idocrase grise,** en un cristal bipyramidal
tronqué.

*Montagne d'Amancaes, vers l'hacienda de la Muleria,
près de Lima.*

MICA OU MOSCOVITE. — Ce minéral figure partout comme
élément constituant des roches granitiques ; mais on le trouve
très-raremeut au Pérou, en lames, un peu grandes. Jusqu'à
présent on ne l'a rencontré sous cette forme que dans la province
de Tarapacá et dans le district de Santiago de Chocorvo dans
la province de Castrovireyna.

MÉSOLITE. — J'ai reçu ce minéral du nord du Pérou : il
aurait été trouvé dans la vallée de Chicama.

SCOLÉZITE. — On trouve ce minéral avec de l'Amphibole trémolite, dans les environs de Lima et d'Ica.

AXINITE. — Je n'ai trouvé l'Axinite que dans les environs
de San Pablo, de la province de Cajamarca.

N⁰ 608. — **Tourmaline noire,** cristallisée en prismes
qui terminent par trois faces du rhomboèdre
primitif.

Montagne de Lurigancho, près de Lima.

N⁰ 609. — **Tourmaline noire** en prismes hexagonaux
avec
Quartz.

Montagne des environs de Lima.

N° 610. — Prehnite, partie amorphe et partie cristallisée, accompagnée par une roche porphyrique.

Entre Huancavelica et Ayacucho. — Province d'Angaraes.

La composition de ce minéral, d'après une analyse faite par M. D. José Luis Paz Soldan, est la suivante :

Silice	45,20
Alumine	31,10
Protoxyde de fer	0,13
Chaux	21,50
Magnésie	0,28
Eau	2,50
Potasse	traces.
	100,71

LAZULITE OU LAPIZ-LAZULI. — On trouve, au Pérou, cette magnifique pierre dans les environs d'Ayacucho, mais on n'est pas fixé sur le lieu de sa provenance. Deux grandes pierres qui servent de bancs, dans la maison du colonel Barco, et une troisième, assez grande, chez le colonel Rocha, à Ayacucho, prouvent que la Lazulite existe au Pérou.

COMBUSTIBLES.

Je réunis ici, sous le nom de combustibles le soufre et les diverses espèces de combustibles fossiles.

N° 611. — Soufre natif, sur un grès ferrugineux.

Montagnes voisines des bains thermaux de Chancos. — District de Carhuaz. — Province de Huaraz.

N° 612. — Soufre natif, de structure cristalline.

District de Camiña. — Province de Tarapacá.

N° **613.** — **Soufre natif,** pur.

*Montagne de Sullana. — District de Paros. — Province
de Cangallo.*

N° **614.** — **Soufre natif.**

*Cratère du volcan d'Ubinas. — District d'Ubinas. — Province
de Moquegua.*

N° **615.** — **Soufre natif,** de structure granulaire.

Province de Tumbes.

Le soufre est assez abondant au Pérou. Non-seulement on le
trouve dans presque tous les volcans, tels que les volcans
Isluya, Ubina, Misti, etc., mais encore sous forme de dépôts
éloignés de tous volcans : c'est le cas, par exemple, du soufre
que l'on trouve à peu de distance des sources de Pétrole de
la province de Tumbes.

COMBUSTIBLES FOSSILES.

Le Pérou, si riche en minéraux métalliques et en substances salines, est aussi abondamment pourvu de combustibles
fossiles : on trouve, en effet, sur ce sol privilégié, toutes les
classes de combustibles de cette nature.

On rencontre, sur plusieurs points du Pérou, le Graphite ou
Plombagine, connu sous le nom vulgaire de *Lapiz.* Bien que
cette substance ne soit pas de très-bonne qualité, elle peut
néanmoins servir à divers usages ; et il est probable aussi
qu'un jour ou l'autre, on en trouve de meilleure qualité.

Quant aux Anthracites, on en rencontre de très-bonne qualité
et en grande abondance sur le trajet du chemin de fer en
construction de Chimbote à Huaraz ainsi que sur le territoire
de l'Hacienda de Canisbamba, dans la province d'Otuzco et de
celle de Llaray, dans la province de Huamachuco. En outre

des Anthracites, on trouve en différents points des départements d'Ancachs et de Libertad, des variétés de Houille anthraciteuse, de très-bonne qualité.

Mais le combustible fossile que l'on trouve le plus abondamment, au Pérou, est, sans contredit, une variété de Houille sèche, qu'à cause de ses qualités, on peut considérer comme tout à fait particulière à ce pays. Cette Houille, qui est très-abondante dans les départements d'Ancachs ainsi que sur d'autres points du territoire de la République, peut servir à tous les usages et remplacer le charbon de bois : elle ne donne, en effet, en brûlant, ni fumée, ni mauvaise odeur ; et, bien que sa flamme ne soit pas très-longue, cette variété de Houille contient une assez grande quantité de matières volatiles qui facilitent sa combustion dans n'importe quel fourneau, même dépourvu de cheminée. Ce combustible est donc très-précieux pour les usages domestiques et il peut recevoir également un grand nombre d'applications dans les arts et l'industrie.

Le Pérou ne manque pas non plus de Houille grasse : on trouve, en effet, ce combustible, et d'une assez bonne qualité, sur beaucoup de points des départements d'Arequipa, de Moquegua et de Junin.

Quant au Lignite, dont la valeur, il est vrai, est inférieure à celle de la Houille, il ne manque pas au Pérou : on en rencontre de très-grands dépôts sur plusieurs points du territoire de la République.

J'ai eu occasion de faire, sur la formation du Lignite, une intéressante observation qui peut jeter quelque lumière même sur la formation de la Houille, quand j'ai étudié les faits qui se passent actuellement sur les rives et dans les îles des plus grands fleuves du Pérou, tels que l'Amazone et l'Ucayali. A l'époque des crues de ces fleuves, j'ai pu remarquer qu'ils charrient d'immenses troncs d'arbres qui, très-souvent, en arrivant à une île où le fleuve se divise en deux branches, sont retenus par d'autres troncs qui ont échoué déjà en ce lieu, de sorte que, peu à peu, il s'accumule sur ces points d'immenses quantités de troncs, de branches, de fruits, etc., qui, à leur tour, arrivent à être couverts par une couche de sable et de limon charriés par une autre crue du fleuve.

Ce bois ainsi enterré, et recouvert seulement par une mince couche de sable, se trouvant exposé aux rayons brûlants d'un soleil tropical, perd rapidement son eau, devient noirâtre et fragile, de sorte qu'on peut le diviser dans tous les sens. Il prend même quelquefois un lustre particulier et se transforme en un véritable Lignite xyloïde dont on peut voir un exemple par l'échantillon qui, dans la collection, porte le numéro 638.

La tourbe est un autre combustible assez abondant au Pérou. On la trouve dans toutes les plaines marécageuses de la Cordillère où elle se forme constamment, même de nos jours. On l'exploite en la coupant en morceaux rectangulaires et, sous le nom vulgaire de *Champa*, elle sert aux usages domestiques des populations qui habitent ces régions.

La tourbe n'existe pas seulement dans la Cordillère : on la trouve également dans des plaines qui, à d'autres époques, furent le fond de quelques lacs. On rencontre de la tourbe même dans les environs de Lima.

Dans le district minier du Cerro-de-Pasco, on emploie pour la distillation des amalgames d'argent, une classe particulière de combustible qui produit une longue flamme : c'est une argile bitumineuse, que l'on connaît, dans cet endroit, sous le nom vulgaire de *Carbon de postura* et qui pourrait être utilisée avec avantages dans la fabrication du gaz d'éclairage.

J'ai rencontré également au Pérou, deux substances peu communes : le Copal ou résine fossile, dans une houille, près du Cerro-de-Pasco, l'Elatérite, ou bitume élastique, dans le district minier de Chonta.

Mais où l'on voit que la nature semble s'être appliquée à doter le Pérou de toutes les variétés de combustible fossile, c'est surtout dans les riches dépôts de ces matières pâteuses et liquides, Asphalte, Brai, Copé, Pétrole, que l'on rencontre sur différents points, soit de la côte nord du Pérou, soit de l'intérieur, et qui, sous les noms d'*Asfalto*, *Bréa*, *Copé* et *Petróleo* ont donné lieu à deux industries : celle de la préparation de la brai qui s'emploie pour rendre imperméable les jarres et les outres qui servent au transport de l'eau-de-vie et celle de la distillation du liquide qui, sous le nom de *Kérosine*, s'emploie aujourd'hui, de toutes parts, pour l'éclairage.

Voici les échantillons des principaux combustibles du Pérou:

N° 616. — **Graphite** ou **Plombagine,** connu sous le nom vulgaire de *Lapiz.*

Entre Uramarca et Auquimarca. — Province de Cajatambo.

N° 617. — **Graphite** ou **Plombagine,** chisteux.

Province de Huary.

N° 618. — **Graphite** ou **Plombagine,** impur, avec **Quartz.**

Montagnes entre Manjas et Copas. — Province de Cajatambo.

N° 619. — **Anthracite** lamellaire, connue sous le nom vulgaire de *Carbon de Piedra.*

Près de Taquilpon. — District de Macate. — Province de Huaylas.

N° 620. — **Anthracite,** en boules.

Hacienda de Canisbamba. — District d'Usquil. — Province d'Otuzco.

Cette Anthracite affecte une forme toute particulière : elle se présente en effet, en masses sphériques, plus ou moins volumineuses atteignant quelquefois la grosseur de la tête d'un homme, et formées par des couches concentriques. Sa couleur est noir intense, et, bien qu'elle soit dépourvue de l'éclat semi-métallique qu'offre ordinairement cette classe de combustible, elle possède un lustre si vif qu'elle paraît avoir été vernie.

N° 621. — **Anthracite,** de structure irrégulière.
Nom vulgaire : *Carbon de piedra.*

Environ de Huaylas. — District et province de Huaylas.

N° 622. — Anthracite.

Nom vulgaire : *Carbon de piedra.*

Hacienda de Llaray. — District de Santiago de Chuco. — Province de Huamachuco.

N° 623. — Houille anthraciteuse.

Nom vulgaire : *Carbon de piedra.*

Hacienda de Audaymayo. — Province de Pomabamba.

N° 624. — Houille anthraciteuse.

Nom vulgaire : *Carbon de piedra.*

Mine de Yungas. — District de Mancos. — Province de Huaylas.

N° 625. — Houille anthraciteuse.

Nom vulgaire : *Carbon de piedra.*

Mine de Las Lagunas. — District de Chala-alta. — Province d'Otuzco.

N° 626. — Houille sèche.

Nom vulgaire : *Carbon de piedra.*

Mine voisine du village de Caraz. — Province de Huaylas.

N° 627. — Houille sèche, de structure lamellaire.

Nom vulgaire : *Carbon de piedra.*

Mine voisine du village de Huallanca. — Province Dos de Mayo.

N° 628. — Houille sèche, lamellaire.

Nom vulgaire : *Carbon de piedra.*

Mine de Yanacancha. — District de San Marcos. — Province de Huari.

N° 629. — **Houille sèche,** lamellaire, avec oxyde de fer.

Nom vulgaire : *Carbon de piedra.*

Mine près du village du Huallanca. — Province Dos de Mayo.

N° 630. — **Ardoise** avec **Charbon.**

Mine de Vinchos-Cancha, près de Rancas, à 10 kilomètres du Cerro-de-Pasco.

N° 631. — **Houille grasse,** conservant encore la forme d'un tronc d'arbre.

Montagne de Carumas. — Province de Moquegua.

N° 632. — **Houille grasse,** de structure lamellaire.

A 75 kilomètres du port de Quilca. — Département d'Arequipa.

N° 633. — **Houille grasse** ou **bitumineuse.**

Nom vulgaire : *Carbon de piedra.*

Mine de Sorao, à 5 kilomètres du village de Chacapalca. — Province de Jauja.

N° 634. — **Houille grasse** ou **bitumineuse.**

Nom vulgaire : *Carbon de piedra.*

Mine de Chinchu, près du village de Huaihuas. — Province de Tarma.

N° 635. — **Houille grasse** ou **bitumineuse.**

Nom vulgaire : *Carbon de piedra.*

Hauteurs de Chacayan, à 35 kilomètres du Cerro-de-Pasco.

N° 636. — **Houille grasse** avec **Résine fossile.**

Nom vulgaire : *Carbon de piedra.*

Mines de Vinchos-Cancha, près de Rancos, à 10 kilomètres du Cerro-de-Pasco.

N° 637. — Lignite.

Santa Lucia. — District de Vilque. — Province de Puno.

N° 638. — Lignite fibreux ou xyloïde.

Sous un banc de sable des bords du fleuve Ucayali. —
Département de Loreto.

N° 639. — Tourbe compacte.

Fondrière des bords de la rivière Tayabamba. — Province
de Pataz.

N° 640. — Tourbe compacte.

Environs du village de Huancayo.

N° 641. — Tourbe terreuse.

Lieux marécageux, près de Tangolaya. — Province de Puno.

N° 642. — Tourbe, de formation récente.

Hacienda de San Juan, près de Lima.

N° 643. — Argile bitumineuse, connue, au Cerro-de-Pasco, sous le nom vulgaire de *Carbon de Sanchez.*

A 15 kilomètres du Cerro-de-Pasco.

N° 644. — Argile bitumineuse, piciforme, connue sous le nom vulgaire de *Carbon de postura.*

Mines de Rancas, près du Cerro-de-Pasco.

N° 645. — Copaline ou Copal fossile, dans une houille grasse.

Mines de Vinchos-Cancha, près du Cerro-de-Pasco.

N° 646. — **Élatérite** ou **Bitume élastique**, en masses isolées, désignées quelquefois sous le nom de *Caoutchouc fossile.*

Mines de plomb et de Cinabre de Chonta. — Province Dos de Mayo.

N° 647. — **Brai** ou **Asphalte visqueux**, sur du **Calcaire** argileux (carbonate de chaux, avec argile).

Ravine d'Angasaca. — Paturages de Mito. — Province de Jauja.

N° 648. — **Brai** ou **Asphalte visqueux**, dans une **Blende** (sulfure de zinc), avec **Galène** (sulfure de plomb).

Ravine de Sacsamarca, près de Huancavelica.

N° 649. — **Asphalte.**

Nom vulgaire : *Brea.*

Lieu appelé La Brea. — District de Chumpi. — Province de Parinacocha.

N° 650. — **Pétrole** avec **Asphalte.**

Nom vulgaire : *Copé.*

Montagne près d'Amotape. — Province de Paita.

N° 651. — **Pétrole.**

Lieu appelé Zorritos, près de Tumbes.

N° 652. — **Pétrole** raffiné, ou **Kérosine.**

Lieu appelé Zorritos, près de Tumbes.

Les dépôts de houille du Pérou présentent un fait digne de fixer l'attention du géologue. Rarement ce combustible se trouve dans les terrains de la formation carbonifère proprement dite ; on le trouve de préférence dans les terrains jurassiques qui, comme on sait, sont beaucoup plus modernes et couvrent une grande étendue des deux côtés de la Cordillère occidentale.

La véritable formation carbonifère existe néanmoins au Pérou ; j'ai pu, en effet, l'observer sur plusieurs points, tels que, par exemple, les environs d'Ica, de Huanta, du lac Titicaca. En général, cette formation n'est pas très-étendue.

Bien que la houille, au Pérou, se trouve généralement, ainsi que je viens de le dire, dans les terrains plus modernes que le carbonifère, il n'en faut pas déduire pour cela qu'elle soit peu abondante. Au contraire, sur divers points des départements d'Ancachs et de Libertad, par exemple, les dépôts de houille couvrent une étendue considérable et les couches de ce combustible mesurent plusieurs mètres d'épaisseur.

CONCLUSION

On peut, par la lecture du présent catalogue, se former une idée assez exacte des productions minérales de la République, en tenant compte, toutefois, que les échantillons de cette collection n'en représentent que les principaux types. Il m'aurait fallu, en effet, augmenter considérablement ce travail, si j'avais voulu y signaler toutes les localités où l'on rencontre certains minéraux, la Galène argentifère, le Cuivre gris, les minéraux de fer et les combustibles, par exemple.

Si l'on tient compte des riches dépôts de Guano et de Salpêtre qui se trouvent sur le territoire de la République, on peut dire, sans exagération, qu'il n'y a aucun pays, dans le monde entier, qui possèdent des richesses minérales si abondantes et si variées que celles du Pérou. Si le pays sait profiter intelligemment de tant de dons naturels précieux, il arrivera à justifier, auprès des autres nations, son antique renommée de pays de l'opulence, et le nom du Pérou sera encore, comme autrefois, synonyme du mot richesse.

ERRATA

Page 11, ligne 8, *au lieu de :* (sulfure de cuivre et antimoine), *lisez* (sulfure de cuivre, d'antimoine et d'arsenic).

— 13 — 35 — (sulfure de cuivre, d'argent.... *lisez :* (sulfure d'antimoine, de cuivre, d'argent....

— 44 — 19 — Bleinérite, *lisez :* Bleiniérite.

— 56 — 30 — Province de Puño, *lisez :* Province de Puno.

— 99 — 8 — Mélaconite, *lisez :* Mélaconise.

— 104 — 28 — (sulfate.... *lisez :* (sulfure....

— 113 — 17 — (sulfate.... *lisez :* (sulfure....

— 115 — 12 — (sulfate.... *lisez :* (sulfure....

— 115 — 22 — (sulfure de cuivre et d'arsenic), *lisez :* (sulfure de cuivre, d'antimoine et d'arsenic.)

— 122 — 27 — (sulfate.... *lisez :* (sulfure....

— 148 — 24 — (sulfate.... *lisez :* (sulfure....

— 155 — 2 — (sulfate.... *lisez :* (sulfure....

— 155 — 12 — (sulfure de cuivre........ *lisez :* (sulfure d'antimoine, de cuivre .....

— 159 — 17 — (sulfate.... *lisez :* (sulfure....

— 219 — 32 — Pharmacosiderète, *lisez :* Pharmacosidérite.

— 226 — 11 — (sulfate.... *lisez :* (sulfure....

— 231 — 28 — (sulfure de fer, *lisez :* (sulfate basique de fer.

— 233 — 8 — (sulfure de protoxyde.... *lisez :* (sulfate de peroxyde....

— 236 — 18 — (peroxyde de manganèse, *lisez :* (peroxyde de manganèse, avec fer.

TABLE DES MATIÈRES

FIN DE LA TABLE DES MATIÈRES.

TABLE ALPHABÉTIQUE

CONTENANT LES NOMS MINÉRALOGIQUES, CHIMIQUES ET VULGAIRES DES ESPÈCES CITÉES DANS CET OUVRAGE.

(Les noms vulgaires sont écrits en italiques.)

FIN DE LA TABLE ALPHABÉTIQUE.

IMPRIMERIE CENTRALE DES CHEMINS DE FER. — A. CHAIX ET Cie, RUE BERGÈRE, 20, A PARIS. — 11430-8.

www.ingramcontent.com/pod-product-compliance
Ingram Content Group UK Ltd.
Pitfield, Milton Keynes, MK11 3LW, UK
UKHW020603230726
13926UKWH00005B/2163